浙江叶蜡石矿床及其地质特征

ZHEJIANG YELASHI KUANGCHUANG JIQI DIZHI TEZHENG

叶泽富	叶　帆	迟宝泉	王　磊	于　春	
李　伟	陈　鹏	陈冬梅	秦海燕	傅正园	编著
潘锦勃	胡　斌	王长江	耿永坡	缪仁谷	
杨仲可	任康达	葛鸿志	左胜平	付传君	

图书在版编目(CIP)数据

浙江叶蜡石矿床及其地质特征/叶泽富等编著. —武汉:中国地质大学出版社,2024.6. —ISBN 978-7-5625-5962-7

Ⅰ.P619.2

中国国家版本馆 CIP 数据核字第 2024KZ4881 号

浙江叶蜡石矿床及其地质特征	叶泽富 等编著
责任编辑:舒立霞	责任校对:徐蕾蕾

出版发行:中国地质大学出版社(武汉市洪山区鲁磨路388号)　　邮编:430074
电　　话:(027)67883511　　传　　真:(027)67883580　　E-mail:cbb@cug.edu.cn
经　　销:全国新华书店　　　　　　　　　　　　　　　　　　http://cugp.cug.edu.cn

开本:880mm×1230mm　1/16　　　　　　　　字数:333千字　印张:10.25　插页:1
版次:2024年6月第1版　　　　　　　　　　　印次:2024年6月第1次印刷
印刷:湖北睿智印务有限公司

ISBN 978-7-5625-5962-7　　　　　　　　　　　　　　　　　　定价:168.00元

如有印装质量问题请与印刷厂联系调换

《浙江叶蜡石矿床及其地质特征》编撰委员会

指导委员会

主　任：叶泽富

副主任：夏克升　朱长进　池朝敏　秦海燕

委　员：潘锦勃　胡　斌　王长江　张育志
　　　　叶　帆　李　伟　王　磊　徐厚倜

执行委员会

叶泽富　秦海燕　傅正园　潘锦勃　胡　斌　王长江
叶　帆　迟宝泉　王　磊　于　春　李　伟　付传君
徐厚倜　缪仁谷　杨仲可　葛鸿志　左胜平　张育志
耿永坡　陈　鹏　陈冬梅　袁　静　林忠信　任康达

前 言

叶蜡石是一种重要的非金属矿产，具有独特的物理化学性质，在传统工业和战略性新兴产业中都扮演着不可或缺的角色。浙江作为我国叶蜡石资源最丰富的省份之一，拥有丰富优质的叶蜡石资源，长期以来为我国相关产业的发展提供了坚实的资源保障。

本书系统介绍叶蜡石的物理化学性质、国内外矿床类型及分布情况，分析叶蜡石的开发利用现状，通过翔实的数据展示浙江省叶蜡石矿产的资源优势，让更多人认识和了解叶蜡石。本书重点讨论浙江省叶蜡石矿的成矿地质特征，系统归纳和总结区域成矿地质背景，选择青田山口、泰顺龟湖、常山芳村等多个著名且具有代表性的叶蜡石矿床进行详尽的典型矿床解剖，结合最新的勘查成果，从火山构造、火山喷发沉积环境、区域变质、火山热液等方面阐述了叶蜡石控矿地质因素与成矿地质条件。

在此基础上，进一步分析浙江省叶蜡石矿区域地质背景，根据矿床的成岩成矿时代、成矿构造环境、成因组合及其随地质历史演化的特点，总结浙江省叶蜡石矿的区域时空分布规律，提出区域成矿模式，划分叶蜡石成矿远景区，为未来的找矿工作指明了方向。这些研究成果不仅为浙江省叶蜡石矿的勘查规划提供了丰富的案例支持，也为我国其他地区的叶蜡石矿床勘查和开发、高等院校及科研机构提供了借鉴。

全书第一章由叶帆、陈鹏、付传君执笔，第二章由迟宝泉、秦海燕、潘锦勃执笔，第三章由傅正国、胡斌、王长江、李伟执笔，第四章由王磊、于春、缪仁谷、耿永坡、杨仲可、任康达执笔，第五章由叶帆、迟宝泉执笔，第六章由叶泽富、王磊、左胜平执笔，第七章由叶泽富、李伟、葛鸿志执笔，书中插图由陈冬梅、叶帆绘制，全书由叶泽富、叶帆统稿。

本书在编写过程中得到了浙江省自然资源厅、浙江省地质院、浙江省地质勘查基金管理中心、浙江省地质学会等单位的大力支持与帮助。浙江省自然资源厅党组成员、浙江省地质院党委书记、院长邵向荣，浙江省地质学会秘书长孙乐玲，浙江省自然资源厅地质勘查管理处副处长孙文明，以及周洲强、张永山、吴小勇、吴义、朱朝晖、唐增才、范效仁、贾锦生、刘美善、王国武、陈忠大、刘道荣、厉一元、黄国成及各级自然资源管理部门相关工作人员给予了关怀、指导和帮助。同时，应该说明的是，书中引用了一些非公开出版的地质成果资料，凝聚了浙江省第十一地质大队同仁和省内其他兄弟地勘单位几代找矿人的心血，本书的完成，离不开所有参与人员的辛勤付出。在此，谨向所有为本书的编写和出版作出贡献的人员一并表示衷心的感谢！

浙江叶蜡石矿床及其地质特征涉及面广、内容复杂和多样，由于时间和编著者水平有限，书中难免存在纰漏和不足，敬请各位专家和同仁不吝赐教，批评指正。

编著者
2023 年 12 月

目　录

第一章　叶蜡石研究现状 ……………………………………………………………………… (1)
　第一节　叶蜡石物理化学性质 ……………………………………………………………… (1)
　第二节　叶蜡石矿床类型与分布 …………………………………………………………… (2)
　第三节　叶蜡石开发利用 …………………………………………………………………… (11)

第二章　浙江叶蜡石资源概况 ………………………………………………………………… (18)
　第一节　叶蜡石勘查开发简史 ……………………………………………………………… (18)
　第二节　叶蜡石矿产资源分布概况 ………………………………………………………… (20)

第三章　浙江叶蜡石成矿地质特征 …………………………………………………………… (26)
　第一节　区域地质背景 ……………………………………………………………………… (26)
　第二节　叶蜡石矿床类型及成矿特征 ……………………………………………………… (37)
　第三节　叶蜡石矿床含矿建造特征 ………………………………………………………… (46)

第四章　浙江典型叶蜡石矿床 ………………………………………………………………… (52)
　第一节　青田山口叶蜡石矿床 ……………………………………………………………… (52)
　第二节　泰顺龟湖叶蜡石矿床 ……………………………………………………………… (58)
　第三节　青田岭头叶蜡石矿床 ……………………………………………………………… (64)
　第四节　上虞梁岙叶蜡石矿床 ……………………………………………………………… (68)
　第五节　常山芳村叶蜡石矿床 ……………………………………………………………… (72)
　第六节　瑞安后坑叶蜡石高岭石矿床 ……………………………………………………… (77)
　第七节　宁海深甽叶蜡石矿床 ……………………………………………………………… (83)
　第八节　青田周村叶蜡石矿床 ……………………………………………………………… (86)
　第九节　柯桥秦望山叶蜡石矿床 …………………………………………………………… (90)

第五章　叶蜡石控矿地质因素 ………………………………………………………………… (95)
　第一节　火山构造对成矿的控制 …………………………………………………………… (95)
　第二节　火山喷发沉积环境 ………………………………………………………………… (106)
　第三节　火山热液 …………………………………………………………………………… (108)
　第四节　断裂构造 …………………………………………………………………………… (112)
　第五节　区域变质 …………………………………………………………………………… (114)

第六章　浙江叶蜡石矿时空分布规律 ………………………………………………………… (117)
　第一节　叶蜡石矿的时间分布规律 ………………………………………………………… (117)
　第二节　叶蜡石矿的空间分布规律 ………………………………………………………… (119)

第七章　浙江叶蜡石矿成矿模式和找矿方向 ………………………………………………… (124)
　第一节　叶蜡石矿床的成矿模式 …………………………………………………………… (124)
　第二节　找矿方向 …………………………………………………………………………… (131)

主要参考文献 …………………………………………………………………………………… (145)

第一章　叶蜡石研究现状

第一节　叶蜡石物理化学性质

叶蜡石是一类含水的层状铝硅酸盐矿物,其晶体结构包括单位晶胞内含两个单元结构层的二层单斜型(2M 型)和含一个单元结构层的一层三斜型(1Tc 型)。多数为单斜晶系,由上下两层 Si—O 四面体夹一层 Al—O(HO)八面体构成,单体多呈片状、板状,集合体为鳞片状、纤维状和致密块状。叶蜡石多呈白色、灰白色、黄绿色、紫色和淡黄色等,颜色多样性主要取决于硅氧四面体中铝替代硅的数量以及六次配位的铁等离子含量。当 Fe^{3+} 和 Fe^{2+} 含量均较高时,叶蜡石常呈绿色;随着 Fe^{3+} 含量升高,Fe^{2+} 含量降低,叶蜡石逐渐转变为红色(范良明和杨永富,1984)。叶蜡石的颜色可采用吸收光谱测量,主要取决于主吸收峰的位置、高度和吸收边位置。它的吸收光谱包括 1 个吸收边和 3 个相互叠加的吸收峰,其主吸收峰随着铁含量的增加向短波方向移动,相对峰高也随之增大。一般来讲,纯净的叶蜡石只有 1 个吸收峰,且峰高较低。主吸收峰的位置通常处于黄绿色波段,当强度较强时,叶蜡石常呈紫色、红色,而强度较弱时,叶蜡石的黄、绿色调增加(张惠芬等,1990)。叶蜡石条痕为白色,呈透明到半透明状,具有玻璃光泽、珍珠光泽或蜡状光泽。单偏光镜下无色透明,正低突起;正交镜下干涉色可达三级顶部,在无解理的(001)切面上干涉色为一级灰白,近平行消光,正延性。在理想情况下,叶蜡石结构单元层的层间没有层间物,相邻层以范德华力连接,易沿结构单元层破坏。它和耐火黏土混合制成的材料具有高温下不收缩和不碎裂的特征,能经受钢渣和金属的冲击,因而具有较好的滑移性和较强的蠕变能力(徐文湜等,2000)。叶蜡石的莫氏硬度较低(1～2),与滑石和石膏类似,密度 $2.8～2.9g/cm^3$,通常发育一组极完全解理,解理薄片无弹性,易被搓碎成细小鳞片,有滑感,发育参差状或贝壳状断口。此外,叶蜡石具有较高的热反射率,可将投射到它表面的大部分热反射出去,且耐火度超过 1700℃,具有良好的隔热性和耐热性。

叶蜡石的化学式为 $Al_2[Si_4O_{10}](OH)_2$,实验式为 $Al_2O_3 \cdot 4SiO_2 \cdot H_2O$,理想的叶蜡石含有约 28.3% 的 Al_2O_3、66.7% 的 SiO_2 和 5.0% 的 H_2O,化学成分变化较小。叶蜡石晶体硅氧四面体层(图 1-1)中的 Si 可被少量 Al^{3+} 置换,铝氧八面体层中的少量 Al^{3+} 可被 Mg^{2+}、Fe^{2+}、Fe^{3+} 替代,结构单位层之间还可能含少量 K^+、Na^+、Ca^{2+}。其中 Al^{3+} 替代 Si^{4+} 引起四面体电荷不足,由层间离子 K^+、Na^+、Ca^{2+} 补偿。叶蜡石的羟基(OH^-)、Si、Al 均位于结构单元层内部,具有较强的抗酸碱性和化学惰性。由于叶蜡石属于富铝的硅酸盐,因此它可直接由富铝矿物(如蓝晶石、红柱石、硬水铝石、绢云母、高岭石、长石等)蚀变而成。反之,叶蜡石也可在不同的温压条件下发生相变,转化成其他富铝矿物。例如:当体系温度低于 500℃时,叶蜡石保持稳定;当温度介于 500～960℃之间时,叶蜡石脱羟基形成偏叶蜡石;当温度高于 960℃时,偏叶蜡石不断分解,形成以不定形 SiO_2 为主的非晶质物质,并逐渐转化为莫来石和不定形 SiO_2;当温度继续升高到 1150℃时,偏叶蜡石完全分解;当温度介于 1300～1500℃之间时,不定形 SiO_2 向方英石转变;当温度高达 1700℃时,方英石逐渐融化形成石英玻璃;温度进一步升高时,莫来石向非晶质转化(朱自尊等,1986;汪灵和张振禹,1996;徐传云,2001)。魏存弟等(2005)通过对日本广岛县胜光山叶蜡石矿的研究,认为 662℃以下为叶蜡石稳定阶段,而 662～1100℃之间叶蜡石逐渐转变为偏叶蜡石，1100～1200℃之间偏叶蜡石分解形成莫来石和不定形SiO_2，温度超过1300℃时，非晶态SiO_2转变成方石英，此时以莫来石和方石英共存为主。李鹏(2009)通过对赵家台叶蜡石矿的研究，认为叶蜡石在600℃以下保持稳定，600～1000℃之间逐渐转变成偏叶蜡石，1000～1200℃之间偏叶蜡石分解形成莫来石和非晶态SiO_2，1200～1300℃之间非晶态SiO_2开始结晶为方石英。由此可见，不同学者对叶蜡石发生相变的温度有不同的认识，可能是由于不同矿区的叶蜡石成分差异，导致其相变的条件不同。除了温度之外，压力对叶蜡石的物相也有重要影响。研究表明，当压力较高（约5.2GPa）时，即使温度低于200℃，叶蜡石的八面体结构也会受到破坏而转化成硬水铝石；温度升高则进一步转变成柯石英，可能形成蓝晶石、方英石等矿物（郝兆印等，2003；徐跃等，2007）。

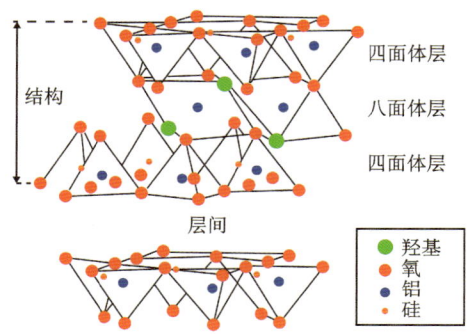

图 1-1　叶蜡石晶体结构图（据 Gaidoumi et al.，2019）

叶蜡石具有低的导电性和高的绝缘性，其电导率与温度呈正相关，脱水前以颗粒边缘的电子导电为主，电导率随压力增加而降低；脱水后主要为颗粒内部和边缘共同主导的离子导电，导电率随压力增加而增加（Omura et al.，1989；Xu et al.，1998；朱茂旭等，1999；代立东等，2005）。总体而言，叶蜡石晶体缺乏自由价电，电导率低（10^{-12} Ω·m），是电的绝缘体（Hicks and Secco，1997）。另外，叶蜡石也具有很好的传压性和密封性，其传压效果取决于矿石矿物组成和焙烧工艺。一般来讲，矿物成分越纯净，传压性能越好，但密封性能越低。当矿石中除叶蜡石外的其他矿物含量超过10%时，叶蜡石的传压性受到一定影响。少量铁钛氧化物（如赤铁矿、钛铁矿、褐铁矿、金红石等）可提高叶蜡石的密封性能。红外线加热管的分层单独加热比传统电炉丝加热制备的叶蜡石具有更均匀的传压性和密封性，焙烧温度升高加大了叶蜡石内压力差，降低了传压性能（陈天虎等，2001；韦家新等，2006；李瑞等，2008）。

第二节　叶蜡石矿床类型与分布

一、叶蜡石矿床类型

（一）国际分类

国际上根据叶蜡石形成的大地构造环境和成矿地质作用将叶蜡石矿床分为5种类型（Zaykov et al.，1988；Sinyakovskaya et al.，2005）(图1-2)，具体如下。

类型Ⅰ赋存于大陆火山带的交代岩石中，赋矿岩石主要为中酸性钙碱性岩，含少量碱性岩，主要发育在古裂谷和活动大陆边缘，在欧洲东部、美洲、澳大利亚、亚洲中部和东部广泛分布（Mihalik et al.，1976；Cornish，1981；Fujii，1983；Neal，1983；Pimenta，1988；Ray et al.，2003；Sinyakovskaya et al.，2005；Son et al.，2014）。元古宙叶蜡石矿床主要位于东欧、北美、南美和非洲地区，与火山碎屑岩伴生，

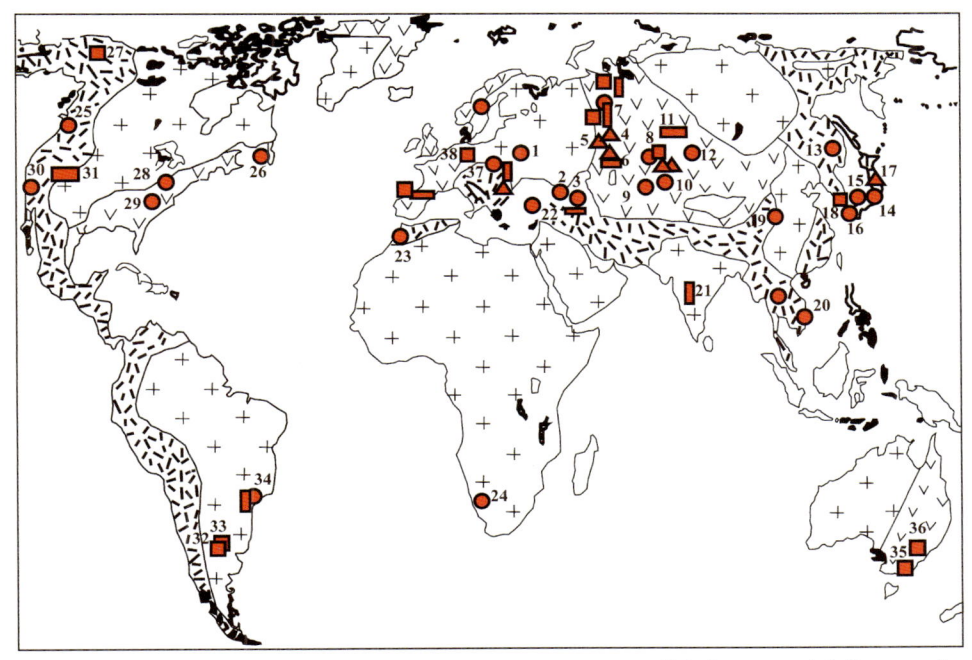

图 1-2 全球叶蜡石矿床分类图（据 Sinyakovskaya et al., 2005 修改）

1. 奥夫鲁奇(乌克兰);2,3.高加索:2.基尔瓦克尔,3.贝克塔卡尔;4～6.乌拉尔:4.奇斯托戈尔,5.库尔-尤尔特-泰,6.盖伊;7.贝利佐夫斯克;8～10.哈萨克斯坦:8.斯帕斯,苏兰,9.阿克塔什,10.特雷克利塞;11,12.阿尔泰山脉:11.卡门,12.鲁德尼阿尔泰;13.比卡(锡霍特-阿林山脉)14～17.日本:14.爱知,15.三石,广岛,16.长崎,17.江津;18.韩国;19.青田(中国);20.新梅坊(越南);21.北方邦(印度)22.土耳其;23.摩洛哥;24.德兰士瓦(南非);25,26.加拿大:25.温哥华,26.纽芬兰;27～31.美国:27.阿拉斯加州,28.北卡罗来纳州,29.佐治亚州,30.加利福尼亚州,31.克林顿;32,33.阿根廷:32 罗马布兰卡,33.拉斯阿吉拉斯;34.米纳斯吉拉斯州(巴西);35,36.澳大利亚:35.潘布拉,36.堪培拉;37.耶沃尔山(斯洛文尼亚);38.埃贝萨特尔(德国)。

形成于火山岩与沉积岩底部的喷硫活动,或凝灰岩与高岭石的变质作用。古生代叶蜡石矿床主要位于乌拉尔-蒙古褶皱带和澳大利亚东部褶皱带,矿床的围岩为英安岩和流纹岩组成的次火山岩。中生代—新生代叶蜡石矿床主要位于环太平洋(如加拿大温哥华岛和美国加州)和地中海火山带(如摩洛哥、土耳其、捷克、斯洛伐克、外高加索等地),矿床形状多为不规则状、管状和层状,其形成与凝灰岩的热液蚀变作用密切相关。其中加拿大纽芬兰地区叶蜡石矿床形成于绿片岩相变质的流纹岩和火山碎屑岩的热液蚀变作用(Bryndzia,1988);澳大利亚东部造山带叶蜡石矿床的形成与晚泥盆世火山岩的喷发有关(Cornish,1981),其东南部新南威尔士州部分火山岩中的叶蜡石矿床形成于安山质熔岩的蚀变作用(Ray et al.,2003)。

类型Ⅱ赋存于岛弧和边缘海的交代岩石中,赋矿岩石为钙碱性的钠质流纹岩-玄武岩。主要分布在欧洲和亚洲东部(Udachin,1991;Ray et al.,2003;Shikazono,2003;Sinyakovskaya et al.,2005),如乌拉尔地区 Kul-Urt-Tau 叶蜡石矿床形成于晚古生代动力变质作用中流纹英安岩在 300～420℃ 条件下的叶蜡石化作用,而叶蜡石大量分布于黄铁矿型矿床和矿田内(Zaykov and Udachin,1994);日本 Ashio 漏斗状叶蜡石矿床形成于石英斑岩的叶蜡石化作用(Shikazono,2003;Sinyakovskaya et al.,2005)。

类型Ⅲ赋存于陆源变泥质岩地层中,主要分布于欧洲中部和西南部、南美洲及亚洲西部(Zalba,1979;Sinyakovskaya et al.,2005;Oner and Tas,2013;Will et al.,2016),如土耳其 Pötürge 地区的叶蜡石矿床多沿断层呈透镜体分布,形成于蓝晶石的高温退变质作用(Oner and Tas,2013)。

类型Ⅳ在热液成因的石英脉中较为发育,在欧洲东部和西南部、南美洲及亚洲南部呈零星分布(Phin'ko,1984;Cassedanne,1989;Lopez et al.,1993;Sinyakovskaya et al.,2005;Das et al.,2012),如印度 Madrangjodi 地区的叶蜡石矿床主要位于石英脉中,形成于花岗岩的热液蚀变作用(Das et al.,2012)。

类型Ⅴ为风化壳中的叶蜡石矿床（Bryndzia，1988；Sinyakovskaya et al.，2005），仅在北美洲、欧洲东部和西南部呈零星分布（Kazarinova，1972；Sanchez-Camazano et al.，1988；Zaykov and Udachin，1994；Ray et al.，2003）。

（二）国内分类

国内学者根据不同的标准，划分出多种不同类型的叶蜡石矿床，其中应用最为广泛的属成因分类，即将叶蜡石矿床分为热液型和变质型两大类。热液型是指产于中酸性火山岩中，受热液交代蚀变或充填而形成的叶蜡石矿床；变质型是指产于变质岩中，经不同程度和方式变质而形成的叶蜡石矿床。按照该分类标准，世界上大多数叶蜡石矿床属于热液型，具有较大规模和经济价值。

早在20世纪末，潘建强（1992）根据产出的构造背景将叶蜡石矿床分为陆陆碰撞带、俯冲带和陆内3种矿床类型。其中第Ⅰ类与陆陆碰撞带有关的叶蜡石矿床主要位于地中海附近，如土耳其、捷克、斯洛伐克、摩洛哥和外高加索等地，它们形成于中新生代英安岩和火山碎屑岩的热液交代作用。这类矿床分布有限，总体规模较小。第Ⅱ类与俯冲带有关的叶蜡石矿床可进一步分为大陆弧和岛弧地区产出的矿床类型，其中大陆弧叶蜡石矿床形成于中生代火山喷发盆地、凹陷和破火山口等火山机构中，主要位于中国东部、韩国及地中海一带。岛弧叶蜡石矿床形成于酸性岩浆热液的蚀变作用，主要位于地中海沿岸和日本。第Ⅲ类与陆内环境有关的叶蜡石矿床形成于大陆裂谷或稳定大陆内部的火山-沉积作用，主要位于欧洲、美洲、亚洲等地区。在此基础上，汪灵和柳东升（1996）根据叶蜡石成矿作用特点，将其分为火山气液型、岩浆期后热液型和变质型三大类型。其中第Ⅰ类火山气液型矿床与次生石英岩化密切相关，是我国叶蜡石矿床的典型类型，主要分布于浙江与福建地区；第Ⅱ类岩浆期后热液型矿床在我国分布极少；第Ⅲ类变质型矿床主要分布于我国的北京门头沟、贵州赫章长冲、江苏丹徒十里长山等地区。

叶泽富等（2022）总结了国内叶蜡石矿床的研究成果，在前人研究的基础上，根据矿床成因将叶蜡石矿床划分为火山热液型和变质型（表1-1）。其中第Ⅰ类变质型叶蜡石矿床在我国分布较为有限，根据变质作用方式可进一步分为动力变质型、区域变质型和埋藏变质型3个亚类。第一亚类动力变质型叶蜡石矿形成于中酸性火山碎屑岩和火山沉积岩的局部应力场环境中，具有鳞片变晶结构，片状和片理状构造。如福建云霄礁尾叶蜡石矿床产于变质晶屑凝灰岩和条痕状变粒岩或白云母石英片岩中，矿体的展布方向与动力变质带方向一致。第二亚类区域变质型叶蜡石矿形成于区域构造运动环境中，富铝岩石或中酸性火山岩遭遇不同程度的变质作用，具有显微鳞片变晶结构，片状和片麻状构造，代表性矿床为浙江常山芳村叶蜡石矿，赋存于前震旦纪上墅组次生石英岩中，与千枚岩化区域变质作用密切相关。第三亚类埋藏变质型叶蜡石矿形成于深埋环境中，在上覆岩石压力和地热梯度影响下，地下的硅铝质黏土或沉积物经过大规模的重结晶作用形成叶蜡石矿，具有土状、鳞片状结构，块状、薄层状、页片状构造，常伴生水铝石、地开石、伊利石等矿物，围岩轻微硅化但无明显蚀变分带，主要分布于北京门头沟杨坡元—赵家台、江苏丹徒十里长山等地区（何英才，1986）。第Ⅱ类火山热液型叶蜡石矿根据成矿方式进一步细分为火山热液交代型和火山热液充填型两个亚类（宋祥铨和毕东，1988）。火山热液型是中国叶蜡石矿床的主要类型，大部分位于福建和浙江一带。该类矿床广泛发育围岩蚀变，以次生石英岩化为最明显标志。主要蚀变有叶蜡石化、硅化、高岭土化、硬水铝石化、明矾石化、云母化和黄铁矿化等，不同成矿方式和条件下形成的矿床具有不同的分带特性。第一亚类火山热液交代型叶蜡石矿以叶蜡石矿体为中心，常发育横向和纵向的蚀变分带，由中心向两侧表现为叶蜡石矿体—叶蜡石化—水铝石化—明矾石化—高岭土化、硅化（叶孔凯，2019），以福州峨嵋矿床最为代表，规模较大，与火山碎屑岩交代和蚀变作用有关。第二亚类热液充填型叶蜡石矿床围岩蚀变一般呈带状分布，为中心对称式分带，以矿体为中心，向两侧渐变为叶蜡石化或硬水铝石化、叶蜡石化—硅化。该类矿床发育脉状、透镜体状和串珠状等形态的矿体，位于火山碎屑岩、火山熔岩和斑岩等断裂带中，与围岩界线非常清晰，以福州寿山叶蜡石矿床为代表，高铝的岩浆热液上升并充填火山喷发带内的区域构造断裂带、挤压破碎带和火山机构形成的容矿空间而成矿（叶孔凯，2019）。

第一章 叶蜡石研究现状

表 1-1 中国叶蜡石矿床成因类型及其主要特征（据徐传云，2001；叶泽富等，2022）

矿床成因类型		区域背景	围岩性质	控矿构造	矿床特征					矿床实例
					矿体形态及产状	矿石的矿物组分	矿石的结构构造	矿石类型	矿体与围岩关系及围岩蚀变特点	规模和质量	
火山热液型	火山热液交代型	火山喷发带内喷发盆地、火山构造洼地、火山口等火山构造	酸性—中酸性火山碎屑岩和火山碎屑沉积岩，如凝灰岩、角砾凝灰岩和破火山口粗面岩和粗面质凝灰岩	层面构造、层间破碎带，有时受断裂构造复合控制	层状、似层状，不规则大透镜状；与岩层产状基本一致，倾角一般较缓，有的形态较复杂	主要:Pyl,Qz,Dip 次要:Kl,Ser,Ad,Cor 伴生:Aln,Py,Hm,Ig	常见交代残余结构、构造，如残余（变余）岩层状构造、残余凝灰结构和环斑状、砾状构造	Pyl,Qz-Pyl, Dic-Pyl,Kl-Pyl, Pyl-Qz,Cor(Ad)-Pyl	矿体与围岩界变关系，界线不清晰，围岩蚀变呈面状分布，分带较复杂	规模较大，质量一般良好，但变化颇大	浙江青田山口、福建峨嵋
	火山热液充填型	火山喷发带内的火山构造断裂带、挤压破碎带、火山机构内的环状或放射状断裂构造带	酸性—中酸性火山碎屑岩和火山熔岩，如凝灰岩、角砾岩、流纹岩、石英安岩、变质砂岩等、个别在酸性岩体内	受断裂构造带、挤压破碎带及节理裂隙控制	脉状、网脉状，透镜状和团块状产出，倾角较陡，有的近直立	主要:Pyl,Kl,Dic 次要:Qz,Boe,Dip 伴生:Ser,Po,Hm,Ili	隐晶集合状、鳞片状变晶结构，块状、脉状、网脉状等构造	Pyl,Kl-Pyl, Pyl-Kl,Pyl-Dic, Qz-Pyl	矿体与围岩界线一般较明显，围岩变质关系，有的蚀变呈带状分布简单	规模一般不大，但质量较佳，是雕刻工艺品原料和彩石的重要来源	浙江青田山口（部分）、浙江青田周村
变质型	区域变质型	地台的结晶基底及台缘褶皱带沉降-物格带	中深度边直片岩和片麻岩，如绿泥石、石英片麻岩、变质石英砂岩、灰质变砂岩、硅粉砂岩等	受近海盆和风化壳等古地理环境以及沉陷皱-断裂构造控制	以带状或条状、扁平透镜体为特征，沿走向变化大，倾角陡缓不一	主要:Pyl,Qz,Chl 次要:Ser,Bi,Tc 伴生:Ky,Rt,Cal, Mu,Ap,Zr,Mt	鳞片变晶状、显微鳞片花岗变晶结构和片状、片理构造	Qz-Pyl,Chl-Pyl, Tc-Pyl,Cal-Pyl, (Ky)Qz-Pyl	矿体与围岩界线较明显，固岩蚀变少见，但有时可见有后期热液变质叠加	规模较大，矿石组分含量低，铁、钙、镁质含量高	浙江常山芳村
	埋藏变质型	地台或地块的局部沉陷带	轻微变质的黏板岩、页岩、砂岩、粉砂岩等	陆缘海盆和风化壳等古地理环境以及沉陷构造控制	似层状、板状、薄层状产出，倾角多平缓	主要:Pyl,Qz 次要:Chl,Ser,Mi,Chl,Boe	土状、鳞片状结构，块状、薄层状、页片状和片状构造	Pyl,Qz-Pyl, Cht-Pyl	矿体与围岩界变关系。固岩蚀变少见，局部顶底板兼有 Pyl,Qz(Cal)细脉	规模较大，质量中等，但部分含量低，铁质较高	北京门头沟
	动力变质型	动力变质带中	变质晶屑凝灰岩、条痕状变粒岩、绿泥石叶蜡石英片岩、硅线石英片岩等	热动力变质带中的断裂挤压构造	带状、条带状—扁豆状产出与片理方向一致，倾角一般较陡	主要:Pyl,Qz 次要:Sl,Ad,Mc 伴生:Mt,Zr	鳞片变晶状结构，片状、片理层状构造	Qz-Pyl,(Ru)Sl-Pyl	矿体与围岩界线明显，无蚀变现象	规模不大，含量低，但常伴有高岭石矿物，可作耐火材料	福建礁尾

注：Pyl.叶蜡石；Qz.石英；Dip.硬水铝石；Kl.高岭石；Ser.绢云母；Ad.红柱石；Cor.刚玉；Py.黄铁矿；Hm.赤铁矿；Aln.明矾石；Ig.镜铁矿；Dic.地开石；Boe.勃姆石；Po.珍珠陶石；Ili.伊利石；Chl.绿泥石；Bi.黑云母；Tc.滑石；Ky.蓝晶石；Rt.金红石；Cal.方解石；Mu.白云母；Ap.磷灰石；Mt.磁铁矿；Mi.云雷黏土石；Cht.硬绿泥石；Sl.硅线石；Mc.云母。

二、叶蜡石矿床分布

(一)全球叶蜡石矿床分布

全球的叶蜡石矿床主要分布于活动大陆边缘和造山带,总体可分为3个成矿带:环太平洋成矿带、地中海成矿带和大西洋西岸成矿带(图1-3)。环太平洋成矿带是全球范围内一条主要的叶蜡石矿床带,其西北带北起中国东北,经朝鲜半岛、日本和中国东南沿海至菲律宾;东部带北起加拿大温哥华至美国加利福尼亚,环太平洋成矿带叶蜡石总储量占世界叶蜡石总储量的75%。地中海成矿带主要分布于地中海沿岸的法国、摩纳哥、土耳其等,叶蜡石总储量占世界叶蜡石总储量的13%。大西洋西岸成矿带主要分布于北美和南美,叶蜡石总储量占世界叶蜡石总储量的12%。世界上叶蜡石储量较大的国家主要有日本、中国、韩国、美国、土耳其、罗马尼亚和巴西(徐传云,2001;Kim et al.,2016)。

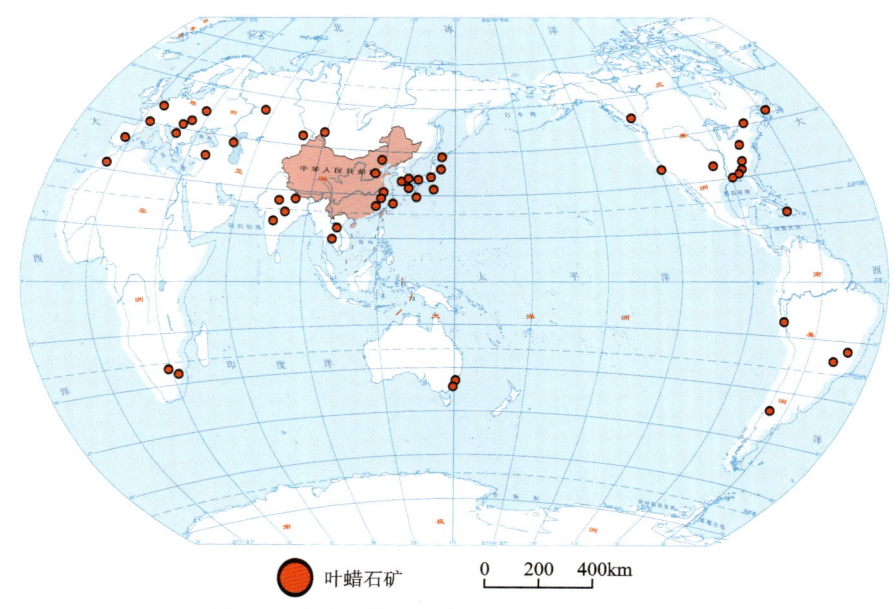

图1-3 全球叶蜡石矿床分布图(据徐传云,2001)

日本叶蜡石矿产资源最为丰富。中—新生代火山岩在日本分布广泛,与之相关的叶蜡石矿床也遍布全国(图1-4)。大部分矿床位于兵库县以西地区,其中储量最大的属广岛县胜光山矿区(约1560万t),其次是冈山县三石矿区(950万t),长崎县、兵库县的储量较少,分别为240万t和21万t。这些叶蜡石矿床大多形成于流纹质-安山质火山碎屑岩的热液蚀变作用,矿石矿物组合复杂,含有叶蜡石、水铝石、刚玉和红柱石等。

韩国的叶蜡石矿床主要位于南部沿海地区(图1-5),矿产地集中分布于日本海西海岸和黄海南岸,包括全罗南道的海南、庆尚南道的东内和源东地区。这些矿床的形成与白垩纪末期火山活动密切相关,经历了多次热液蚀变作用。其围岩主要为安山质凝灰岩,矿石矿物为叶蜡石-地开石-石英,可见绢云母、绿泥石。

美国和加拿大是北美洲叶蜡石矿的主要输出国,叶蜡石矿主要分布于大西洋西北部和太平洋东北部。其中大西洋西北部的叶蜡石矿床主要产于阿巴拉契亚山脉东部与之平行展布的前寒武纪火山-沉积岩带,呈北东-南西向延伸,自北卡罗来纳州经南卡罗来纳州进入佐治亚州。太平洋东北部地区的叶蜡石矿床主要产于加拿大纽芬兰省、魁北克省和不列颠哥伦比亚省等地区变火山碎屑岩的剪切带中。

第一章　叶蜡石研究现状

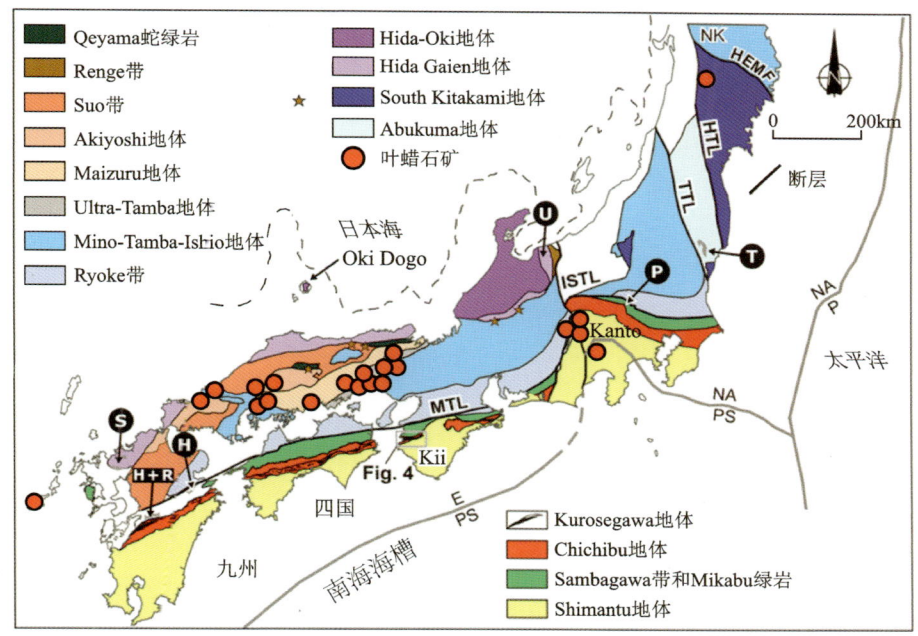

图 1-4　日本叶蜡石矿床分布图(据徐传云等,2001;De Jong et al.,2009)

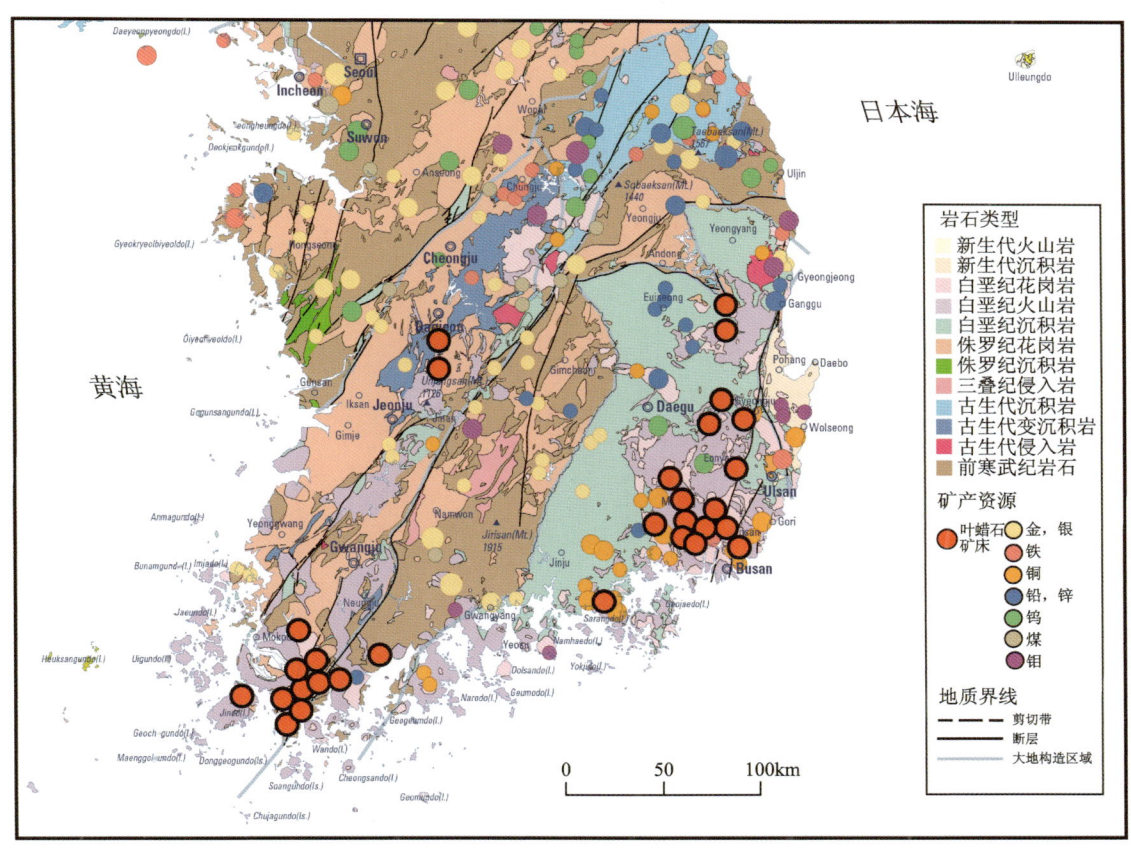

图 1-5　韩国叶蜡石矿床分布图(据徐传云等,2001;Chough,2012)

(二)中国叶蜡石矿床分布

中国东部是环太平洋成矿带的重要组成部分,是世界上少数盛产叶蜡石的地区之一(汪灵和柳东升,1996)。中国叶蜡石矿产资源丰富,矿区数量为78个,储量和资源量(表1-2)分别为1 474.60万t和17 906.4万t。大部分叶蜡石矿床位于浙东—闽东—粤东一带(图1-6)(宋祥铨和毕东,1988),少部分分布在华北和西北地区,如山西、甘肃、内蒙古等(叶泽富等,2022)。

表 1-2 中国叶蜡石储量统计表

地区	储量/万 t	资源量/万 t
福建	317.40	9 492.2
浙江	918.92	6 608.3
北京	131.11	294.6
江西	38.00	1 097.4
新疆	35.80	132.9
黑龙江	19.90	
安徽	11.20	
内蒙古	1.90	281.0
辽宁	0.37	
全国	1 474.60	17 906.4

注:数据来自2022年全国矿产资源储量统计表。

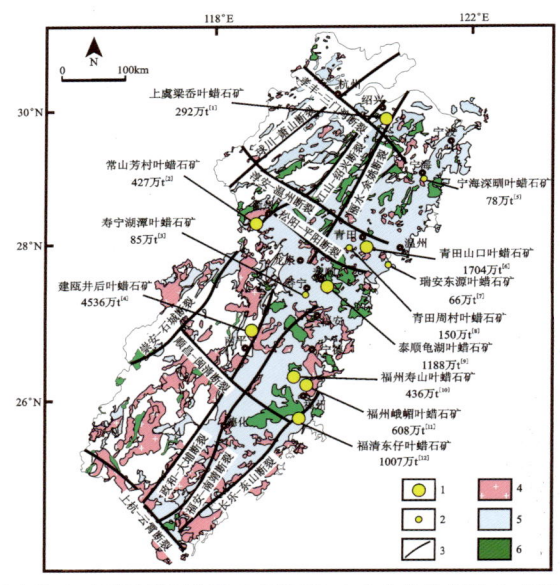

1.大型叶蜡石矿床;2.中型叶蜡石矿床;3.断裂带;4.中生代岩浆岩;5.侏罗纪;6.白垩纪。

图 1-6 浙闽地区叶蜡石矿床分布图(据叶泽富等,2022)

1. 福建峨嵋叶蜡石矿床

福建峨嵋叶蜡石矿床可采储量为607.8万t,远景储量150万t,属于大型叶蜡石矿床(林新香等,1997)。该矿床位于福鼎-云霄火山喷发带中段,产于寿山-峨嵋晚侏罗世火山喷发盆地东南缘。矿区出露晚侏罗世坂头组下段流纹质火山碎屑岩,周边有南园组中段流纹英安质凝灰熔岩、流纹岩和流纹质晶屑凝灰熔岩,北部为坂头组上段的流纹质凝灰熔岩、熔结凝灰岩和碱性流纹岩。叶蜡石矿体产于破火山构造内,矿脉分布密集。主矿体上缓下陡,形态呈似层状、透镜状、脉状,呈爪状分叉或者楔形向深部尖灭,单个矿体长600多米,宽95m,向下延伸240m,占全矿区储量的84%。矿石主要为变余晶屑凝灰结构,块状、斑点状、环斑状、条纹状构造,主要矿物为叶蜡石、石英、硬水铝石、高岭石,含少量地开石、黄铁矿、蓝晶石等,其中叶蜡石呈隐晶质叶片状和鳞片状。根据矿物共生组合,矿石分为叶蜡石、硬水铝石-叶蜡石、高岭石-叶蜡石、凝灰质叶蜡石、石英-叶蜡石和叶蜡石质凝灰岩6个类型。

围岩蚀变可见叶蜡石化、硅化、明矾石化、硬水铝石化、高岭土化、黄铁矿化、方铅矿化。在成矿过程中,硬水铝石、叶蜡石、石英、黄铁矿、明矾石依次生成,发育被叶蜡石、明矾石交代的硬水铝石和被明矾石交代的叶蜡石。围岩蚀变分带在垂直方向上较为明显,由上至下分别为硅化、高岭土化、叶蜡石化、硬水铝石化、明矾石化、绢云母化、黄铁矿化,该矿床属于火山热液交代型叶蜡石矿床(汪灵,1997)。

2. 浙江青田叶蜡石矿床

浙江青田叶蜡石矿床位于宁波-青田火山喷发带南端白垩纪火山岩中,大地构造上属于华南褶皱系浙东南褶皱带温州-临海拗陷带(沈崇辉等,2020)。区域地层为早白垩世西山头组、九里坪组,矿石赋存于破火山机构边缘的蚀变酸性火山岩中。矿体出产雕刻、印章石材"青田石",含矿率为1%~3%(以厚度百分比统计)。青田县内的叶蜡石矿区主要有山口、方山、塘古、山炮、岭头、周村等,均属于火山热液型矿床。

山口矿区位于青田县山口镇,叶蜡石矿规模最大,储量达1 703.85万t。矿区内发育北东—北北东向断裂,矿体呈细脉状、透镜状或扁豆状等形态,赋存于流纹质含角砾凝灰岩中。赋矿原岩具有变余结构,块状构造。矿体连续性较差,规模变化大,长100~1200m,延伸50~500m,平均厚度6.6m(叶泽富等,2009)。围岩蚀变强烈,具有明显的垂直分带,自底部到顶部为黄铁矿石英相带、绢云母石英相带、叶蜡石石英相带、富石英相带、绢云母相带(刘海徽,2010;杨晓燕,2018)。矿石矿物主要包括叶蜡石、石英,含少量刚玉、硬水铝石、绢云母、高岭石、绿泥石、伊利石、蓝线石、红柱石等,矿石富Al_2O_3(27.50%)和SiO_2(67.85%),低FeO(<0.4%)(沈崇辉等,2020)。该矿床属于火山热液交代型叶蜡石矿床。

周村矿区位于青田县阜山镇,叶蜡石储量达149.53万t。矿体主要赋存于早白垩世西山头组第一岩性段的流纹质含角砾晶屑玻屑熔结凝灰岩中,原岩具有变余凝灰结构,残余假流纹构造。矿体呈似层状,总体倾向北西,矿石矿物主要为叶蜡石、绢云母,含少量石英、长石等,矿石富SiO_2(>70%)和Al_2O_3(>18%),高FeO(1.4%~1.8%)(叶泽富等,2017)。该矿床属于火山热液充填型叶蜡石矿床。

3. 山西五台叶蜡石矿床

山西五台叶蜡石矿床是近几年新发现并开采的矿床,位于华北克拉通中北部的新太古代花岗-绿岩带中。叶蜡石矿体沿东西向呈透镜体状分布于五台群台怀亚群绢云钠长石英片岩中,东西延约5km,南北宽度变化大,最宽达1km,最窄仅10m,矿体深部延伸长。矿区内主要发育叶蜡石化、黄铁矿化、绢云母化和硅化等蚀变现象。围岩蚀变可分为早期黄铁绢英岩化、晚期黄铁绢英岩化叠加大量金属硫化物、叶蜡石化。赋矿原岩呈黄白色、褐黄色,丝绢光泽,鳞片粒状变晶结构,片状构造。叶蜡石矿石呈黄绿色、淡青色、蜡绿色,具有丝绢光泽,有滑感,贝壳状断口,隐晶质结构,块状构造。矿石矿物主要为叶蜡石、石英、伊利石、高岭石和钠长石等,XRD粉晶衍射分析显示叶蜡石主要为1Tc型。矿石的SiO_2含量为74.41%~78.31%,Al_2O_3含量为13.26%~15.43%(张少颖,2017)。

4. 北京门头沟赵家台叶蜡石矿床

北京门头沟赵家台叶蜡石矿床位于燕山台褶带西山台凹,在早古生代属陆表海盆地沉积环境,主要形成富硅铝质黏土层或泥沙质沉积层。这类地层吸附较多的铁质,呈紫红色或灰绿色,在受上覆岩层的负荷压力和埋藏深度的地热梯度的影响下,产生大规模的重结晶变质作用。黏土物质在交代变质中形成大量的叶蜡石矿物,同时所含铁质被带出,形成叶蜡石矿体。

叶蜡石矿体赋存于上二叠统红庙岭组中,顶板为泥岩和紫红色泥质粉砂岩,呈似层状、透镜状产出。晚二叠世时期,区域气候干燥炎热,在氧化环境下沉积了一套红色河湖相石英砂岩。而内陆湖泊盆地沉积形成富高岭石和伊利石的沉积物,为叶蜡石的形成提供了物质来源。受印支期和燕山期构造运动影响,该区域主要发育褶皱和断层构造,岩石普遍经历了低级变质作用。矿区未见岩浆岩,矿石中也未见红柱石等接触变质矿物,因此火山热液蚀变和接触变质作用不是门头沟叶蜡石矿床形成的主要方式。值得注意的是,该地区的矿石样品几乎不含高岭石,而硬水铝石的质量分数高达 16.8%~24.1%,强烈支持叶蜡石形成于高岭石的脱铝反应,成矿温度约 300℃(史斌等,2017)。因此,矿石矿物除含叶蜡石外,还常有硬水铝石、高岭石、地开石、伊利石、绢云母以及金红石、赤铁矿等,矿石常保持原岩的结构构造,矿体呈层状、似层状、薄板状和板状产出,顶底板多为黏土岩、粉砂岩和石英细砂岩,发育层理构造,矿体与围岩呈渐变关系,二者产状基本一致。围岩除微弱硅化外,无其他明显蚀变。该矿床属于埋藏变质型叶蜡石矿床。

5. 黑龙江东宁县神洞叶蜡石矿

黑龙江东宁县神洞叶蜡石矿大地构造位置处于张广才岭-太平岭边缘隆起带老黑山断陷内。区域主要发育古生代和中、新生代地层,岩浆活动频繁,侵入岩分布较广泛,构造十分发育。矿区出露地层有晚三叠世罗圈站组酸性火山岩和古近纪中晚新世土门子组碎屑岩,其中罗圈站组岩性为流纹岩、流纹质凝灰熔岩、流纹质角砾凝灰熔岩、火山角砾岩等。受北东向构造影响,地层均呈北东向展布,构成背向斜产出。叶蜡石矿化体与燕山早期花岗闪长斑岩侵入岩关系密切,受北东东向断裂构造控制,矿体赋存在含叶蜡石次生石英岩及次火山岩中(马东元,1993)。

矿体总体走向北东,倾向南东,倾角 40°~77°,总体呈串珠状、透镜状。围岩为石英叶蜡石岩。矿石浅部呈灰白色,深部呈灰色。矿物成分为叶蜡石、石英、绢云母、绿泥石、铁质矿物、伊利石、长石、高岭石、蒙脱石等。矿石结构以变余斑状结构为主,次为微粒变晶镶嵌结构,构造以块状构造为主,偶见气孔构造。围岩蚀变主要有叶蜡石化、次生石英岩化、伊利石化、黄铁矿化。平面上以矿体为中心,向北西和南东两侧围岩蚀变依次为叶蜡石化—伊利石化—次生石英岩化,具水平对称分带现象,蚀变带边部局部地段见高岭土化。剖面上自上而下依次为叶蜡石化—伊利石化—黄铁矿化,具垂直分带现象。

6. 广西防城港黄关叶蜡石矿

广西防城港黄关叶蜡石矿处于华南准地台钦州残余地槽十万大山断陷南缘,构造上属十万大山向斜南东翼。出露地层主要有中三叠世板八组火山岩及晚三叠世平垌组砂质砾岩、粉砂岩、砂岩夹页岩。矿区位于垌中-扶隆断裂带中部,断裂构造发育,呈北东东-南西西向展布。断层规模较大,延伸 10 余千米,横贯全区,倾向南东,局部倾向北西,倾角 70°~80°,沿破碎带岩石挤压破碎强烈,角砾岩化、糜棱岩化、片理化发育(黄山,2013)。

叶蜡石矿体赋存在板八组顶部,近于平垌组接触界线部位。北东东-南西西断裂是矿区的主要控矿断裂及矿化带,产于断裂破碎带的蚀变凝灰熔岩及凝灰岩中,呈层状、似层状产出,产状与断层基本一致,沿走向延伸可见长度 330~1460m,厚度变化一般山顶处厚,达 21m,向山脚或低标高处变薄或尖灭,局部有分支、复合、弯曲变大现象,平面上呈长条状、带状分布。矿石矿物成分主要为叶蜡石、石英,次为绢云母及其他矿物。其他矿物有高岭石、金红石、褐帘石、黄铁矿等,含量都小于 5%。矿石结构为变余凝灰结构、变余凝灰角砾结构,矿石构造主要为角砾状构造、块状构造、流纹构造。围岩蚀变主要为硅化、绢云母化,少量黄铁矿化,与围岩界线不明显,为渐变过渡关系。

第三节 叶蜡石开发利用

叶蜡石性质独特,用途广泛。有关叶蜡石的利用主要有两个方向:一是在不破坏其晶体结构的前提下,根据自身物理属性(如颜色、粒度等)发挥使用价值;二是改变其晶体结构,根据它的化学性质作为原料添加到其他物质中。早期人们仅将叶蜡石作为观赏石等工艺品,如寿山石以用于石雕、印章和石笔等工艺品而闻名。随着科学技术的发展,叶蜡石逐渐用作耐火材料、陶瓷原料,同时也用于纸张、农药、橡胶和塑料等相关产业。近年来,我国对叶蜡石的开采和利用发展迅速,应用领域日益增多,应用前景良好。

一、叶蜡石开发利用历史

叶蜡石开发利用历史悠久,但在国内外的应用上有不同的表现。在欧美、日本等国家叶蜡石最初被用作雕塑品材料,但在19世纪末,随着钢铁工业兴起,叶蜡石开始被用作耐火材料以后,叶蜡石的用途扩大到陶瓷和造纸工业。在第二次世界大战以后,叶蜡石才开始被用作陶瓷原料或者造纸、农药、橡胶和塑料等工业的填料,其中用于耐火材料的叶蜡石分别占美国和日本总消费量的50%和60%,其次为陶瓷工业。

中国的叶蜡石开发利用历史悠久,中华人民共和国成立以前主要用作雕刻石。如巴林石最早见于5000年前的红山文化时期的文物中;青田石可上溯至1700年前六朝时期(222—589);寿山石石雕可追溯至1500年前南北朝时期(420—589);昌化石兴于600年前的明清时期(1368—1644)。叶蜡石在工业上的应用始于民国期间。1923年上海瑞和砖瓦厂、上海益丰碾粉厂及日本商人的洋行开始收购青田石,叶蜡石始用于工业生产。

中华人民共和国成立之初,叶蜡石开采规模较小,主要用于陶瓷填充原料,少量用于坩埚的原料以及建筑材料。20世纪70年代中后期开始,中国叶蜡石矿开发利用步入了一个高速发展阶段,叶蜡石产量跃居世界第三位,主要用于陶瓷、耐火材料和玻纤行业。

改革开放以后,中国叶蜡石开采规模进一步扩大,到20世纪90年代国内玻纤行业兴起,大量叶蜡石被加工成玻璃纤维。

进入21世纪,中国叶蜡石开采规模有所减小。近年来,随着叶蜡石深加工技术的发展,叶蜡石也开始应用于橡胶轮胎、高压油管、空调铜管的隔热泡沫材料、无水炮泥材料以及低膨胀微晶玻璃材料、3D打印材料等。

二、叶蜡石开发利用现状

叶蜡石按用途不同可分为工业叶蜡石和工艺叶蜡石,其中工业叶蜡石主要应用于陶瓷、耐火材料、玻璃、造纸、白水泥、塑料、橡胶等领域,工艺叶蜡石主要指生产各种石雕工艺品(张巍,2016)。一般来讲,高品质叶蜡石多用作雕刻石,杂质低的叶蜡石用作玻纤原料,低品位高杂质的叶蜡石则用作陶瓷原料,少部分也用作橡胶填料。

1. 石雕和石材

叶蜡石具有天然不同的各种色泽,其质感丰满,温润莹澈,色彩自然多样,品种繁多,硬度适中,呈致密块状,因而常用于雕刻类型各样的艺术精品,主要有寿山石、青田石、昌化石和泰顺石4种,均产于东南沿海火山岩喷发区。

寿山石是福建省叶蜡石的特色产品,也是中国传统的"四大印章石"之一,有长久的雕刻历史与出色的技艺,基于其自身的肌理、自然色彩和各种形状,能雕刻出极具特色的工艺品。寿山石主要产于福州市北郊晋安区与连江县、罗源县交界处的"金三角"地带,其主要化学成分为 SiO_2、Al_2O_3、Fe_2O_3、TiO_2、K_2O、Na_2O,主要矿物组成为叶蜡石、高岭石族(包括地开石、高岭石、珍珠陶石)或伊利石等矿物,具有色彩多样、硬度较小、质地细腻及可雕性强等特性。寿山石色彩斑斓,种属复杂,按传统习惯一般主要分为"田坑(田黄)""水坑"和"山坑"三大类。寿山石中的极品为田黄,是寿山石长期掩埋在田地溪沟中,在弱酸、氧化条件下,吸附水质中的 Fe^{3+},从外往内逐渐渗透(田黄石色调外浓内淡),致使矿石色调变黄而形成(詹玉坤,2021)。

青田石是我国"四大名石"之一,被誉为"印石之祖"。它产于我国石雕之乡——浙江省青田县,主要为青色,质地致密细腻、坚韧,硬度适中(莫氏硬度1~2),色泽温润,油脂、玻璃光泽,不透明、微透明至半透明,少数透明,是中国篆刻艺术中最早、应用最广的原料之一。青田石的化学成分主要为 Al_2O_3 和 SiO_2,两者约占90%,还含少量的 Fe_2O_3、CaO、MgO、Na_2O、K_2O、TiO_2 等。矿物组成以叶蜡石为主,含少量黏土矿物,如地开石、高岭石、伊利石、蒙脱石和绢云母等,以及石英、黄铁矿、刚玉、红柱石等副矿物。由于矿物组成和化学成分的差异,青田石呈现多种不同类型,其质地、色彩和花纹也变化多样。早期的青田石主要用于刻制图章、石碗、石槽、笔筒、笔架、墨水缸和香炉等。随着技艺的不断进步,人们开始将青田石用于雕刻人物、山水、烟具和花瓶等手工艺品。一般来讲,高铝青田石性质细腻,硬度适中,淡青—淡黄色,属于高档雕刻石。高硅青田石性质较粗,硬度大,属于较低档雕刻石。而高铁青田石颜色较深,多呈暗红色、黑色,不透明,属于低档雕刻石。此外,若青田石中含有 Fe^{3+}、Fe^{2+}、Ti^{4+} 时,分别呈红色、黄色、绿色。随着这些元素含量的增加,青田石的色调也逐渐变深,透明度降低(陈墨,2021)。

昌化石产于浙江省临安昌化镇,颜色多变,以白色、灰色、黑色、黄色、红色为主,石材多砂、多气孔,硬度高(莫氏硬度2~3),质地柔和,光泽润滑。昌化石的化学成分主要为 SiO_2 和 Al_2O_3,含少量的 Fe_2O_3、MgO、CaO、K_2O、Na_2O 等。矿物组成以地开石为主,含少量高岭石、明矾石、蒙脱石等黏土矿物,以及黄铁矿、石英等副矿物。昌化石主要用于石雕和印章材料,其中含有辰砂而呈红色的种类称为昌化鸡血石,以色鲜、形美、质细而闻名,具有极大的观赏价值。辰砂以浸染状或细脉状分布于地开石基质上,根据地开石与辰砂颗粒大小、比例、分布关系,鸡血石的颜色可呈鲜红色、淡红色、紫红色、暗红色等不同色调。一般来讲,辰砂含量(即"血"量)低于10%的昌化石为一般品种,而介于30%~50%的为中高档品种,50%~70%的为珍品,辰砂含量超过70%的品种就十分难得(陈延芳,2013;东方汛和赵国军,2015)。

泰顺石产于浙江泰顺县,颜色丰富,呈青色、黄色、红色、紫色、黑色、白色等,蜡状光泽、纹理美观,具有玉石般的温润质感。泰顺石的化学成分主要为 SiO_2 和 Al_2O_3,其他氧化物含量不超过10%。矿物组成以叶蜡石为主,含少量石英、高岭石、伊利石和硬水铝石等。泰顺石通常被用作印章石和雕刻石,可作为青田石和寿山石的替代品。通常可根据叶蜡石的类型将泰顺石分为纯叶蜡石型、含富铝矿物的高铝叶蜡石型、含石英的高硅叶蜡石型、含铁质矿物的高铁叶蜡石型以及含明矾石的高硫叶蜡石型。高铝和纯叶蜡石型泰顺石多属于宝石级泰顺石,质地柔软,颜色淡雅,以青色和青黄色为主。而高硅、高铁和高硫叶蜡石型泰顺石硬度较大,颜色艳丽,以红色和紫色为主(朱选民等,2014;徐艳晓等,2021)。

2. 陶瓷行业

叶蜡石具有良好的耐热性、高白度和高温下低收缩性,是生活、建筑、卫生和抗腐蚀电子陶瓷及其他特殊陶瓷等产品的优质原料。采用叶蜡石制造的卫生陶瓷具有良好的抗热震性和稳定性。以叶蜡石为主料的釉面砖具有稳定的性能、优越的耐热性和强大的抗破损能力,能有效减少生产过程中的变形、裂纹和湿胀问题。对于高质量面砖,叶蜡石的效果优于黏土原料,主要体现在以下几个方面:①在特定温度范围内,叶蜡石发生热膨胀,抵消其他材料产生的收缩效应,确保商品的尺寸匀称;②叶蜡石的燃耗较黏土少,坯体在焙烧过程中开裂趋势减小,更适于迅速焙烧;③叶蜡石的热胀系数非常低,产品的热稳定性较高,潮湿条件下的膨胀幅度也十分有限;④叶蜡石铁含量低且成分稳定,经过烧制后呈现柔和且纯正的色彩。

早在20世纪30年代,美国凡德比尔特公司率先将叶蜡石作为陶瓷生产的基础材料。随后,日本、苏联和澳大利亚等国先后将叶蜡石用于墙地砖、电瓷、医用卫生陶瓷、电子元件、煤气灯头和气焊头等产品的制造过程中。王晓兰等(2009)分别使用50%、21%、30%的叶蜡石制作出性能优良的卫生陶瓷、瓷质砖和釉面砖,它们的热膨胀低,产品收缩小,强度高。尤少波(2000)采用叶蜡石取代部分石英和高岭石,降低了坯料的Fe_2O_3和TiO_2,制作出高档日用细瓷并降低了生产成本。然而,叶蜡石的加入量并不是越多越好。Mukhopadhyay等(2010)发现当叶蜡石的加入量为15%时,经1300℃烧成的陶瓷比未添加叶蜡石的产品的线收缩降低了5.03%,强度增加了31.5%。而当叶蜡石的加入量超过22.5%时,产品中会产生大量以大气孔形式存在的玻璃相,反而降低了陶瓷的性能。以叶蜡石为主要成分制作的介电陶瓷,具有卓越的电气绝缘性、低热膨胀系数和低介电损耗及介电常数等特性。孙乙庭(2009)和张培萍等(2010)的制备试验显示,除铁后的叶蜡石含量超过80%,SiC约10%,$BaCO_3$约7%,MgO低于1%。当烧结温度为1100~115℃时,形成的介电陶瓷具有高的抗弯强度、最小的介电常数和介质损耗、良好的热膨胀性能。因此,以叶蜡石为原料制备的陶瓷基片介电常数小、体积密度轻、烧成温度低、原料价格低、电绝缘性能好,有利于减轻电器设备的重量,具有很好的经济价值(顾幸勇等,2000)。在耐酸陶瓷的制作过程中,叶蜡石也发挥着重要的作用。当加入的叶蜡石Fe_2O_3和CaO含量低于1%,Al_2O_3含量超过30%时,耐酸陶瓷的原料可包含少量劣质难熔黏土或工业废料,且显著降低能耗(Abdrahimov,2003)。此外,采用叶蜡石为基础原料制作的陶瓷磨具也具有较好的性能。随着以叶蜡石和白云石为主要成分的结合剂含量增加,结合剂的耐火度降低,密度增加,抗折强度和抗冲击强度均增加,平均热膨胀系数减小。将该结合剂与SiC混合制备陶瓷磨具时,结合剂具有较好的熔融性,与SiC能较好地匹配,两者结合界面无明显裂纹,陶瓷磨具试样强度高(王改民等,2007)。

3. 耐火材料

叶蜡石具有化学惰性,耐腐蚀,耐火度高,导热率低,含水量少,加热过程中脱水缓慢,即使脱水仍能保持晶体结构稳定性,因而是制作耐火材料的优质原料,可生产各种耐火砖、耐火泥和坩埚等。以天然叶蜡石生产的耐火材料具有高熔点特征,可承受超过1700℃的高温。此外,叶蜡石的硬度低,易于分解且颗粒间摩擦系数低,广泛用于制造硅酸铝耐火材料。在特定温度下,将叶蜡石融入无定形耐火材料可改善其性能并延长使用寿命,而将叶蜡石加入有定形耐火砖可增强其体积稳定性。通常在耐火材料制作过程中,根据叶蜡石的化学成分(主要为Al_2O_3含量)将其分为3种不同等级。其中Al_2O_3含量高于24%的为一级品,介于20%~24%的为二级品,介于16%~20%的为三级品(黄荣南,1999)。伴生元素K和Na会降低耐火材料熔点,一般要求全碱(K_2O+Na_2O)含量低于0.8%~2.0%。美国最早将叶蜡石凿成砖块用于修建烟囱和炉火,至今仍有50%以上的叶蜡石用于生产耐火材料。日本对叶蜡石原料生产耐火材料的研究已有百余年历史,其生产技术也进行了许多改革,提高了炼钢桶衬砖的使用效果。我国于1972年研发出叶蜡石砖,在钢包和铸铁包的应用上表现卓越,但叶蜡石耐火产品产量不高,应用范围较为有限。此外,钢包的出钢温度上升较大(50~70℃),钢液停留时间过长(超过2h),使叶蜡石砖的融化速度大大加快。铁水包的内衬承受高温,使其寿命急剧缩短。上述这些问题使叶蜡石砖的使用量逐步下滑,甚至停止使用。

4. 造纸

叶蜡石硬度低、白度高、易破碎,物理化学性质稳定,是提高纸张密度、纯度和光滑度,增进打印功能以及降低制纸成本的最佳填料。将叶蜡石粉混入纸浆,填充树脂纤维的缝隙,进而增加纸张的厚重和韧性,同时也降低了纸张的吸湿性。此外,叶蜡石质地柔和,具有滑润感,使纸张表面均匀光滑,增添柔软感及亮度,减少透光率,提升使用性。叶蜡石在纸浆中均匀散布,使其不受酸碱度的影响,也不易氧化或还原,不溶于水,遮盖率大。研究显示,用于造纸的叶蜡石需要白度高、细度高、含铁少、质地柔软,矿石中叶蜡石含量高于90%,石英等硬度高的矿物极少(许凤林和徐传云,2007)。

5. 玻璃纤维

玻璃纤维是以叶蜡石、石英砂和石灰石等为原料,经高温熔制、拉丝、络纱、织布等工艺制成,主要含SiO_2、Al_2O_3、CaO和MgO的无机非金属材料。它具有绝缘性好、耐热性强、抗腐蚀性好、机械强度高等优点,大量用于制造玻璃布、玻璃带、玻璃棉和玻璃毡等产品,以及强化层压材料和稀酸洗涤液的过滤布等。值得注意的是,有些欧美国家采用精选或质地好的高岭石而不是叶蜡石作玻纤原料。尽管如此,叶蜡石仍是生产玻璃纤维的主要原料,占玻璃配料的一半以上,其主要作用是代替铝粉降低成本,提高玻璃纤维的Al_2O_3含量及机械强度。叶蜡石能否作为玻纤原料主要取决于叶蜡石矿石的化学成分、矿石类型和矿石稳定性3个方面。一般来讲,玻璃纤维用叶蜡石的有用组分Al_2O_3含量需高于16%,有害组分Fe_2O_3需低于0.5%(蒲心诚,2010)。玻纤生产通常使用Al_2O_3为18%~22%的中铝叶蜡石,Al_2O_3含量以21%为最佳。叶蜡石矿石主要由叶蜡石、高岭石、地开石、石英,以及少量明矾石、伊利石、蒙脱石、黄铁矿、蓝晶石、红柱石、刚玉等组成。若刚玉、红柱石等矿物含量高,会造成矿石难以磨细而无法完全熔化;若明矾石含量高,会增加玻璃液的硫含量而出现大量气泡;若石英含量超过25%,单独使用叶蜡石将引发拉丝操作的异常。叶蜡石在形成过程中具有显著的不均一性,导致其质量极不稳定,因而需采取一定措施使叶蜡石矿石均匀化(楼家毅等,2012)。

由于玻璃纤维的制作对叶蜡石Fe_2O_3含量要求严格,绝大部分中—高铁叶蜡石被限制使用而造成极大浪费。于阳辉等(2023)进行了详细的玻璃纤维原料制备试验,结果表明干法磁选仅能降低入料粒径为0.15~0.3mm的矿石样品,其Fe_2O_3含量从初始1.35%可降至0.45%,满足玻璃纤维原料的要求。粒度过大时,含铁矿物与叶蜡石解离不充分;粒度过小时,精矿很容易夹带粉料,导致干法磁选的除铁效果较差。若将磁选方式调整为湿法磁选,则0.15mm以下粒级矿石样品的Fe_2O_3含量最低可降至0.18%,除铁效果明显。因此,针对无法直接用于玻璃纤维制作的高铁叶蜡石,粗粉料采用干法除铁工艺,细粉料采用湿法除铁工艺,可达到玻璃纤维原料对叶蜡石Fe_2O_3含量的要求。此外,对于低铝叶蜡石,也可加入杂质少、纯度高、粒度细的白色晶态$Al(OH)_3$粉提高原料的铝含量,该方法生产的无碱玻璃球同样具有优良的性能(解叔明和周定,2001)。

6. 传压密封介质

叶蜡石的层状晶体结构决定了它的分子层易于滑动和蠕变,硬度低,抗剪切强度不明显,易于机械加工。它有良好的传压性、电热绝缘、密封性、耐热保温等性质,是制作高压合成金刚石、立方氮化硼等物质的固体传压介质和密封物料的理想对象。叶蜡石传压密封介质的性能很大程度上取决于叶蜡石的化学成分与矿物组成,且受焙烧工艺的影响,性能的好坏直接或间接影响金刚石等材料的合成。一般来讲,传压介质需要的叶蜡石应传递压力均匀、高温高压下物相稳定、体积收缩小、导入系数小。研究表明,高铝低硅的叶蜡石制作而成的密封传压介质性能稳定,能合成出质量好、产量高的金刚石。当叶蜡石矿石中的层状矿物(如一水硬铝石、高岭石、绢云母、绿泥石等)低于10%时,矿石的传压性能不受影响。纯净的叶蜡石矿石虽然传压性能好,但内摩擦系数小、密封性能差。若矿石含少量铁钛氧化物(如赤铁矿、钛铁矿、褐铁矿、金红石等),可提高其密封性能(陈天虎等,2001)。叶蜡石粉末压块经200~300℃焙烧后,无论在单轴还是三轴压力下,其强度和平均模量均非常稳定。在高温高压合成过程中,需考虑叶蜡石相变问题。比如随着温压条件升高,叶蜡石会逐渐相变成硬水铝石、方英石,而且不断脱水,叶蜡石中的SiO_2会转变成柯石英,导致体积收缩、密度增大,影响了叶蜡石块稳定的物理环境,使合成晶体的质量降低。郭桦等(2003)研究了叶蜡石传压介质内衬材料,基于白云石在高温高压条件下的稳定性,提出在原有叶蜡石块的基础上,增加白云石矿物内衬,可阻碍叶蜡石相变层的形成,从而提高介质的保温性和保压性。此外,适当增加白云石套管的厚度也可提高合成金刚石的质量。尽管白云石套管无法完全阻止叶蜡石相变,但仍可提高合成金刚石腔体的稳定性和保温性,获得优质的产品(徐跃等,2007;邓福铭等,2011)。

7. 原料合成

叶蜡石具有稳定的物理性质和重要的化学组成,是莫来石、堇青石、Sialon、SiC 和多孔材料的关键原料。莫来石是耐火材料和陶瓷工业的重要原料。在莫来石的合成过程中,叶蜡石不仅可提供 Si 和 Al,而且高温煅烧发生膨胀可抵消坯体的收缩,避免坯体开裂。试验研究显示,叶蜡石的加入可提高莫来石的产量。当原料中叶蜡石与含铝污泥的比例为 1:3 时,1600℃烧结 3h,产生的莫来石含量可高达 96.4%,升高烧结温度可提高莫来石的致密性。当在上述原料中添加 1.0% 的 TiO_2 矿化剂时,合成莫来石的含量可进一步提高至 98.5%(Abdrakhimova and Abdrakhimov,2007;王新峰等,2010;陈永瑞等,2010)。堇青石在冶金、电子、汽车、环保等领域都有广泛的应用。使用叶蜡石与滑石混合可合成结构致密、气孔率低、强度高的堇青石,其含量可高达 90%(薛群虎等,1999)。Sialon 材料通常用于高铝内衬、铁水包、滑动水口及热交换器构件等热工设备上。在高温条件下进行叶蜡石的碳热还原氮化合成试验时,叶蜡石会发生一系列相变。只有温度达到 1300℃,方石英才开始氮化形成 Si_2N_2O,并与莫来石反应生成 O'-Sialon;1450℃时 β-Sialon 和 SiC 形成;温度达到 1500℃时,O'-Sialon 含量达到峰值,β-Sialon 的含量也逐渐增加;温度继续升高至 1550℃,O'-Sialon 显著减少,物质组成以 β-Sialon 为主(孙洪巍等,2004)。与传统的 SiO_2-C-Na_3AlF_6 生长体系不同,叶蜡石和树脂在氮气气氛和高温条件下也可合成 β-Sialon 晶须,为该合成材料的制备提供了新的思路(Yu et al.,1997)。SiC 材料在磨料、冶金原料、功能陶瓷等领域有诸多应用。叶蜡石和天然石墨在氩气条件下经碳热还原法可原位合成莫来石-SiC 复合材料,球状 SiC 均匀分布于莫来石中,使其具有较高的韧性、抗压强度和抗侵蚀能力(于景坤等,2002)。多孔材料(包括微孔、大孔和介孔材料)具有比表面积大、孔隙率高、吸附性强等特性,广泛应用于催化、离子交换、分离、传感器等领域。由热活化叶蜡石可制备孔径约 20nm 的多孔氧化铝材料,其层间或颗粒间分布有大孔隙(程伟,2011)。

8. 橡胶塑料制品

叶蜡石经超细加工、分级、改性后,可代替半补强炉黑、普通工业炭黑及白炭黑,应用于天然橡胶、顺丁橡胶,改进浅色橡胶制品和力车胎面制品的性能,并降低生产成本。改性叶蜡石稳定性好,可提高橡胶制品的耐热性、阻燃性、耐酸性、绝缘性,其本身的鳞片状结构又可提高橡胶制品表面的光滑度、白度和抗老化性及耐候性,在加工过程中较白炭黑、炭黑混合快,扬尘少,分散性好,加工流动性好。

目前,超细加工的叶蜡石可用作车胎的填料、高压油管填料、密封条填料、空调铜管保温隔热泡沫管填料,而普通鞋底填料,只要求加工 325 目通过率 90% 以上就可以了。

叶蜡石与高岭土(陶土)、滑石、轻质碳酸钙一样,可以作为塑料填料,叶蜡石填料可降低塑料成本,提高塑料的机械强度,有的能在塑料中起改性作用,如聚丙烯塑料加入叶蜡石填料,可提高其耐热刚性、硬度、屈服强度,还使尺寸稳定性、耐蠕变性等得到提高。可用作装饰材料面板,使用超细叶蜡石作填料,拉伸强度、冲击强度要比原产品有明显提高,尺寸稳定性上也有所提高,经检测,与原产品相比,每 5m 提高 0.5mm 以上,可减小收缩率,在较低的温度下也不开裂,可提高美观度。用作室外仿木地板、栏杆,因具抗老化性能,使用多年也不变色,可提高使用寿命。

另外叶蜡石超细粉可作为 3D 打印线材填充料,采用丙烯腈-丁二烯-苯乙烯共聚物(ABS)、聚碳酸酯(PC)、尼龙 12(PA12)为基体,通过填充低成本的超细叶蜡石粉体,采用双螺杆挤出机将二者熔融共混制备复合颗粒料,并熔融挤出制备得到特定尺寸、外形圆直的熔融沉积成型(FDM)丝材,将丝材于 3D 打印成型机中进行成型试验,解决高叶蜡石粉体填充量下不同基体的加工流动性差、基体树脂长期使用耐热性差的问题,结合界面设计技术提高填料与高分子基体的界面黏结性能,通过对加工工艺的调试来控制无机粒子在树脂中的分散形态;考察复合材料各相间的界面性能和加工工艺对复合材料形态与综合性能的影响,制备出综合性能满足3D打印的LED熔融沉积成型丝材,并能用该丝材3D打印出表面光滑、尺寸稳定性好的器件。

9. 在油漆和涂料方面的应用

叶蜡石粉体主要作为油漆涂料的覆盖物或填充料,能使涂料具有很好的悬浮性,因叶蜡石具片状结构,可阻隔紫外线的辐射,可提高油漆涂料的耐久性、黏滞性,避免磨损和脱落。另外,在叶蜡石表面涂覆一层钛白粉,制成复合钛白粉,使其具钛白粉的高遮盖率、很好的耐候性,可部分替代价格昂贵的钛白粉。

10. 农药载体

农药载体是农药可湿性粉剂必不可少的原料,用于吸附、稀释农药用的惰性成分,本身并不具有生物活性,但载体的性质将直接影响到农药可湿性粉剂磨细过程的台时产量、产品性能和使用效果。以叶蜡石为填料的配方悬浮率高,化学稳定性很好,加工制剂流动性、分散性、润湿性均较好,吸油率也很高。叶蜡石填料(载体)可以减小毒性,减小喷雾过程对人体的危害。

浙江禾本科技有限公司利用浙江皓翔矿业有限公司叶蜡石粉体作农药载体,生产工艺为在密封的混合机中,按配方要求分别加入叶蜡石粉体和固体助剂,开动搅拌机,搅拌10min左右,再用喷雾的方法加入相应比例的农药原药和液体助剂,按照规定搅拌时间,搅拌完成后放至容器中,取样作各项数据的检测。混合好的产品送至储藏罐中,可进行包装。经检测,各项指标均优于国家标准。

近些年,浙江及江苏等地大部分使用叶蜡石粉体填料作农药载体。

11. 叶蜡石矿渣用作微晶玻璃配料

低膨胀微晶玻璃是指以 Li_2O-Al_2O_3-SiO_2 为主要成分的玻璃经过严格的受控晶化处理后,形成以 β-石英固溶体为主晶相的透明微晶玻璃。β-石英固溶体具有负的热膨胀系数,因此通过调整其与正膨胀系数玻璃相的体积分数,可以使微晶玻璃在某一温度范围内达到超低膨胀或零膨胀。由于这类低膨胀微晶玻璃的晶化程度高,又具有超细的微晶结构,并且质地均匀致密,机械力学性能优良,耐酸碱性能优异,因此在航空航天、集成电路封接、光学器件、耐高温炊具、餐具、高温电光源玻璃、高温观察窗等领域具有广泛的工程应用价值。

浙江大学与浙江皓翔矿业有限公司共同开发的叶蜡石矿渣用作微晶玻璃配料,叶蜡石矿渣中主要成分 SiO_2 和 Al_2O_3,充当微晶玻璃的主要成分,并在微晶玻璃配方中质量分数可达77%;通过高温熔制法以及热处理制得 LAS 微晶玻璃含有三相,分别是 β-石英固溶体、K-石英固溶体和玻璃相;通过 TEM 观察,微晶玻璃中析出 β-石英固溶体和 K-石英固溶体,晶粒粒径在 $0.5\mu m$ 左右,在 20~300℃ 内,微晶玻璃的线性热膨胀系数介于 $(-1.0$~$1.0)\times 10^{-6}$/℃ 之间。

三、叶蜡石开发利用存在的问题

中国的叶蜡石产量及消费量在全球占比呈持续上升趋势,2010年产量约180万t,占全球总量的55.4%;到2017年产量增至276万t,约占全球的68.3%,平均年增长率达6.3%(图1-7)。尽管产量得到提高,但由于玻璃纤维行业发展迅猛,对叶蜡石的需求量也大幅提高。我国叶蜡石的消费量从2010年的180万t跃升至2018年的306万t,年均增长率达6.9%。在玻璃纤维的生产原料中,叶蜡石的比例超过50%。据统计,过去10年我国的玻璃纤维年产量复合增长率达7.97%,稳居全球最大的玻璃纤维生产地。预计未来叶蜡石需求呈增长趋势,2019—2030需求增速约为5.0%~7.0%(陈军元等,2021)。

第一章　叶蜡石研究现状

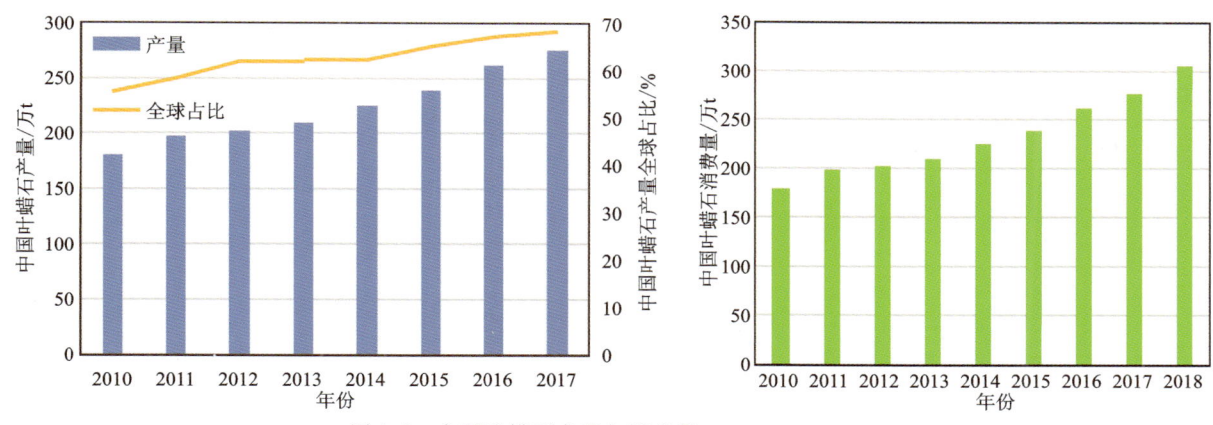

图 1-7　中国叶蜡石产量与消费量(据陈军元等,2021)

虽然中国叶蜡石的产能和消费量在逐年上升,但与之不平衡的是叶蜡石的开发利用程度低,主要体现在以下几个方面。

1. 资源浪费严重

叶蜡石的应用领域较窄,主要集中在陶瓷、耐火材料和玻璃纤维三大方向,使叶蜡石矿石的市场标准过高,导致低品位矿石未能得到合理利用而成为废石。此外,随着我国科技的不断进步,叶蜡石年开采量不断增加,导致剩余叶蜡石资源的品质越来越差。矿山企业在开发叶蜡石资源时缺乏合理规划,偏向开采矿石富集、矿体较厚区域,而抛弃品位较低、矿体较薄区域,使本可利用、品位较低的叶蜡石矿石变成废石,降低了矿石的回收率,造成了极大的浪费。针对这一问题,首先应加大对叶蜡石矿产的勘查力度。虽然叶蜡石保有量大,但优质叶蜡石少,需开展普通叶蜡石资源、优质叶蜡石资源和雕刻类叶蜡石的调查评价,以及重点矿区深部及外围的普查-勘探工作。加大以财政资金引领的储量勘探力度,支持商业性矿产勘查力度,多渠道筹集地质勘查资金,促进叶蜡石地质找矿工作有序繁荣,有效增加矿产资源储备。提高叶蜡石资源储量级别,提高雕刻类矿石的资源接替,为叶蜡石开发利用作好资源保障。其次应加强叶蜡石提纯技术的研究,采用物理化学方法,将低品质叶蜡石除铁增白,转变成高品质叶蜡石。

2. 科学研究程度低

尽管叶蜡石矿区的地质工程部署越来越多,地质勘查程度也越来越高,但与叶蜡石成矿机理相关的研究仍然非常缺乏。到目前为止,与叶蜡石成岩成矿有关的综合性高质量科学研究成果十分有限。叶蜡石成因复杂,在火山热液型叶蜡石矿床中,矿石与围岩的成因联系怎样,火山热液的物理化学性质如何等,这些问题都还没有得到很好的回答。因此,应加强叶蜡石的矿物学、岩石学和地球化学研究,结合相关的地质年代学分析,提升对叶蜡石成岩成矿机理的理论认识,为叶蜡石资源合理利用及进一步勘探提供科技支撑。

3. 资源向经济转化程度低

由于叶蜡石深加工技术和规模限制,很大一部分叶蜡石矿石作为原矿销售或出口,利润微薄,未能体现良好的产品附加值。针对这种情况,应加强叶蜡石的开发应用,尤其是深加工产品的研究,对于不同类型的叶蜡石,发展它们的应用专属性,提高附加值。在传统领域,由陶瓷和耐火材料向超硬陶瓷、超高压电瓷提升。在高端制造领域,拓展玻璃纤维在航空航天领域的用途,以及橡塑填料、隔热泡沫材料、化工产品的载体、无水泡泥材料、低膨胀微晶玻璃材料和3D打印材料的应用等。

第二章　浙江叶蜡石资源概况

第一节　叶蜡石勘查开发简史

一、叶蜡石矿产勘查简史

浙江省叶蜡石矿勘查工作大致可以划分为4个阶段。

第一阶段：中华人民共和国成立前零星勘查阶段。1928年李学清等对青田叶蜡石作过化学分析；1929年冬，中央研究院地质研究所叶良辅、张更、李璜在青田山口、大安、冯垟、小令等地进行调查，1931年发表《浙江青田县之印章石》一文，是关于青田叶蜡石的首篇有价值的研究报告。[据《浙江省地质矿产志》(浙江省地质矿产志编纂委员会，2003)、《浙江通志·地质勘查志》(《浙江通志》编撰委员会，2019)]。

第二阶段：勘查起步阶段。中华人民共和国成立后浙江省叶蜡石逐步开始正规矿产勘查，1956年，省重工业厅地质队到青田踏勘拉开叶蜡石勘查工作的序幕。1959年，温州地区地质大队开展青田叶蜡石矿普查工作。1961年，建工部非金属矿地质公司华东公司五〇三队进入青田山口一带开展叶蜡石普查找矿，同年提交《浙江省青田县山口叶蜡石矿详细找矿报告》。之后叶蜡石矿产地质工作停滞。时隔10年，省非金属地质队在嵊州市（原为嵊县）进行叶蜡石矿普查，1973年提交《浙江省嵊县松明培叶蜡石矿地质评价报告》。之后又是10年的停滞。

第三阶段：快速勘查阶段。20世纪80年代，随着叶蜡石利用范围的不断扩大，对矿产品的需求日益增长，促进了叶蜡石矿产地质工作，迎来了叶蜡石矿产勘查的高峰期。从1980到1999年的20年间，浙江省先后完成了对青田北山、上虞梁岙、临海杜歧、常山芳村、宁海深甽、青田山口、泰顺龟湖、瑞安岙口、景宁缪坑、绍兴秦望山、云和寨下、青田岭头、宁海茶山、泰顺将军炉、青田洪府前等近20处叶蜡石矿进行普查、详查工作，共提交D级以上通过审批的叶蜡石矿石量4000余万吨。

第四阶段：调整放缓阶段。2000年以后，浙江省叶蜡石矿产勘查工作略有放缓，侧重于面上的调查。开展勘查工作的矿区主要有云和寨下、永嘉白沙亭、云和小顺、青田周村、瑞安东源、龙泉兰头、青田茶园、金降寨、盖此山、泰顺白岩、青田双垟、仙居石门坑等10余处。面上调查主要分布在温州山门—平阳坑、龙泉小岩—松安以及瑞安后坑—平阳蔡垟等地区的概查或普查。2023年，浙江省第十一地质大队又在山口叶蜡石外围探得1处超大型的叶蜡石矿。

二、叶蜡石矿产开发利用简史

浙江省叶蜡石开发利用源于青田印石、石雕业，历史悠久。

青田石早在六朝时就被刻制成小石猪，作为墓葬用品。宋代较多地被用来"制为文房之雅具及文人所用的图章、小件玩耍之物"。元、明两代，赵孟頫、王冕、文彭等著名文人，应用"青田灯光冻石"刻章，引

第二章 浙江叶蜡石资源概况

发篆刻领域以石治印,流派纷呈的风尚,青田石之名更是艳传四方。清代初期,青田石业产品大部分为篆刻图章,仅销售于国内。清光绪元年(1875年),民间石雕艺人林茂川等充分利用其石"巧色"改良石刻,使石雕技艺大增。光绪三十二年(1906年),青田石雕在意大利米兰博览会上获奖,青田石采雕产业渐形发达,至清末青田石雕在海外声誉鹊起,远销欧洲各国和南洋(今东南亚一带),促使青田石开采规模不断扩大,开采盛时年产1万担(折合50t)。

民国时期,青田石是浙江省仅有的几个颇具经济价值被开发利用的非金属矿产之一,但青田石业发展历经波折。第一次世界大战前青田石业繁盛,贸易最盛时,青田石雕全年出口不下1.2万箱(每箱约80kg)。第一次世界大战期间,因战事青田石雕对欧洲的贸易停顿。民国十一年后(1922年),另辟外贸途径,改向美国出口,青田石雕业又开始振兴。至民国二十六年前(1937年),青田每年产出青田石镌刻品约3000箱(每箱重25~30kg),年产值14万元,95%行销国外,以美国最多,约占80%,欧洲、南洋(今东南亚一带)、日本次之。

中华人民共和国成立后,随着叶蜡石开发应用领域的拓展,浙江省叶蜡石矿查明资源储量和开采量均居全国之首。浙江省叶蜡石资源储量大,且相对集中的分布特点,有利于大、中、小型矿床并举的多层次开发。自20世纪50年代始,经历了多个开发利用时期。

叶蜡石矿业初具规模期(1950—1965年):1950年后仍以民间采掘雕刻石(青田石)为主;至1953年8月,付乾坤、林国藩等集青田县百余采石工人组成山口蜡石供销社,开采雕刻石并兼采工业用叶蜡石;1956年10月,蜡石供销社改造为地方国营青田县蜡石矿,因雕刻石资源日见稀缺,生产转向以开采工业用叶蜡石为主,设旦洪、封门、白垟、尧士、老鼠坪5个工区,叶蜡石矿业初具规模。

叶蜡石矿业快速发展期(1966—1995年):20世纪60年代中期至80年代初,青田县以国营青田县蜡石矿和集体所有制山口镇蜡石矿、方山乡蜡石矿3家主体矿山为骨干,奠定了浙江省叶蜡石产业的基础。至20世纪90年代初,随着上虞梁岙、泰顺龟湖、常山芳村等一批探明叶蜡石资源储量的大、中型矿区相继建矿,浙江省叶蜡石重点开采矿山发展到13个,形成青田、上虞、常山、泰顺四大产地;临海、云和、绍兴、宁海、缙云、景宁、临安等地乡镇集体及个体开采也较为活跃,叶蜡石资源得到了不同程度的开发。

叶蜡石矿业治理整顿期(1996—2000年):1996年,浙江省贯彻《国务院关于整顿矿业秩序维护国家对矿产资源所有权的通知》精神,对矿业生产进行收缩调整。据1996—2000年统计资料,浙江省叶蜡石开采矿山数中期减少较多,但后期又逐渐增加,矿石年产量在34.10万~55.50万t之间。矿产品结构逐步向发展粉体原料过渡,产品附加值提高。这一时期,青田、上虞、泰顺、常山、景宁等地叶蜡石矿山生产规模较大,其余均为乡镇小矿。2000年,泰顺县蜡石矿业有限公司为全省最大的开采矿山企业,矿石产量占全省的29%。

叶蜡石矿业秩序好转、结构优化期(2001—2010年):2007年,《浙江省叶蜡石开采准入条件(试行)》实施后,通过矿山整合、控制开采总量等措施,叶蜡石矿业秩序逐步好转,矿业结构逐渐优化。表现在矿山数量逐年下降,矿石年产量随市场变化在50.58万~85.21万t之间。至2010年,全省设置采矿权的叶蜡石开采矿山22个(分布于15个矿区),矿石开采量65.17万t,开采矿山分布在衢州市、温州市、丽水市和绍兴市。主要矿区有常山县芳村、邵家,泰顺县龟湖,青田县山口、周村、岭头、南木宕等。叶蜡石矿产品仍以原矿(粉)和初级产品为主,销往省外(包括出口)和销在省内各占一半。销在省内部分主要用于陶瓷原料(面砖、地砖、洁具等建筑材料),占60%~70%,其次用于玻璃纤维原料、表层涂料原料、橡胶充填料、制药和塑料制品充填料、白水泥原料、耐火材料及雕刻工艺品等。

叶蜡石矿业秩序稳定发展期(2011年至今):据《浙江省矿产资源总体规划》,以矿产资源保障为核心,以矿业绿色发展为主线,高水平统筹矿产资源勘查、开发利用和保护,确保资源供给与经济社会发展需求相适应。叶蜡石矿山开采企业数量稳定,目前全省现有叶蜡石采矿权17宗(分布于16个矿区),矿山年开采能力$66×10^4$t,开采规模逐步稳定。主要矿区有常山县邵家,上虞区梁岙,龙泉市兰头、小岩,云和县寨下,泰顺县龟湖,青田县山口、岭头等。随着战略性新兴产业的发展和材料科学的突破,叶蜡石作为重要的非金属工业原料,在新兴产业中(信息技术领域、新能源领域、新材料领域、高端制造业领域等)发挥关键应用。目前省内叶蜡石矿产主要作为玻璃纤维、陶瓷原料,其次作为耐火材料及雕刻工艺品等。

第二节 叶蜡石矿产资源分布概况

一、叶蜡石资源分布

浙江省叶蜡石资源丰富,是中国最主要的叶蜡石产区之一,探明资源量位居全国第一。截至2021年底,浙江省内发现叶蜡石矿床(点)81处,其中超大型2处,大型5处,中型14处,小型23处,另有矿点37处(图2-1,表2-1),集中分布于浙东沿海地区,尤以温州、丽水最多。

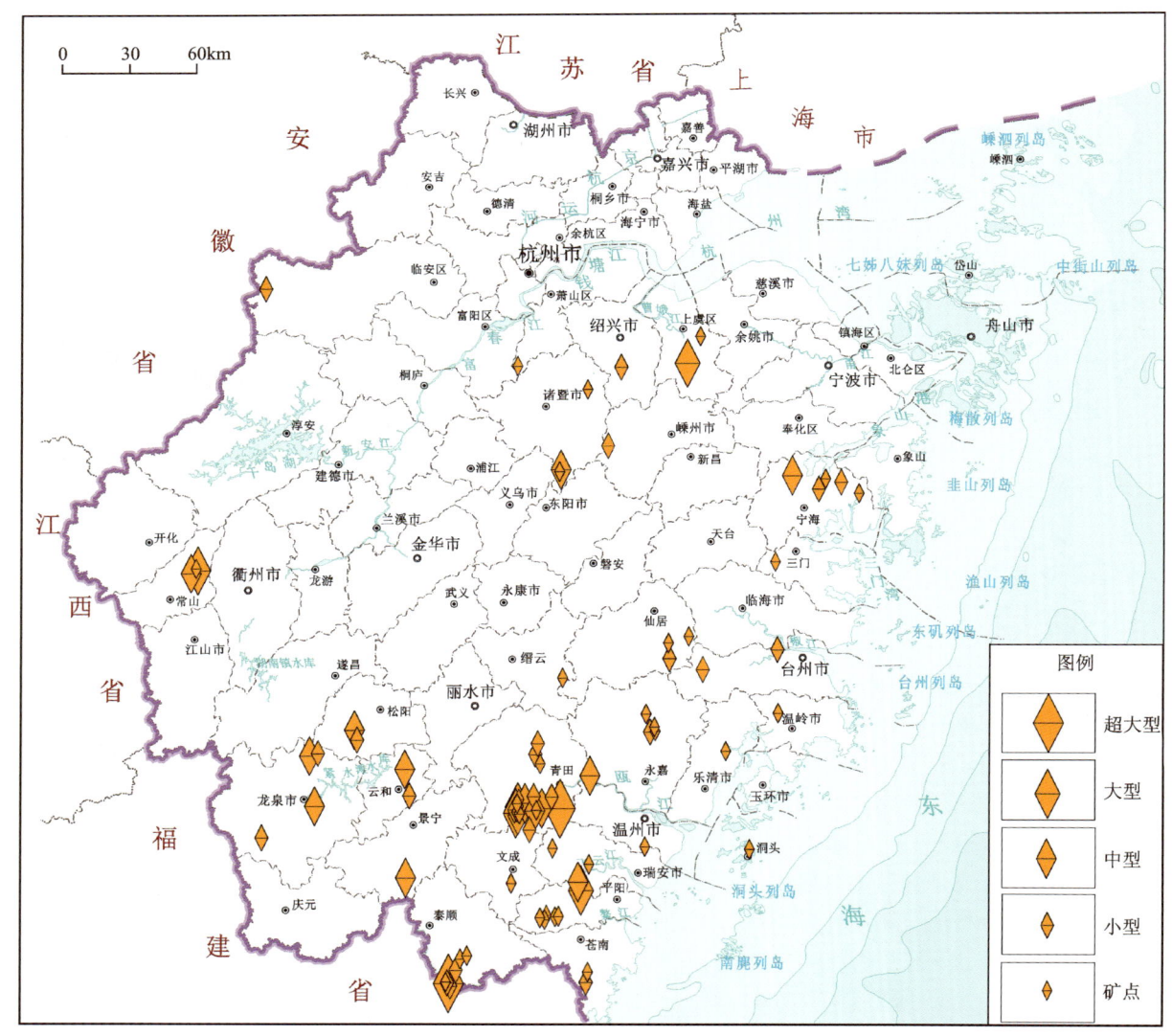

图 2-1 浙江省叶蜡石矿矿产资源分布图

第二章 浙江叶蜡石资源概况

表 2-1 浙江省叶蜡石矿床统计表

序号	矿床名称	规模	矿床成因类型	成矿时代	勘查程度	开发利用情况
1	青田县山口叶蜡石矿	超大型	火山热液交代型	白垩纪	详查	开采
2	泰顺县龟湖叶蜡石矿	超大型	火山热液交代型	白垩纪	详查	开采
3	绍兴市上虞区梁岙叶蜡石矿	大型	火山热液交代型	白垩纪	详查	开采
4	常山县邵家叶蜡石矿	大型	区域变质型	青白口纪	详查	停采
5	青田县岭头叶蜡石矿	大型	火山热液交代型	白垩纪	详查	开采
6	青田县茶园叶蜡石矿	大型	火山热液交代型	白垩纪	普查	停采
7	瑞安市后坑叶蜡石高岭石矿	大型	火山热液交代型	白垩纪	详查	未开采
8	宁海县深甽叶蜡石矿	中型	火山热液交代型	白垩纪	普查	停采
9	瑞安市东源叶蜡石矿	中型	火山热液交代型	白垩纪	详查	停采
10	永嘉县白沙叶蜡石矿	中型	火山热液交代型	白垩纪	普查	停采
11	诸暨市自居坪叶蜡石矿	中型	火山热液交代型	白垩纪	详查	停采
12	常山县芳村叶蜡石矿	中型	区域变质型	青白口纪	详查	停采
13	龙泉市小岩叶蜡石矿	中型	火山热液交代型	白垩纪	普查	开采
14	龙泉市兰头叶蜡石矿	中型	火山热液交代型	白垩纪	详查	开采
15	松阳县松玉叶蜡石矿	中型	火山热液交代型	白垩纪	普查	停采
16	云和县寨下叶蜡石矿	中型	火山热液充填型	白垩纪	详查	停采
17	青田县南木宕叶蜡石矿	中型	火山热液交代型	白垩纪	详查	开采
18	青田县周村叶蜡石矿	中型	火山热液交代型	白垩纪	普查	开采
19	青田县金降寨叶蜡石矿	中型	火山热液交代型	白垩纪	详查	停采
20	青田县塘古叶蜡石矿	中型	火山热液交代型	白垩纪	详查	未开采
21	景宁县缪坑叶蜡石矿	中型	火山热液交代型	白垩纪	普查	开采
22	杭州市临安区上溪叶蜡石地开石矿	小型	火山热液充填型	白垩纪	详查	停采
23	宁海县茶山叶蜡石矿	小型	火山热液交代型	白垩纪	普查	停采
24	宁海县史家叶蜡石矿	小型	火山热液交代型	白垩纪	普查	停采
25	永嘉县白沙亭叶蜡石矿	小型	火山热液交代型	白垩纪	普查	开采
26	苍南县南堡东山下叶蜡石矿	小型	火山热液交代型	白垩纪	普查	停采
27	文成县朱雅叶蜡石矿	小型	火山热液交代型	白垩纪	普查	停采
28	泰顺县将军炉叶蜡石矿	小型	火山热液交代型	白垩纪	普查	停采
29	泰顺县双临叶蜡石矿	小型	火山热液交代型	白垩纪	普查	开采
30	泰顺县白岩叶蜡石矿	小型	火山热液交代型	白垩纪	普查	停采
31	绍兴市柯桥区秦望山叶蜡石矿	小型	火山热液交代型	白垩纪	普查	停采
32	嵊州市松明培叶蜡石矿	小型	火山热液交代型	白垩纪	普查	停采
33	台州市黄岩区宁溪叶蜡石矿	小型	火山热液充填型	白垩纪	普查	停采

续表 2-1

序号	矿床名称	规模	矿床成因类型	成矿时代	勘查程度	开发利用情况
34	临海市杜岐高岭土叶蜡石矿	小型	火山热液充填型	白垩纪	普查	停采
35	仙居县石门坑叶蜡石地开石矿	小型	火山热液交代型	白垩纪	详查	停采
36	龙泉市八宝山叶蜡石矿	小型	火山热液交代型	白垩纪	详查	停采
37	龙泉市松安叶蜡石矿	小型	火山热液交代型	白垩纪	普查	停采
38	松阳县宏远叶蜡石矿	小型	火山热液交代型	白垩纪	普查	停采
39	云和县岗头庵叶蜡石脉石英矿	小型	火山热液充填型	白垩纪	普查	开采
40	青田县洪府前叶蜡石矿	小型	火山热液交代型	白垩纪	普查	停采
41	青田县小岭叶蜡石矿	小型	火山热液交代型	白垩纪	普查	停采
42	青田县双垟叶蜡石矿	小型	火山热液充填型	白垩纪	踏勘	停采
43	青田县下堡叶蜡石伊利石矿	小型	火山热液交代型	白垩纪	普查	停采
44	青田县朱庵叶蜡石伊利石矿	小型	火山热液交代型	白垩纪	普查	停采
45	杭州市萧山区岩山叶蜡石矿	矿点	火山热液交代型	青白口纪	踏勘	未开采
46	宁海县乌石头明矾石叶蜡石矿	矿点	火山热液交代型	白垩纪	检查	未开采
47	象山县东台叶蜡石	矿点	火山热液交代型	白垩纪	区调	未开采
48	温州市洞头区三盘山叶蜡石矿	矿点	火山热液交代型	白垩纪	预查	未开采
49	乐清市后山塘叶蜡石矿	矿点	火山热液交代型	白垩纪	踏勘	未开采
50	瑞安市岙口叶蜡石矿	矿点	火山热液交代型	白垩纪	普查	未开采
51	瑞安市马屿叶蜡石矿	矿点	火山热液交代型	白垩纪	普查	未开采
52	永嘉县灵山叶蜡石矿	矿点	火山热液交代型	白垩纪	预查	未开采
53	永嘉县苍坡叶蜡石矿	矿点	火山热液交代型	白垩纪	预查	未开采
54	永嘉县北山村叶蜡石矿	矿点	火山热液交代型	白垩纪	踏勘	未开采
55	平阳县仙姑洞叶蜡石矿	矿点	火山热液充填型	白垩纪	预查	未开采
56	平阳县雁山叶蜡石矿	矿点	火山热液交代型	白垩纪	预查	未开采
57	平阳县矾岩叶蜡石伊利石矿	矿点	火山热液充填型	白垩纪	预查	未开采
58	平阳县朱寮叶蜡石伊利石矿	矿点	火山热液交代型	白垩纪	预查	未开采
59	平阳县龙坑叶蜡石伊利石矿	矿点	火山热液交代型	白垩纪	踏勘	未开采
60	苍南县昌禅中岙叶蜡石矿	矿点	火山热液交代型	白垩纪	普查	未开采
61	文成县吴山叶蜡石矿	矿点	火山热液充填型	白垩纪	预查	未开采
62	泰顺县叶瑞垟叶蜡石矿	矿点	火山热液交代型	白垩纪	普查	未开采
63	泰顺县小溪岭叶蜡石矿	矿点	火山热液交代型	白垩纪	普查	未开采
64	泰顺县峡屿叶蜡石矿	矿点	火山热液交代型	白垩纪	踏勘	未开采
65	绍兴市上虞区黄家埠叶蜡石矿	矿点	火山热液交代型	白垩纪	检查	未开采
66	诸暨市白岩山叶蜡石矿	矿点	火山热液交代型	白垩纪	踏勘	未开采
67	诸暨市梅家坞叶蜡石矿	矿点	火山热液交代型	白垩纪	预查	未开采
68	常山县寿源叶蜡石矿	矿点	区域变质型	青白口纪	区调	未开采

续表 2-1

序号	矿床名称	规模	矿床成因类型	成矿时代	勘查程度	开发利用情况
69	温岭市白山叶蜡石矿	矿点	火山热液充填型	白垩纪	踏勘	未开采
70	三门县珠岙叶蜡石矿	矿点	火山热液交代型	白垩纪	区调	未开采
71	仙居县双庙乡许山叶蜡石矿	矿点	火山热液交代型	白垩纪	普查	未开采
72	仙居县大洪叶蜡石地开矿	矿点	火山热液交代型	白垩纪	详查	未开采
73	青田县长处原叶蜡石矿	矿点	火山热液交代型	白垩纪	预查	未开采
74	青田县孙山叶蜡石矿	矿点	火山热液交代型	白垩纪	预查	未开采
75	青田县外寮叶蜡石矿	矿点	火山热液交代型	白垩纪	预查	未开采
76	青田县洋湾叶蜡石矿	矿点	火山热液交代型	白垩纪	预查	未开采
77	青田县季山叶蜡石矿	矿点	火山热液交代型	白垩纪	预查	未开采
78	缙云县寮车明矾石叶蜡石矿	矿点	火山热液交代型	白垩纪	预查	未开采
79	青田县船寮西岸叶蜡石伊利石矿	矿点	火山热液充填型	白垩纪	预查	未开采
80	青田县石门头叶蜡石伊利石矿	矿点	火山热液交代型	白垩纪	普查	未开采
81	温州市瓯海区仙岩明矾石叶蜡石矿	矿点	火山热液交代型	白垩纪	详查	未开采

注：数据截至 2022 年 12 月。

浙江省累计查明叶蜡石矿石资源储量 7 240.743 万 t，保有资源储量 5 969.431 万 t。浙江省叶蜡石矿床主要分布在丽水市和温州市（表 2-2），其中丽水叶蜡石矿床（点）29 处（其中矿产地 23 处），累计查明叶蜡石矿石资源储量 4 134.580 万 t，占浙江省叶蜡石探明资源储量的 55.72%，温州市叶蜡石矿床（点）28 处（其中矿产地 16 处），探明叶蜡石矿石资源储量 1 856.085 万 t，占浙江省叶蜡石探明资源储量的 25.01%。其次衢州市、绍兴市、宁波市、台州市、杭州市等地也有叶蜡石矿分布（图 2-1），衢州叶蜡石矿床（点）3 处（其中矿产地 2 处），探明叶蜡石矿石资源储量 545.341 万 t，绍兴市叶蜡石矿床（点）7 处（其中矿产地 5 处），探明叶蜡石矿石资源储量 662.685 万 t，宁波市叶蜡石矿床（点）5 处（其中矿产地 4 处），探明叶蜡石矿石资源储量 80.970 万 t，台州市叶蜡石矿产地 7 处，探明叶蜡石矿石资源储量 50.590 万 t。此外，杭州市有叶蜡石矿床（点）2 处（其中矿产地 1 处）。

表 2-2 浙江省叶蜡石矿产资源分布一览表

地区	规模						累计查明资源储量/万 t	保有资源量/万 t
	超大型	大型	中型	小型	矿点	小计		
丽水	1	2	9	8	9	29	4 134.580	3 047.307
温州	1	1	2	6	18	28	1 856.085	1 673.008
绍兴		1	1	2	3	7	662.685	587.140
衢州		1	1		1	3	545.341	467.774
宁波			1	2	2	5	80.970	76.500
台州				3	4	7	50.590	45.890
杭州				1	1	2	90.492	71.812
合计	2	5	14	22	37	81	7 420.743	5 969.431

注：数据截至 2022 年 12 月。

叶蜡石矿床矿物组合复杂，主要矿物有叶蜡石、石英、地开石(高岭石)、明矾石、伊利石等，其中矿物又以叶蜡石-石英组合为主的矿床居多，其他矿物组合还有明矾石-叶蜡石，矿床(点)2处，地开石(高岭石)-叶蜡石，矿床(点)5处，伊利石-叶蜡石，矿床(点)7处。

二、叶蜡石矿石类型

根据叶蜡石的特点和工业应用，叶蜡石矿石类型可分为3个大类和9个亚类，分别为硅铝质叶蜡石、水铝质叶蜡石、碱铝质叶蜡石。其中硅铝质叶蜡石贫水($H_2O \leqslant 5\%$)、贫铝(Al_2O_3 为 3%～12%)、富硅($SiO_2 \geqslant 65\%$)，主要的矿物成分是叶蜡石和石英。依据石英的含量将其分为叶蜡石质叶蜡石(SiO_2 约 65%，Al_2O_3 为 23%～30%)、含石英质叶蜡石(SiO_2 约 70%，Al_2O_3 为 18%～23%)和石英质叶蜡石(SiO_2 约 80%，Al_2O_3 为 12%～18%)。水铝质叶蜡石富水富铝($Al_2O_3 > 30\%$，SiO_2 约 50%)，根据其矿物组合可以分为3个亚类，即硬水铝石质叶蜡石、地开石质叶蜡石和高岭石质叶蜡石。碱铝质叶蜡石以富碱和富铝为特征($Al_2O_3 > 30\%$)，根据其矿石矿物组合可分为绢云母质叶蜡石、明矾石质叶蜡石、绿泥石质叶蜡石。

热液蚀变交代成矿作用可形成上述3种叶蜡石矿石，而热液充填成矿作用一般形成叶蜡石质叶蜡石、地开石质叶蜡石和绢云母质叶蜡石。变质作用形成的矿石类型则更加简单，一般为硬水铝质叶蜡石和绿泥石质叶蜡石。

叶蜡石矿石类型、矿物组合见表2-3，叶蜡石矿石常见结构构造见表2-4。

表2-3　叶蜡石矿石类型及其矿物组合

大类	亚类	主要矿物	次要矿物	矿床成因	主要产地
硅铝质叶蜡石	叶蜡石质叶蜡石	Pyl	Qz±Dip±Co±Kl±Ser±Chl±Mtr	热液交代 热液充填	青田山口、泰顺龟湖、上虞梁岙
	含石英质叶蜡石	Pyl±Qz	Qz±Kl±Ser±Mtr±Dic	热液交代	
	石英质叶蜡石	Pyl+Qz	Qz±Kl±Ser±Dic±Mtr	热液交代	
水铝质叶蜡石	硬水铝质叶蜡石	Pyl±Dip	Dip±Co±Ad±Kl±Dic±Boe±Qz	热液交代 埋藏变质	青田山口、泰顺龟湖、上虞梁岙
	地开石质叶蜡石	Pyl±Dic	Dic±Kl±Boe±Ser±Qz	热液交代 热液充填	
	高岭石质叶蜡石	Pyl±Kl	Kl±Dic±Boe±Ser±Chl±Qz±Dip±Mtr	风化改造 热液交代	
碱铝质叶蜡石	绢云母质叶蜡石	Pyl+Ser	Ser±Qz±Aln±Kl±Dic±Mtr±Chl	热液交代 热液充填	宁海深甽、常山芳村
	明矾石质叶蜡石	Pyl±Aln	Aln±Qz±Ser±Kl±Dic	热液交代	
	绿泥石质叶蜡石	Pyl±Chl	Chl±Kl±Dic±Ser±Qz±Mtr	热液交代 区域变质	

注：Pyl. 叶蜡石；Qz. 石英；Dip. 硬水铝石；Co. 刚玉；Ad. 红柱石；Dic. 地开石；Kl. 高岭石；Ser. 绢云母；Boe. 勃姆石；Chl. 绿泥石；Aln. 明矾石；Mtr. 蒙脱石。

数据来源：何英才，1986；乐振卿和王祝宜，1990；汪灵，1994，1997；陈延芳，2013；梁鹏，2015；高原等，2016；刘秋平等，2020；杨晓燕，2018；沈崇辉等，2020；徐艳晓等，2021。

表 2-4　叶蜡石矿石结构构造分类表

结构构造类型		主要特征
结构类型	显微鳞片变晶结构	由叶蜡石或绢云母以及少量地开石、高岭石等黏土矿物的鳞片状集合体构成
	变余角砾凝灰结构	原岩中玻屑或长石晶屑被叶蜡石等蚀变矿物集合体交代,并保留其晶屑和角砾假象
	变余斑状结构	原岩的石英、长石、黑云母等斑晶交代不彻底,部分被保留下来,形成变余斑状结构
	显微柱粒状鳞片变晶结构	由短柱状、杆状、柱粒状的刚玉、硬水铝石呈团块状或嵌粒状,置于叶蜡石鳞片状集合体中
	变余沉(角砾)凝灰结构	原岩由火山碎屑物和陆源砂、泥质组成,形成沉(角砾)凝灰结构,蚀变后具原有结构残留
	显微放射球粒状鳞片变晶结构	红柱石的细柱状集合体呈放射状排列构成球粒,置于叶蜡石鳞片状集合体中
	变余球粒结构	流纹斑岩基质中的球粒,被蓝线石、叶蜡石等交代后,残留其假象
	变余塑变结构	原岩由塑变玻屑、浆屑及长石、石英晶屑等构成塑变结构,蚀变以后,交代不全,有原岩塑变结构的残留
	显微鳞片花岗状结构	以叶蜡石为主,次为石英。石英呈他形,部分石英中含有叶蜡石鳞片,也有叶蜡石呈集合体不均匀分布
构造类型	(致密)块状构造	由叶蜡石或地开石、绢云母的颗粒状、鳞片状集合体构成,结构致密
	条纹(带)状构造	叶蜡石、石英沿原岩流纹交代后,形成矿物成分、结构、构造均不相同的间层;或原岩被叶蜡石交代后构成颜色不同的间层
	角砾状构造	残留原岩常呈角砾状,并被叶蜡石等矿物集合体胶结而成
	变余假流纹构造	由塑变玻屑、浆屑及长石、石英晶屑等彼此平行排列,熔结而成的熔结灰岩,经蚀变后残留的假流动构造
	变余球泡构造	原岩球泡被刚玉、硬水铝石、叶蜡石等矿物集合体交代,并保留球泡外形
	变余层状构造	原岩由火山碎屑物及陆源长石、石英砂泥质物构成间层状,经叶蜡石化后,残留有层理构造
	脉状构造	由叶蜡石等矿物沿裂隙充填而成
	片理构造	叶蜡石呈显微鳞片状定向排列,片理发育
	叶片状构造	叶蜡石呈显微鳞片状、叶片状定向排列,层层剥离而形成叶片状构造

浙江位于西太平洋中生代火山岩带中段,横跨扬子陆块区、江绍-郴州-钦防对接带和华夏造山系3个一级大地构造单元(潘桂棠等,2008,2009,2014;潘桂棠和肖庆辉,2015)。在漫长的地质演化发展过程中,浙江经历了古元古代、青白口纪、南华纪—中奥陶世、晚奥陶世—中泥盆世、三叠纪—早侏罗世、中侏罗世—白垩纪、新生代七大发展构造发展演化阶段,不同时期、不同构造单元所发育的沉积作用、岩浆作用、变质变形作用存在较大差异。晚奥陶世—中志留世,扬子陆块与华南造山系汇聚拼贴后进入了中国东南大陆边缘活动构造环境,尤其是中生代强烈岩浆活动堆积的火山岩系,为叶蜡石等黏土类非金属矿的形成奠定了物质基础。

第三章　浙江叶蜡石成矿地质特征

第一节　区域地质背景

一、区域构造

浙江大地构造单元自浙西北往浙东南依次为扬子克拉通、江山-绍兴对接带和华夏造山系3个一级构造单元。根据不同构造阶段次级构造单元对地质发展起的不同控制作用、不同区域地质构造特征和各时期构造层发育状况,可进一步划分6个二级构造单元和15个三级构造单元(表3-1,图3-1)(浙江省地质调查院,2015;董学发等,2016a,2016b,2016c,2018;唐增才等2017,2018,2020)。

表 3-1　浙江省大地构造单元划分表

一级构造单元	二级构造单元	三级构造单元
扬子克拉通(Ⅲ)	浙北周缘前陆盆地(Ⅲ-3)	杭州-嘉兴裂谷盆地(Ⅲ-3-3)
		长兴-湖州陆表海盆地(Ⅲ-3-2)
		安吉-德清周缘前陆盆地(Ⅲ-3-1)
	苏庄-富阳被动陆缘盆地(Ⅲ-2)	千里岗前陆盆地(Ⅲ-2-3)
		威坪-于潜被动陆缘盆地(Ⅲ-2-2)
		苏庄岛弧(Ⅲ-2-1)
	江山-平水弧盆系(Ⅲ-1)	双溪坞岛弧(Ⅲ-1-2)
		平水洋内弧(Ⅲ-1-1)
江山-绍兴对接带(Ⅱ)		洪公-灵山陆缘弧(Ⅱ-1-2)
		溪口-陈蔡俯冲增生杂岩带(Ⅱ-1-1)
华夏造山系(Ⅰ)	浙东陆缘弧(Ⅰ-3)	浙东沿海断陷盆地(Ⅰ-3-2)
		泰顺-宁波陆缘弧(Ⅰ-3-1)
	丽水-余姚结合带(Ⅰ-2)	庆元-磐安陆缘弧(Ⅰ-2-2)
		龙泉-上虞俯冲增生杂岩带(Ⅰ-2-1)
	华夏陆块(Ⅰ-1)	八都地块(Ⅰ-1-1)

第三章 浙江叶蜡石成矿地质特征

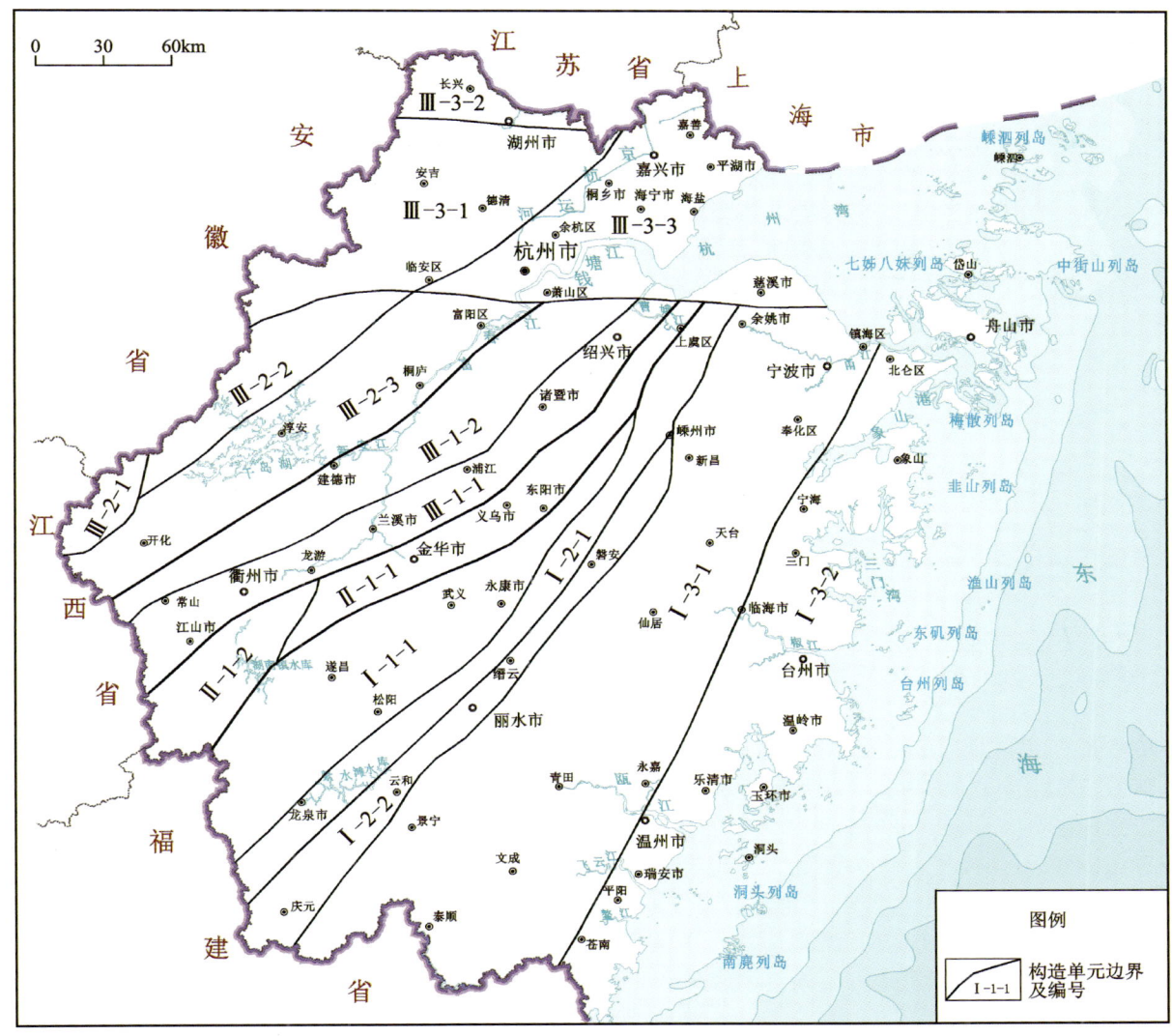

图3-1 浙江省大地构造单元划分图(据浙江省地质调查院,2015)

浙江一直以来始终处于极为活跃的构造背景中,构造运动极为强烈和频繁。从古元古代起,本区经历了包括古元古代的洋陆俯冲造山、中新元古代至早古生代的洋陆俯冲造山和陆陆碰撞造山、早中生代的陆内挤压造山和晚中生代以来的洋陆俯冲造山等一系列强烈的造山作用,并且在各期造山作用间隔的相对平静的时期,还存在一系列陆内伸展作用等构造作用,这些构造运动均形成了大量的断裂构造。受多期次构造作用的影响,断裂构造十分发育,其中以北东向断裂构造最为发育,次为北北东向断裂和北西向断裂构造(图3-2)。

北东向断裂,自北西往南东,规模较大的北东向断裂有下庄-石柱、马金-乌镇、球川-萧山、常山-漓渚、江山-绍兴、丽水-余姚、温州-镇海等,这些断裂构造不仅是部分大地构造单元的边界,而且控制着中生代火山喷发区带和构造盆地发育与分布,同时对浙江叶蜡石矿产的形成与空间分布具一定的控制作用。

北西向断裂,多表现为张扭性断裂构造,产状多陡立,断面较平直,由南西往北东规模较大的断裂依次有松阳-平阳、淳安-温州、孝丰-三门等。它们空间组合呈不断往北东向下坠的地堑构造,使浙江地势由南西往北东不断下降,淳安-温州断裂以南地区多为低山区,淳安-温州断裂与孝丰-三门断裂之间多为低山丘陵区,而孝丰-三门断裂北东向则以平原为主。

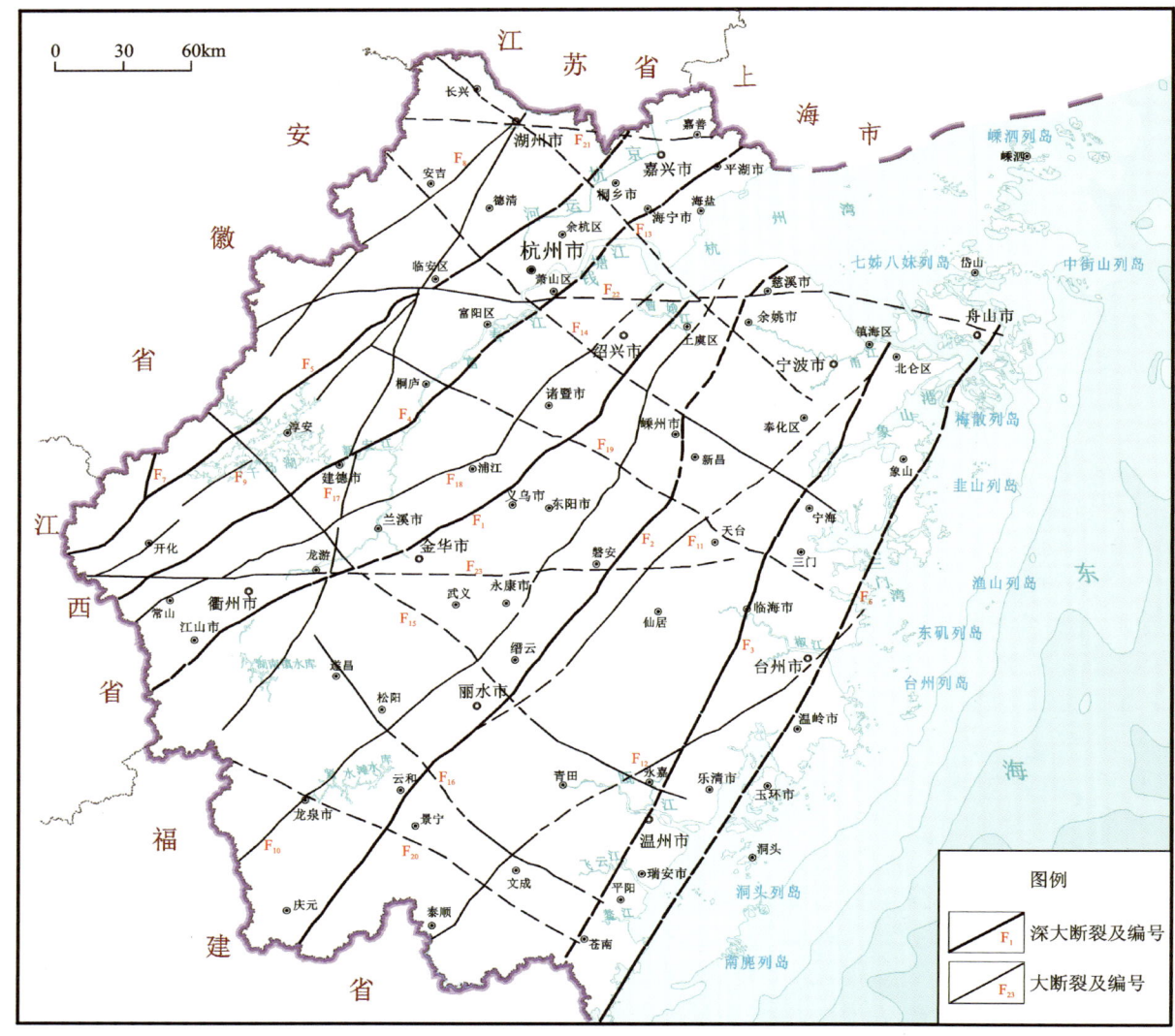

图 3-2 浙江省主要断裂构造分布图

北北东向断裂,为一组早白垩世末期—晚白垩世早期走滑拉张形成的断裂构造,总体走向呈北东30°左右。大多数切割永康期构造盆地,对金衢盆地、天台盆地、新嵊盆地、仙居盆地等晚白垩世构造盆地具控制作用而成为控制构造。该组断裂构造在区域上往往呈等距平行排列分布。

近东西向断裂,近东西断裂形成时期较晚,多形成于晚中生代,规模最大的近东西向断裂为昌化-普陀断裂。断裂带形成于晚中生代,直接控制了余姚-慈城等东西向早白垩世晚期盆地的形成,在古近纪该断裂仍有活动,为长河盆地南缘的控盆构造,并对钱塘江的形成、发展和演化起控制作用。

二、岩石地层

浙西北地区自青白口纪至新生代地层发育齐全,青白口系主要为扬子克拉通东南江山-平水弧盆火山沉积岩系,南华系—中奥陶统、上奥陶统—中泥盆统、石炭系—下三叠统为海相碎屑岩-碳酸盐岩系,上三叠统—中侏罗统为陆相盆地碎屑岩系,白垩系为陆相火山沉积岩系;浙东南地区地层一般具二元结构特征,下部为古元古代变质基底,上部为中生代火山沉积岩系和新生代陆相玄武岩,在古元古代变质基底与中生代火山沉积岩系之间局部发育上古生代台地相浅变质沉积岩系和早侏罗世枫坪组陆相盆地沉积岩;江山-绍兴对接带岩石地层也具二元结构特征,下部为俯冲增生变质杂岩,上部为中生代火山沉积岩系。浙江省岩石地层共划分为 105 个单元(表 3-2),其中青白口纪和晚中生代地层中中酸性—酸性火山岩系发育,也是叶蜡石类黏土矿重要的赋矿层位。

三、火山岩及火山作用

(一)火山岩

浙江火山活动具有多阶段、多旋回的特点,其中新元古代、中生代火山作用最为强烈,构成了浙江火山岩带的主体。新元古代火山活动划分为两个旋回,中生代火山活动划分为四个旋回。

1. 青白口纪火山岩

新元古代火山活动主要发育于青白口纪,青白口纪火山活动可划分为两个旋回(表 3-3)。第Ⅰ旋回早期为一套海相的细碧岩-角斑岩建造,晚期为陆相的安山岩-英安岩-流纹岩组合。第Ⅱ旋回早期骆家门组、蒙山组及陈塘坞组中见有细碧岩、细碧质沉凝灰岩、枕状玄武岩等,为海相火山活动的产物,晚期上墅组中以双峰式火山碎屑岩组合为特征。

表 3-3 浙江青白口纪火山岩特征简表

地质时代	同位素年龄/Ma	火山活动旋回	地层及代号 浙西北区	地层及代号 浙东南区	主要火山岩组合	主要岩相	构造环境
青白口纪	850~760	Ⅱ	上墅组 $Pt_3^1 s$		安玄岩-安山岩-英安岩-流纹岩和火山碎屑岩	—	弧陆碰撞
			虹赤村组 $Pt_3^1 h$			—	
			骆家门组 $Pt_3^1 l$			—	弧后盆地
			陈塘坞组 $Pt_3^1 c$			—	
			蒙山组 $Pt_3^1 m$			—	
	950~855	Ⅰ	章村组 $Pt_3^1 z$		安山岩-英安岩-流纹岩	火山碎屑流相、空落相	陆缘弧
			岩山组 $Pt_3^1 y$			空落相	
			北坞组 $Pt_3^1 b$			空落相	
			平水组 $Pt_3^1 p$		细碧岩-角斑岩	喷溢相	洋内弧

据《中国区域地质志·浙江志》(浙江省地质调查院,2023)。

青白口纪地层主要火山岩岩石化学成分见表 3-4,从表中可以看出 Al_2O_3 含量变化较大,其中中性火山岩类 Al_2O_3 一般在 15%~17%之间,次为基性火山岩类 Al_2O_3 一般在 15%~16%之间,酸性火山岩类相对较低,Al_2O_3 一般在 10%~13%之间。SiO_2 含量自基性火山岩向酸性火山岩逐渐增加,由基性火山岩的 48%递增至 75%左右,个别高达 79%。基性、中性火山岩岩石化学成分 Ca、Mg 等碱土金属和 Fe、Ti 含量较高,而 K、Na 等碱金属含量较低,酸性火山岩化学组分则相反,具 K、Na 碱金属含量高,而 Ca、Mg 等碱土金属和 Fe、Ti 含量相对较低。

细碧岩-角斑岩建造具低绿片岩相变质特征,安玄岩-安山岩-英安岩-流纹岩和火山碎屑岩建造普遍发生了不同程度的变质,发育片理化或千枚状构造。

表 3-4 青白口纪主要层位火山岩岩石化学成分含量表

含量单位：%

层位	岩性	样品数/个	SiO₂	TiO₂	Al₂O₃	TFe₂O₃/Fe₂O₃	FeO	MnO	MgO	CaO	Na₂O	K₂O	P₂O₅	LOI	Total
平水组	细碧岩	8	50.97	0.77	17.15	9.73	—	0.22	5.45	5.13	3.45	0.97	0.22	5.69	99.72
	角斑岩	12	63.27	0.64	14.97	6.83	—	0.16	3.32	3.07	3.63	1.40	0.21	2.51	99.99
北坞组	多屑熔结凝灰岩	5	69.77	0.67	14.47	4.97	—	0.17	1.72	3.33	1.68	2.77	0.15	2.52	102.22
	晶屑玻屑熔结凝灰岩	6	65.11	0.81	16.25	5.78	—	0.16	1.40	3.08	5.80	1.65	0.22	1.55	101.79
	流纹质熔结凝灰岩	4	71.82	0.45	14.45	2.56	—	0.10	0.69	0.67	4.74	3.45	0.10	1.36	100.38
章村组	流纹质凝灰岩	2	71.47	0.42	14.87	2.13	—	0.06	0.37	0.42	5.88	2.58	0.08	1.17	99.42
	流纹英安质凝灰岩	2	69.54	0.48	14.80	2.89	—	0.08	0.73	1.78	4.17	3.33	0.11	2.01	99.90
	流纹斑岩	1	72.91	0.33	14.61	2.09	—	0.03	0.27	0.31	4.95	3.63	0.05	1.04	100.23
	玄武岩	6	48.58	2.01	16.62	9.16	4.48	0.22	4.60	5.99	4.07	0.31	0.33	3.61	99.98
	粗面玄武岩	3	49.42	1.38	17.88	7.78	4.05	0.24	6.67	2.28	5.13	0.89	0.30	3.70	99.72
	玄武安山岩	5	54.71	1.20	17.25	7.56	1.92	0.10	3.06	5.00	5.08	0.41	0.28	2.89	99.47
	安山玢岩	2	59.81	1.18	17.91	4.67	1.45	0.09	2.14	2.80	6.67	0.44	0.31	—	97.45
	玄武岩	3	47.59	1.43	16.02	4.42	6.46	0.21	8.40	7.04	3.73	0.30	0.16	—	95.76
	玄武安山岩	3	55.21	0.93	14.26	6.71	5.90	0.19	4.11	4.48	2.88	0.25	1.94	—	96.85
	安山岩	2	55.49	2.07	15.50	4.81	6.09	0.32	3.74	3.17	3.35	1.27	0.14	—	95.94
上墅组	流纹岩	3	76.09	0.27	11.36	2.78	0.56	0.04	0.19	0.42	2.14	5.41	0.03	0.64	99.93
	流纹岩	5	72.30	0.44	12.95	3.56	—	0.06	0.42	1.56	2.95	2.87	0.16	2.38	99.64
	斑状流纹岩	3	77.03	0.24	10.67	3.26	0.90	0.07	0.12	0.38	2.74	4.13	0.02	0.50	100.07
	流纹斑岩	3	76.00	0.29	12.31	1.86	0.50	0.14	0.51	0.16	3.30	4.01	0.04	—	—
	晶屑玻屑凝灰质	1	77.59	0.25	9.63	3.33	1.42	0.12	0.24	0.39	0.66	5.39	0.03	0.56	99.61
	流纹质角砾（晶屑）玻屑凝灰岩	3	79.32	0.21	10.86	1.55	0.65	0.03	0.27	1.05	0.98	2.88	0.16	—	—
	英安质凝灰岩	4	76.67	0.13	12.25	1.10	0.55	0.02	0.22	0.56	2.76	4.63	0.05	—	—
	英安质熔屑（熔结）凝灰岩	1	63.56	0.40	13.64	2.08	6.32	0.13	0.69	3.18	1.89	1.93	0.05	—	—
		5	67.36	0.60	15.06	1.73	3.23	0.07	1.17	1.61	3.48	2.99	0.23	—	—
蒙山组	细碧岩	5	48.16	2.33	13.22	13.75	—	0.20	5.56	9.13	4.14	0.05	0.39	4.59	101.50
	细碧岩	6	46.83	1.93	15.17	1.96	9.69	0.27	7.24	7.17	4.06	0.20	0.35	4.72	99.59
	角斑岩	4	61.11	0.81	15.38	3.46	2.90	0.09	2.77	5.11	4.18	1.28	0.30	2.05	99.43

据《中国区域地质志·浙江志》浙江省地质调查院，2023）。

2. 中生代火山岩

中生代火山岩活动可分为四个旋回。第Ⅰ旋回活动时期为中侏罗世,火山岩系主要由毛弄组组成;第Ⅱ旋回活动时期为晚侏罗世—早白垩世早期,火山岩系主要由磨石山群、建德群下亚群组成;第Ⅲ旋回活动时期为早白垩世晚期,火山岩系由建德群上亚群和永康群组成;第Ⅳ旋回活动时期为早白垩世晚期—晚白垩早期(主要在晚白垩早期),火山岩系由衢江群、天台群、小雄组等组成(表3-5)。第Ⅰ旋回火山岩为一套陆相的英安质-流纹岩和火山碎屑岩组合;第Ⅱ旋回火山岩为一套钙碱性系列的(安玄岩-)安山岩-英安岩-流纹岩组合;第Ⅲ旋回火山岩为钙碱性的玄武岩-安山岩-流纹岩组合,属双峰式岩石构造组合;第Ⅳ旋回火山岩为安山岩-英安岩-流纹岩或粗安岩-粗面岩组合,也属双峰式岩石构造组合。

表 3-5 浙江中生代火山岩特征简表

地质时代	同位素年龄/Ma	火山活动旋回	地层			主要火山岩组合	主要岩相
			浙西地区	浙东地区	沿海地区		
早白垩世晚期—晚白垩世	108~90	Ⅳ	衢江群	天台群 两头塘组	小雄组	流纹岩(粗安岩-粗面岩)和火山碎屑岩	空落相、沉积相
				天台群 塘上组		玄武岩-安山岩-流纹岩和火山碎屑岩	火山碎屑流相、溢流相、
早白垩世晚期	118~110	Ⅲ	建德群上亚群 横山组	永康群 朝川组 小平田组		英安岩-流纹岩和火山碎屑岩	沉积相、溢流相、碎屑流相
	122~118		建德群上亚群 寿昌组	永康群 馆头组		玄武岩-安山岩-流纹岩和火山碎屑岩	火山碎屑流相、溢流相、沉积相
晚侏罗世—早白垩世早期	175~133	Ⅱ	建德群下亚群 黄尖组	磨石山群 九里坪组		(安玄岩-)安山岩-英安岩-流纹岩和火山碎屑岩	喷溢相
				磨石山群 茶湾组			喷发-沉积相
				磨石山群 西山头组			火山碎屑流相、空落相、爆溢相、溢流相
				磨石山群 高坞组			
			建德群下亚群 劳村组	磨石山群 大爽组			
中侏罗世	180~169	Ⅰ	毛弄组			英安岩-流纹岩和火山碎屑岩	火山碎屑流相、溢流相

据《中国区域地质志·浙江志》(浙江省地质调查院,2023)。

中生代火山活动始于中侏罗世,早白垩世为鼎盛时期,晚白垩世渐趋减弱。江山-绍兴断裂带北侧的浙西北地区晚中生代岩浆活动弱,南侧的浙东南地区发育与大陆边缘环境相关的晚中生代岩浆作用(始于约180Ma),广泛发育晚侏罗世—早白垩世火山岩、火山碎屑岩和次火山岩(徐夕生等,2005;潘振杰等,2017;廖圣兵等,2019),燕山期酸性岩和基性岩多以小岩株形式产出(廖圣兵等,2019)。火山岩以中酸性为主,成分高Si、Al和K元素,属于高钾钙碱性系列;基性火山岩零星出露,富Mg、Ti、Ca和Fe元素,属于中钾-高钾钙碱性系列(周建等,2012)。

中生代各地层主要火山岩岩石化学成分见表3-6,从表中不难看出中性火山岩类Al_2O_3含量最高,一般为16%~17%;次为基性火山岩类,一般为15%~16%;酸性火山岩类相对较低,一般为12%~14%。SiO_2含量自基性火山岩向酸性火山岩逐渐增加,由基性火山岩的48%递增至75%左右,个别高达77%。基性、中性火山岩岩石化学成分钙镁等碱土金属和铁钛含量较高,而钾钠等碱金属含量较低特

表 3-6 中生代主要层位火山岩岩石化学成分含量表

含量单位：%

层位	岩性	样品数/个	SiO_2	TiO_2	Al_2O_3	Fe_2O_3	FeO	MnO	MgO	CaO	Na_2O	K_2O	P_2O_5	LOI	Total
劳村组	安山岩	3	57.52	0.78	16.87	3.36	3.03	0.12	3.11	5.04	4.33	1.44	0.20	3.95	99.76
	英安质晶屑熔结凝灰岩	2	58.78	0.68	17.12	2.58	3.13	0.13	2.59	4.43	4.21	2.06	.022	3.87	99.76
	安玄岩	15	51.8	1.44	16.14	4.40	4.99	0.16	3.47	7.93	1.95	1.80	0.40	5.24	99.75
黄尖组	英安质晶屑玻屑凝灰岩	3	67.19	0.41	15.12	1.42	1.89	0.09	0.70	2.10	3.26	5.37	0.14	1.95	99.67
	英安质晶屑玻屑熔结凝灰岩	7	65.04	0.40	16.37	2.03	1.33	0.09	0.59	2.12	3.52	6.15	0.12	1.99	99.79
	流纹质晶屑玻屑熔结凝灰岩	3	73.47	0.23	13.15	0.79	1.44	0.52	0.22	0.27	4.48	3.98	0.04	2.23	99.94
	流纹质玻屑凝灰岩	18	71.90	0.21	14.08	0.82	1.59	0.25	0.32	0.68	4.22	4.48	0.06	1.27	99.89
	流纹岩	9	69.05	0.41	13.96	1.70	1.63	0.08	1.18	1.60	2.79	4.72	0.14	2.35	99.62
毛弄组	英安岩	4	72.24	0.26	13.35	1.39	1.08	0.06	0.62	0.97	3.27	4.24	0.07	1.51	99.53
	流纹质晶屑玻屑熔结凝灰岩	3	77.95	0.04	13.21	0.64	0.35	0.03	0.09	0.08	0.18	5.06	0.01	1.91	99.55
	英安质晶屑玻屑熔结凝灰岩	4	75.21	0.26	12.51	1.57	0.25	0.06	0.42	0.88	2.57	3.68	0.05	2.15	99.56
大爽组	英安质晶屑玻屑熔结凝灰岩	2	58.78	0.68	17.12	2.58	3.13	0.13	2.59	4.43	4.21	2.06	0.22	3.87	99.76
	流纹质晶屑玻屑熔结凝灰岩	4	77.71	0.15	12.53	1.75	0.40	0.27	0.33	0.11	1.58	3.19	0.02	2.24	99.91
	流纹岩	3	76.25	0.11	12.16	0.41	0.48	0.08	0.13	0.89	2.23	5.19	0.01	1.55	99.59
高坞组	流纹质晶屑玻屑凝灰岩	6	78.95	0.05	11.67	0.69	0.35	0.04	0.09	0.16	1.45	5.15	0.01	1.14	99.76
	粗面英安岩	4	76.69	0.13	12.19	0.25	0.82	0.07	0.16	0.59	2.86	5.20	0.02	0.90	99.87
西山头组	流纹质晶屑玻屑凝灰岩	4	63.74	0.70	15.60	3.46	1.60	0.11	1.00	2.35	3.07	4.48	0.21	3.41	99.72
	流纹质晶屑玻屑凝灰岩	10	73.30	0.26	13.32	1.40	0.75	0.09	0.52	1.03	2.98	4.07	0.07	1.95	99.70
	流纹岩	6	73.14	0.25	13.84	1.74	—	0.04	0.27	0.32	3.30	5.68	0.04	1.27	99.89

第三章 浙江叶蜡石成矿地质特征

续表 3-6

层位	岩性	样品数/个	SiO$_2$	TiO$_2$	Al$_2$O$_3$	Fe$_2$O$_3$	FeO	MnO	MgO	CaO	Na$_2$O	K$_2$O	P$_2$O$_5$	LOI	Total
馆头组	玄武岩	6	48.82	1.65	16.65	8.62	4.03	0.21	5.07	6.72	3.41	1.34	0.39	4.34	99.22
	安山岩	10	55.44	1.37	16.76	5.33	2.80	0.18	2.50	5.59	3.07	2.47	0.52	3.71	99.73
	粗安岩	8	54.78	1.33	17.43	4.01	3.78	0.16	2.66	4.88	4.18	2.34	0.79	3.33	99.66
	英安岩	8	61.72	0.74	16.34	4.00	1.90	0.15	1.42	3.20	3.57	3.75	0.27	2.54	99.62
	流纹质(晶屑)玻屑凝灰岩	3	72.44	0.31	13.62	1.49	0.65	0.09	0.48	1.22	2.46	5.61	0.07	1.31	99.77
	流纹岩	4	76.45	0.14	12.14	0.87	0.41	0.09	0.31	0.59	3.85	4.26	0.02	0.95	100.07
小平田组	流纹质(晶屑)玻屑凝灰岩	31	75.19	0.21	12.73	1.28	0.55	0.08	0.33	0.58	3.45	4.47	0.05	1.01	99.81
	流纹岩	10	75.30	0.20	12.65	1.30	—	0.06	0.16	0.33	3.17	5.20	0.01	1.36	99.74
塘上组	粗安岩	11	59.57	1.17	17.91	5.29	2.04	0.14	3.24	5.97	3.60	2.61	0.42	—	99.99
	流纹质玻屑凝灰岩	8	72.94	0.29	13.89	1.47	0.37	0.06	0.34	0.70	4.05	5.01	0.05	0.92	99.85
	流纹岩	6	72.60	0.24	14.29	1.20	0.81	0.05	0.32	1.35	3.86	4.80	0.07	1.06	99.99
	碱长流纹岩	14	73.24	0.31	13.65	1.17	0.66	0.07	0.31	0.63	3.95	5.13	0.09	0.83	99.72
小雄组	流纹质玻屑凝灰岩	20	73.74	0.25	13.18	1.29	0.42	0.08	0.35	0.73	3.96	4.75	0.05	1.03	99.74
	(石英)粗面斑岩	8	64.81	0.85	15.71	2.68	1.48	0.11	0.98	1.47	4.73	5.48	0.33	1.27	99.89

据《中国区域地质志·浙江志》(浙江省地质调查院,2023)。

征,酸性火山岩化学组分则相反,具钾钠碱金属含量高,而钙镁等碱土金属和铁钛含量低的特征。钙镁等碱土金属和铁钛含量低也是叶蜡石矿石特征之一,因此,酸性火山岩是叶蜡石矿的成矿母岩,也是此类矿床形成的物质基础和必要条件。

(二)火山构造

火山构造是火山作用产物及其构造形迹的总称。火山岩岩石类型与岩相类型均与火山构造在时空、成因上相配套,而火山口、火山通道(火山颈)及其堆积物则构成了一个火山的3个基本要素,这种通常意义上的火山也称为火山机构,是火山构造的基本类型。

浙江中生代火山岩是濒西太平洋岩浆活动带的重要组成部分,不同级别、不同类型火山构造发育齐全。火山构造可划分为:Ⅰ级为火山喷发区(面型),Ⅱ级为火山喷发带(部分可进一步划分为亚带),Ⅲ级为火山构造隆起(正地形)、火山构造洼地(负地形)、火山构造盆地等,Ⅳ级为火山穹隆、破火山、锥状火山等,Ⅴ级为火山通道、次火山、中央侵入体等(表3-7)。

表3-7 中生代火山构造级别及类型一览表

火山构造级别				
Ⅰ级	Ⅱ级	Ⅲ级	Ⅳ级	Ⅴ级
火山喷发区	火山喷发带	火山构造隆起 火山构造洼地 火山构造盆地	火山穹隆 破火山 锥状火山 层状火山	火山通道 次火山 中央侵入体

根据中生代火山岩发育状况、火山活动时代、火山岩岩石组合特征及火山构造组合特征,大致以江山-绍兴断裂带为界可划分为浙西火山喷发区和浙东火山喷发区两个Ⅰ级火山构造单元。浙西喷发区火山活动相对较弱,火山岩集中在几大火山构造隆起与构造盆地中。火山喷发活动主要集中在早白垩世,晚白垩世火山活动日趋宁静。岩石组合为中性—中酸性—酸性火山熔岩-碎屑岩。浙东火山喷发区火山喷发活动为中侏罗世—晚白垩世早期,持续时间长,喷发活动强烈,火山岩几乎覆盖浙东全域。自早到晚喷发活动中心不断由北西往东南迁移。

受区域性昌化-普陀、江山-绍兴、余姚-丽水以及温州-镇海等断裂带控制,浙西火山喷发区划分顺溪-湖州火山喷发带、常山-桐庐火山喷发带,浙东火山喷发区可划分遂昌-上虞火山喷发带和温州-舟山火山喷发带4个Ⅱ级火山构造单元(图3-3)。

顺溪-湖州火山喷发带,火山岩基底为古生代沉积岩。火山岩以建德群下亚群中酸性—酸性火山岩为主,局部发育建德群上亚群火山沉积岩与衢江群陆相盆地沉积岩。

常山-桐庐火山喷发带,大致以球川-萧山断裂带为界可进一步划分为淳安-桐庐和寿昌-柯桥两个火山喷发亚带。淳安-桐庐火山喷发亚带以发育火山构造洼地为特征,其中早白垩世早期(建德群下亚群)以V型火山构造洼地为主,而早白垩世晚期(建德群上亚群)则以S型火山构造洼地为主。寿昌-柯桥火山喷发亚带早白垩世早期火山岩与花岗斑岩等中央侵入体发育,火山构造以火山构造隆起为主,呈串珠状排列,次为火山构造洼地。早白垩世晚期火山岩多呈S形火山构造洼地产出。晚白垩世火山岩欠发育,多呈构造盆地形成产出。

遂昌-上虞火山喷发带,火山岩基底为古元古代变质岩系和俯冲带变质增生杂岩。中生代火山活动持续时间长,从中侏罗世开始一直延续至晚白垩世早期。晚侏罗世—早白垩世火山喷发活动最为强烈,磨石山群火山岩分布广泛,Ⅲ级火山构造以火山构造隆起为主,Ⅳ级火山构造以火山穹隆为主,破火山次之,局部发育火山洼地;早白垩世晚期火山构造以火山构造盆地为主;晚白垩世早期,该火山喷发带火山活动较弱,该阶段火山构造主要呈火山构造盆地产出。

第三章 浙江叶蜡石成矿地质特征

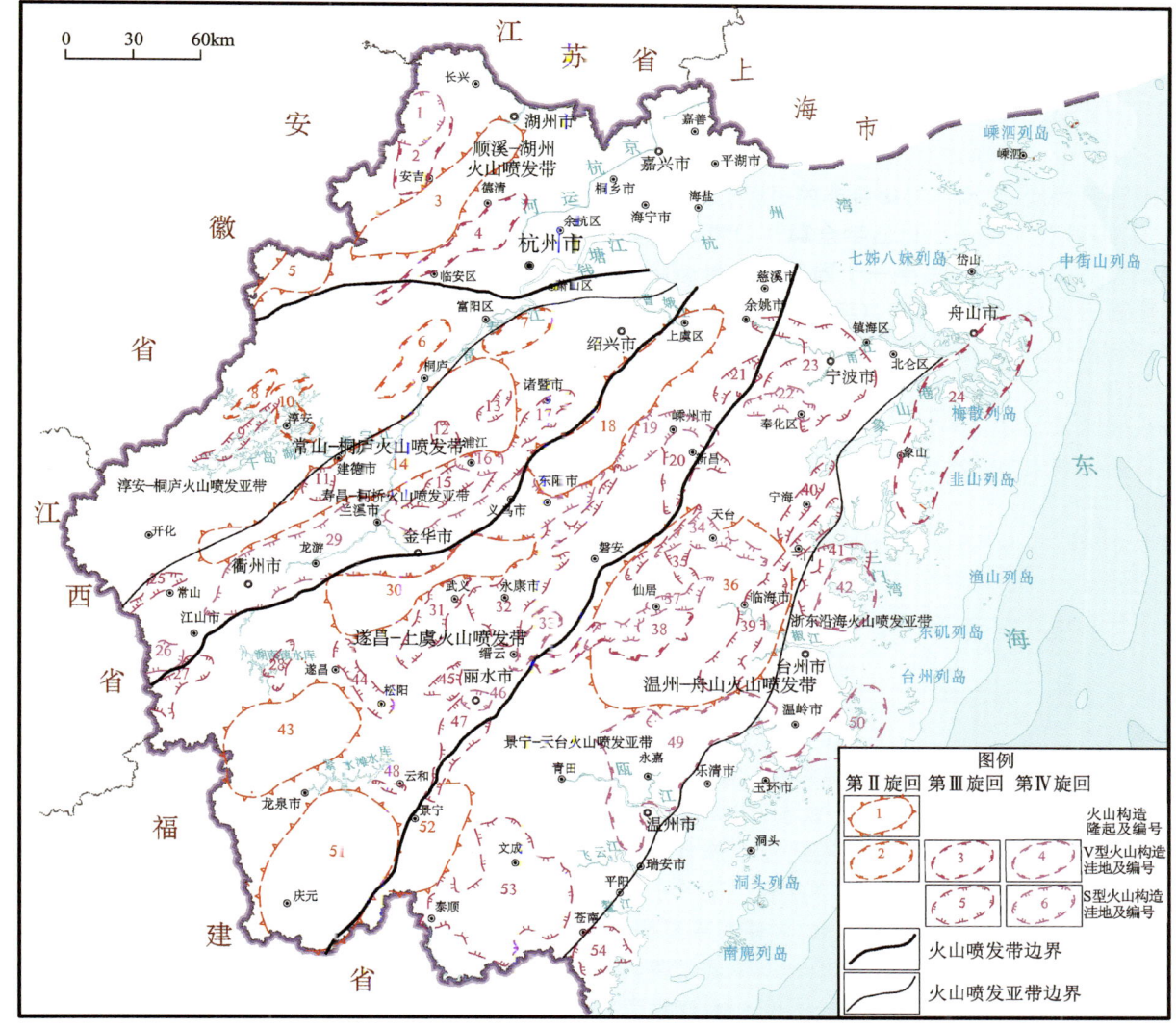

图 3-3 浙江省Ⅱ级、Ⅲ级火山构造分布图

温州-舟山火山喷发带,大致以温州-镇海断裂带为界,可进一步划分为景宁-天台和浙东沿海两个火山喷发亚带。景宁-天台火山喷发亚带晚侏罗世—早白垩世早期火山喷发活动强烈,磨石山群火山岩分布广泛,Ⅲ级火山构造以火山构造隆起为主;早白垩世晚期火山活动也较强烈,发育形成了一系列S型火山构造洼地;晚白垩世早期(天台群)火山岩分布受走滑拉分构造盆地控制。浙东沿海火山喷发亚带早白垩世早期磨石山群火山岩大多数被早白垩世晚期永康群火山岩和晚白垩世天台群及小雄组火山岩所覆盖,因此,该时期的火山构造大多被掩盖而出露不全;早白垩世晚期火山活动强烈,区域火山构造多以火山构造洼地产出;晚白垩世火山活动强烈,在沿海地区发育了粗面流纹质火山岩带,次一级火山构造以火山构造洼地和破火山为主。

(三)火山作用

1. 新元古代火山作用

陈志洪(2007,2009a,2009b)在平水组中发现富 Nb 玄武岩,认为其来自俯冲洋壳(MORB)的熔体与地幔楔发生了强烈的交代作用;据《中国区域地质志·浙江志》(浙江省地质调查院,2023),平水组的成岩环境可能为洋内弧。

据《中国区域地质志·浙江志》(浙江省地质调查院,2023),双溪坞群中酸性火山碎屑岩属于钙碱性火山系列,认为新元古代第Ⅰ火山活动旋回火山岩为典型的岛弧火山岩。

骆家门组岩石构成滨浅海砂岩-粉砂岩-泥岩组合,岩性主要为砾岩、砂岩、粉砂岩、硅质泥岩,从底向上粒度由粗到细,沉积构造由块状层理到薄层层理;早期属海侵初期滨海沉积,中期为浅海陆棚沉积的复理石建造,晚期属浅海-滨海沉积。从沉积序列来看,底部普遍见有大小不一的水下冲刷沟,并充填了形态不规则的泥砾,而在中上部砂岩中常见有对称性和少量不对称性波痕。周效华等(2014)判断骆家门组底部砾岩属于水下扇的主沟道沉积。

新元古代第Ⅱ火山活动旋回火山岩主体成岩环境仍为受控于大洋俯冲的岛弧,同时也表现较为明显的伸展特征,判断具体的成岩环境为俯冲之后的弧后伸展阶段。

2. 中生代火山作用

浙江省中生代火山活动始于早侏罗世,结束于晚白垩世,火山活动表现出明显的阶段性、旋回性,经历了中侏罗世的初始、晚侏罗世—早白垩世的强盛和晚白垩世的减弱—衰亡三个发展阶段,火山喷发具有明显的不均一性,不同时代、不同阶段的火山活动各具自己的特点,同一时代不同地区的火山喷发特征也不尽相同,但其时空上具有一定的变化规律。

中侏罗世火山岩主要分布在松阳—龙泉一带,与前中生代变质岩地层、枫坪组等一同出露,与上覆晚侏罗世—早白垩世火山岩之间没有明显界线。中侏罗世火山岩主要为一套中酸性火山碎屑岩,缺少基性的玄武岩类,但相邻省份江西菖蒲组,福建藩坑组、梨山组以及广东嵩灵组中均有玄武岩等中基性岩类出露,且由西向东,火山岩的规模逐渐增大,玄武岩由单独产出过渡到与大量酸性岩类共生,岩性由碱性变化为拉斑质,呈明显的规律性变化。前人研究认为,华南早—中侏罗世玄武岩软流圈显示地幔来源并记录着软流圈与岩石圈相互作用的信息,玄武岩在成岩过程中有少量的陆壳加入,形成于板内拉张的构造环境(谢昕等,2005;徐夕生等,2005;周金城等,2005)。

晚侏罗世—早白垩世早期火山岩主要分布在浙西北常山-桐庐、顺溪-湖州火山喷发带及遂昌-上虞火山喷发带,以单一的中酸性火山岩为特征,晚期为一套含中基性岩的酸性火山岩,局部表现为双峰式火山岩组合,形成于总体俯冲挤压到拉张转变的整个完整的构造环境。晚侏罗世—早白垩世早期以高钾钙碱性的英安岩-流纹岩组合为主,中酸性岩类具有 Nb、Ta、Ti 等高场强元素亏损,以及 Th、U、K 等元素富集的微量元素特征,通常认为岩浆起源于与俯冲作用的交代富集地幔楔有关(Anderson et al., 1980;Pearce and Peate,1995;Münker et al.,2004)。火山岩富集的 Sr-Nd-Hf 同位素特征进一步表明加入地幔源区的富集组分很可能来自俯冲沉积物的脱水作用(Zhao and McCulloch,1993;Hawkesworth et al.,1997;Polat and Münker,2004)。因此,本阶段岩浆应起源于受俯冲沉积物质交代的富集地幔。

早白垩世晚期—晚白垩世火山岩主要分布在温州-舟山火山喷发带,在遂昌-上虞火山喷发带和常山-桐庐火山喷发带内也有少量分布。以酸性火山岩为主,含大量中基性火山岩为特征,局部表现为显著的"双峰式"组合特征。

早白垩世晚期以玄武岩-安山岩-流纹岩组合为主,主要为钙碱性系列,谢昕等(2003)认为,安山岩类是由底侵的基性岩浆和中下地壳物质熔融产生的酸性岩浆发生岩浆混合作用而形成的,基性岩浆和酸性岩浆在地壳深处共存的时间较长,两种岩浆的主量元素进行了充分的交换,可以在两种岩浆的接触带附近形成典型的安山质岩浆,随后各种岩浆喷出地表,形成含中性岩的火山岩组合。

早白垩世晚期—晚白垩世,也主要以玄武岩-流纹岩的双峰式组合为特征,局部可含有较多中性岩类。谢昕等(2003)将其解释为基性岩浆和酸性岩浆在地壳深处共存的时间较短,在它们喷出地表前来不及发生主量元素的交换,没有产出中性火山岩,形成双峰式火山岩组合。该时期同时出露的侵入岩较多,主要包括 110~99Ma 的高钾钙碱性 I 型花岗岩体(如梁弄、小将、龙王塘、马头等岩体)和 101~

90Ma 的 A 型花岗岩、高分异 I 型花岗岩和 I 型－A 型复合花岗岩体（如青田、普陀山、瑶坑等岩体）(Martin et al.，1994；董传万等，1994；邱检生等，1999；Qiu et al.，2004；肖娥等，2007；邱检生等，2008）。

同一时期不同地区火山活动形成的岩石组合也有一定差异，不同时期不同地区火山活动可以形成相同或相似的岩石组合。

火山活动的不均一性也是中生代火山作用的一大特点，表现在不同时期或同一时期不同地区（喷发带、盆地、洼地、破火山组合体、火山群、火山机构），其喷发强度、规模及喷发起止时间先后不同。

火山活动具有随时间推移而迁移的规律，这种现象在浙东南地区表现得尤为显著。

四、变质岩及变质作用

浙江省变质岩包括区域变质岩、动力变质岩、接触变质岩和气液变质岩等多种类型，其中以区域变质岩分布最广泛。浙江区域变质岩在时间上具有明显的阶段性特征，根据区域变质岩的原岩时代可分为古元古代、新元古代、新元古代—早古生代、晚古生代 4 期。

古元古代变质岩系主要分布于江山-绍兴断裂带东南侧，处于江山-绍兴对接带与丽水-余姚结合带之间的部分属八都-遂昌变质地带，丽水-余姚结合带以东部分属鹤溪-衢山变质地带。八都-遂昌变质地带由古元古代变质地层八都岩群及相应时代变质侵入体组成，总体为一套中压（局部存在高压）角闪岩相—麻粒岩相中深变质岩系；鹤溪-衢山变质地带由古元古代变质地层鹤溪岩组及相应时代变质侵入体组成，为一套中压高绿片岩相—角闪岩相变质岩系，岩石类型多样，形成背景复杂。浙江省古元古代变质岩系经历漫长的演化，于早中生代再次发生明显变质作用改造，两次变质作用均与板块造山作用有关，在成因上均属造山带区域变质作用类型。

新元古代变质岩系主要分布于浙西北地区，呈带状展布于萧山-球川断裂带与江山-绍兴断裂带之间及下庄-石柱断裂带西侧，属于开化-平水变质地带的组成部分。由新元古代平水组、双溪坞群、河上镇群、蒙山组、陈塘坞组及相应时代侵入体组成。总体为一套低绿片岩相浅变质岩系，是新元古代扬子克拉通东南缘在洋陆转换过程中通过弧陆或弧弧碰撞造山作用变质而成。

新元古代—早古生代变质岩系由陈蔡俯冲增生杂岩和龙泉俯冲增生杂岩组成，主要分布于江山-绍兴对接带和丽水-余姚结合带中，相应地分别组成溪口-陈蔡变质地带和龙泉-上虞变质地带。主体为一套中压高绿片岩相—角闪岩相变质岩系，岩石类型复杂，呈构造岩片产出，各岩片形成构造环境多样，原岩属俯冲增生杂岩，是在古华南洋及其分支洋盆向扬子克拉通和武夷地块俯冲过程中逐渐增生而成，并在早古生代末期—晚古生代早期的地块-陆块（或地块）碰撞作用过程中遭受变质。

晚古生代变质岩系出露极其局限，仅在青田芝溪头、夏西坑地区有少量分布。芝溪头杂岩仅出露于断裂带中，总体为低绿片岩相变质系，周围被大片中生代火山-沉积岩系所围裹。浙江晚古生代晚期—早中生代发生一次广泛的造山运动，导致晚古生代岩石发生了低绿片岩相变质作用。

第二节　叶蜡石矿床类型及成矿特征

浙江省内叶蜡石成因类型主要为火山热液型，绝大部分叶蜡石矿床的形成与火山热液的交代和充填作用密切相关。变质型叶蜡石矿床仅发现区域变质型，暂时未发现埋藏变质型和动力变质型。区域变质型矿床是在区域构造运动过程中，富铝的黏土质岩石或中酸性火山岩遭受不同程度的变质作用而形成的矿床。

一、火山热液型叶蜡石矿床

(一) 火山热液型叶蜡石矿床成矿机理

火山热液型是叶蜡石矿床的典型类型,绝大部分叶蜡石矿床的形成与火山热液的交代和充填作用密切相关。其中赋矿岩石、成矿热液以及控矿构造是影响火山热液型叶蜡石成矿的主要因素。前人研究表明,叶蜡石的原岩以长英质火山岩为主,含少量沉积岩,如高铝凝灰岩、英安质-流纹质成分的角砾岩、页岩等。与基性火山岩相比,这类岩石的镁铁质矿物及其伴生元素(铁、镁、钙)含量较低,浸出效率更高。由于火山口和火山构造坳陷具有热液收集器的作用,利于水/岩相互作用的长期进行,为叶蜡石的形成创造了有利条件。因此,矿化主要发育于爆发相的火山碎屑岩中,其次才是溢流相、侵出相、次火山相的熔岩、斑岩类岩石。控矿构造主要是各种层面构造、层间破碎带、断裂构造以及节理裂隙等。成矿热液主要有4种来源:一是来自与火山喷发作用同期的火山热液,通常与火山碎屑岩同时或稍晚产生;二是岩浆期后热液,在火山通道或沿断裂系统交代或充填;三是塌陷的火山重新复活产生火山热液,沿构造裂隙上升而发生交代作用;四是深部隐伏的酸性岩浆热液(李玉娟等,2021)。

以中国浙闽地区叶蜡石矿床为例,叶蜡石矿床赋存于晚侏罗世—早白垩世火山岩中。浙东南地区叶蜡石矿赋存于晚侏罗世高坞组、西山头组、九里坪组火山岩中,主要岩石类型为流纹质火山碎屑岩、晶屑玻屑凝灰岩、角砾凝灰岩、熔结凝灰岩等,如泰顺龟湖、青田山口和青田周村矿床。浙西南地区叶蜡石矿赋存于晚侏罗世大爽组次火山岩中,岩石类型包括霏细岩和花岗斑岩,如龙泉兰头叶蜡石矿床。闽东地区叶蜡石矿赋存于晚侏罗世坂头组、长林组、晚侏罗世—早白垩世南园组和早白垩世小溪组、黄坑组中等,主要岩石类型为流纹质火山碎屑岩、熔结凝灰岩和凝灰熔岩等,如建瓯井后、福安上后等矿床。地球化学分析结果显示,这些叶蜡石矿床的赋矿岩石主要为流纹质火山岩,含大量玻屑(>50%)和晶屑(石英、斜长石、钾长石,<25%),以及少量岩屑和火山灰。岩石具有变余凝灰结构或鳞片变晶结构,块状构造,呈团块状或透镜状产出(高原等,2016;徐艳晓等,2021)。它们有高的 SiO_2(70.9%~81.6%)、K_2O(3.1%~7.6%)、Al_2O_3(11.5%~17.0%),低的 TiO_2(0.1%~0.7%)和 Fe_2O_3 含量(<2.3%),以及较高的铝饱和指数(ASI=0.95~1.99),属于高钾钙碱性和过铝流纹质系列(图3-4)(乐振卿等,1990;罗炎水等,1999;卢林,2018;廖圣兵等,2019;叶泽富等,2022)。这些岩石具有右倾的稀土模式,富集轻稀土元素和大离子亲石元素(如Rh、Th、U等),亏损高场强元素(如Nb、Ta、Ti),类似于大陆弧花岗岩(图3-5)。大部分样品具有明显的Sr和Eu负异常,指示成岩过程中斜长石的分离结晶。从控矿构造的角度讲,浙闽沿海地区属环太平洋火山岩带,处于欧亚板块和太平洋板块的交会处,发育新元古代—古生代和中生代两期裂谷。白垩纪时期,区域上形成了若干规模较大的北东向条带状断陷盆地。区内以北东向、北东东向、北西向断裂为主,形成于晚侏罗世太平洋-菲律宾海板块的俯冲作用。自北向南主要有孝丰-三门湾断裂、江山-绍兴断裂、松阳-平阳断裂、顺昌-闽清断裂、政和-大埔断裂、上杭-云霄断裂等。叶蜡石矿床呈北东向带状分布,整体受控于同方向断裂带,这些大型断裂带的发育为成矿流体的运移提供了合适的通道。如上虞梁岙叶蜡石矿床位于丽水-余姚断裂带,建瓯井后叶蜡石矿床位于政和-大埔断裂带,福清东仔叶蜡石矿床位于长乐-东山断裂带。此外,大部分叶蜡石矿区发育破火山构造,如福州峨嵋和寿山叶蜡石矿床的形成与破火山构造密切相关,其破碎带为叶蜡石成矿提供了充足的容矿空间(李迎春,1987;高天钧,1997)。

成矿热液对叶蜡石矿床的形成有至关重要的影响,不同成分和物理化学条件的热液流体与围岩反应能形成不同的矿物。比如,pH值为1~3和温度高于350℃的酸性热液与围岩中的白云母或绢云母反应可形成叶蜡石(反应1、反应2)(乐振卿等,1990;Sinyakovskaya et al.,2005)。钾长石与热液流体

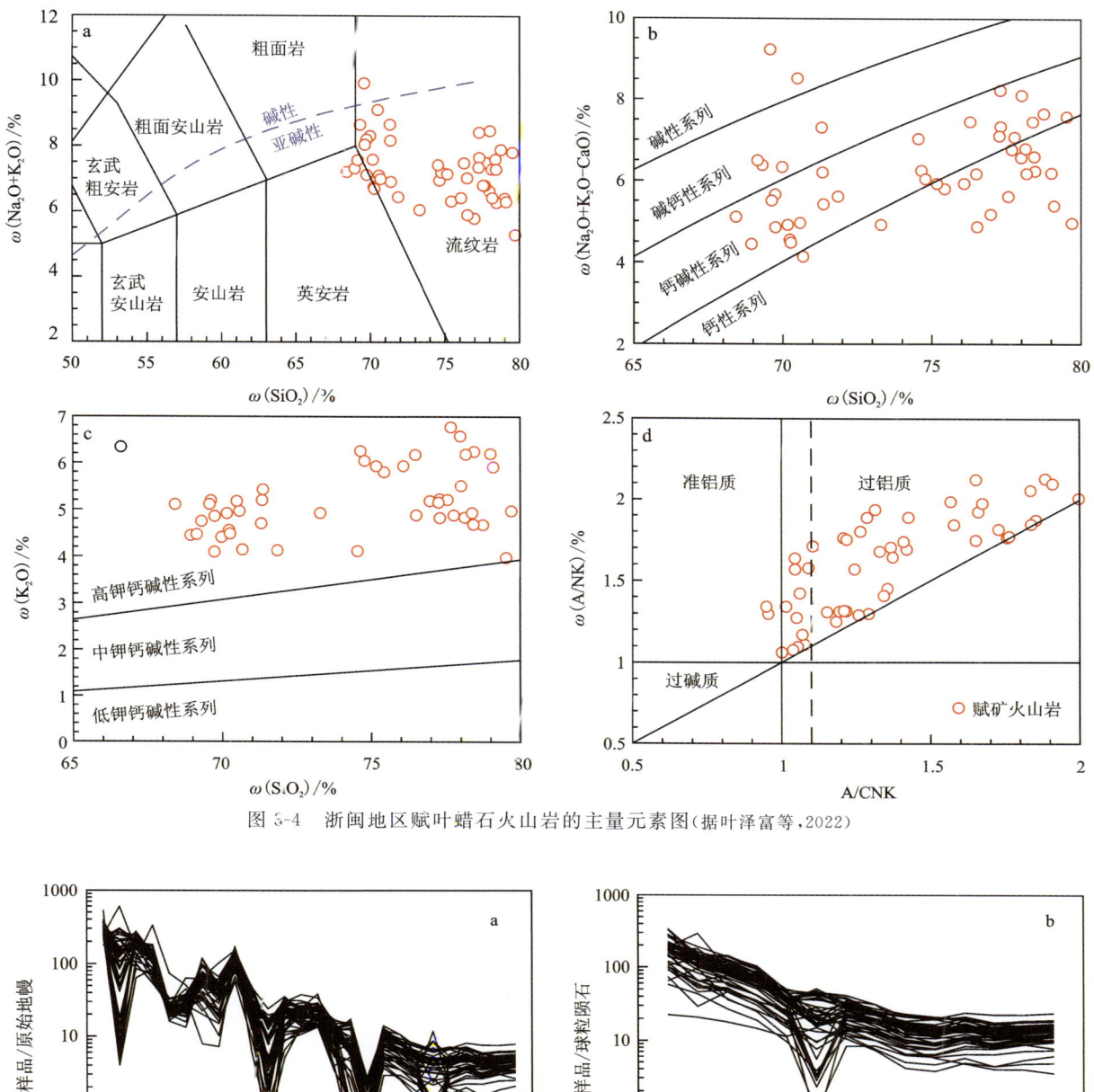

图 3-4 浙闽地区赋叶蜡石火山岩的主量元素图(据叶泽富等,2022)

图 3-5 浙闽地区赋叶蜡石火山岩的稀土元素配分曲线图(a)和微量元素蛛网图(b)(据叶泽富等,2022)

反应的条件就不那么苛刻,即使在弱酸性或中性溶液中,钾长石可与水反应形成叶蜡石(反应3、反应4);而随着热液酸性程度增加,反而会形成明矾石(反应5)。此外,随着温度降低和热液流体的持续运移,围岩中的钾长石会逐渐转变成高岭石和水铝石。一些叶蜡石的形成无须热液流体的参与,比如高岭石在压力和温度升高的条件下,可直接转化成叶蜡石(反应6)。因此,厘清热液流体的成分特点和物理化学性质,是我们理解叶蜡石成因的前提。有关叶蜡石形成的各反应式如下。

反应 1:

$$2KAl_3Si_3O_{10}(OH)_2(白云母)+6SiO_2+2H^+ \xrightarrow{pH1\sim3} 3Al_2Si_4O_{10}(OH)_2(叶蜡石)+2K^+$$

反应2：

$4KAl_3Si_3O_{10}(OH)_2$（绢云母）$+4H^+ \longrightarrow 3Al_2Si_4O_{10}(OH)_2$（叶蜡石）$+6AlO(OH)$（硬水铝石）$+4K^+$

反应3：

$2KAlSi_3O_8$（钾长石）$+H_2O \longrightarrow Al_2Si_4O_{10}(OH)_2$（叶蜡石）$+2SiO_2$（石英）$+K_2O$

反应4：

$2KAlSi_3O_8$（钾长石）$+H_2SO_4 \xrightarrow{pH5.5\sim7} Al_2Si_4O_{10}(OH)_2$（叶蜡石）$+K_2SO_4+2SiO_2$（石英）

反应5：

$3KAlSi_3O_8$（钾长石）$+3H_2SO_4 \xrightarrow{pH4\sim5} KAl_3(SO_4)_2(OH)_6$（明矾石）$+K_2SO_4+9SiO_2$（石英）

反应6：

$Al_4Si_4O_{10}(OH)_8$（高岭石）$\longrightarrow Al_2Si_4O_{10}(OH)_2$（叶蜡石）$+2AlO(OH)$（硬水铝石）$+2H_2O$

以太行山中段白云叶蜡石矿床为例，Zhang 等（2020）根据矿石中的硫化物和铁氧化物特征构建了 Fe-S-O-H 体系下的 $\log_{10} fO_2$-pH 热力学相图（图3-6）。由图可知，在叶蜡石化蚀变过程中，当热液流体的 pH 值降低至 2.07～2.20 时，绢云母即可转变成叶蜡石。因此，与围岩中绢云母反应的热液流体为一强酸性流体。进一步根据矿石中叶蜡石-高岭石-石英等矿物组合关系，结合 Al_2O_3-SiO_2-H_2O 体系中叶蜡石的稳定域，推测该热液流体的温度为 200～270℃。此外，叶蜡石矿石中可见十分细小的赤铁矿颗粒，边部因流体溶蚀呈港湾状，说明这些赤铁矿可能由早期黄铁矿蚀变而来，指示叶蜡石化蚀变流体为岩浆出溶的氧化性流体，氧逸度可能高于 HM+2.14。由此可见，形成白云叶蜡石矿的成矿流体是高氧逸度的强酸性流体。

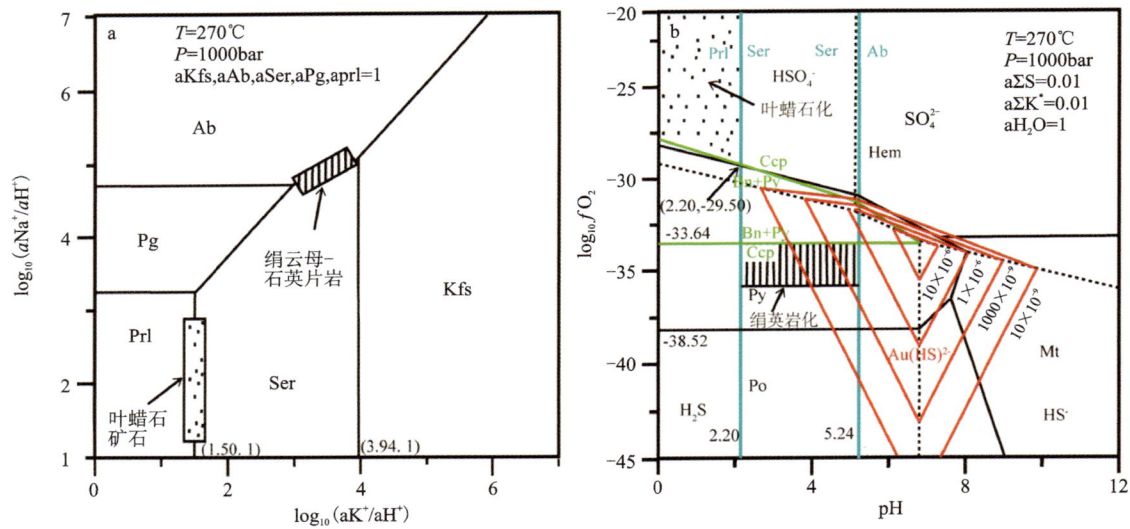

Ser. 绢云母；Kfs. 长石；Ab. 钠长石；Pg. 钠云母；Prl. 叶蜡石；Py. 黄铁矿；Po. 磁黄铁矿；Mt. 磁铁矿；Ccp. 黄铜矿；Bn. 斑铜矿；Hem. 赤铁矿；a. 活度

图3-6 $\log_{10}(aK^+/aH^+)$-$\log_{10}(aNa^+/aH^+)$ 图(a) 和 $\log_{10}fO_2$-pH 图(b)（据 Zhang et al.，2020）

早期研究将叶蜡石化凝灰岩、叶蜡石矿、硅化凝灰岩与正常凝灰岩对比，发现叶蜡石成矿过程中带走的组分主要是 K、Na、Fe、Ca、Mg、P 等，而 Si 和 Al 基本保持不变。这一现象说明在与酸性溶液反应过程中，凝灰岩的硅酸盐矿物发生分解，脱去大部分碱质、铁镁和部分硅并重新组合，其中 SiO_2 较为活泼，由矿化中心向两侧迁移；而 Al_2O_3 相对稳定，趋于在蚀变带中心部位聚集而成矿，在矿体外侧相应产生近矿围岩的硅化（陈亨亮等，1976）。

最新研究表明，在围岩蚀变过程中，热液流体沿断裂通道运移，与中酸性围岩发生水岩交代反应，使

第三章 浙江叶蜡石成矿地质特征

长英质矿物分解,导致大量的硅、钾等组分进入热液流体。在交代作用的初始阶段,成矿温度较高,围岩中的活性组分(如 K、Na)被淋滤,硅被部分淋滤,稳定性组分(如 Al)残留在岩石中,中酸性火山岩的钾长石或云母逐渐转变为叶蜡石。随着温度降低和热液流体的持续运移,钾长石进一步转变成高岭石。当硅被完全淋滤时,钾长石转变成水铝石。叶蜡石矿化在空间上常具有分带性,多以叶蜡石矿为中心,向外逐渐转变为水铝石化、明矾石化、高岭石化和硅化等。持续的热液流体供给使蚀变程度增强,蚀变产物的铝含量升高,硅含量降低,叶蜡石等矿物含量增加,从而形成具有经济价值的叶蜡石矿床。火山热液交代型叶蜡石矿床的硅铝质组分来自中酸性火山岩围岩,原岩组分被交代、分解,使铝有规律地富集而成矿。火山热液充填型叶蜡石矿床的硅铝质组分则是从围岩中淋滤、萃取,沿构造裂隙运移,在有利的空间位置聚集成矿。

(二)火山热液型叶蜡石矿床成矿特征

浙江省火山热液型叶蜡石矿床主要分布在浙东沿海温州泰顺—宁波宁海,其次在浙中绍兴上虞—芙蓉山、丽水松阳—龙泉一带。其主要地质特征如下:

(1)矿产地主要集中在浙东沿海温州泰顺-宁波宁海中生代火山岩带内,约占该类矿床、矿(化)点总数的 68.75%,其次是浙中-武夷山(陷起)成矿带绍兴上虞—诸暨芙蓉山一带和丽水松阳—龙泉一带,特别在火山喷发带内的火山喷发盆地、火山喷溢岩带和破火山口等火山机构中,矿化更为发育,矿床和矿点尤其集中。

(2)叶蜡石矿床、矿(化)点均赋存于中生代早白垩世的火山岩系地层中,以早白垩世磨石山群西山头组为主。

(3)矿化多发育于酸性(流纹质)—中酸性(英安质)火山岩中,这些岩石主要由酸性物质组成,据统计,首先在爆发相的火山碎屑岩类岩石中,矿化和矿体最发育;其次为喷溢相的火山碎屑熔岩类岩石;最后为侵出相或次火山岩相的熔岩和斑岩类岩石。工业矿床和重要矿点多赋存于(晶屑、玻屑或含砾)凝灰岩、熔结凝灰岩(如青田县山口及其附近矿点)、火山角砾岩(如青田县外寮等)和含砾沉凝灰岩(如苍南南堡东山下等)、流纹岩(龙泉市小岩等矿)中,有的也产于角砾熔岩和凝灰熔岩中,而流纹斑岩、石英斑岩等岩石中,工业矿体少见,多为矿化。

(4)火山热液交代型矿床内的矿体,多为似层状和大透镜状产出。这些矿体多赋存于火山碎屑岩或火山碎屑沉积岩中,受岩层层面构造和层间破碎带控制,矿体倾角一般较缓,规模较大,一般长几十米至几百米,最长可达 1000m 以上,其中上虞梁岙上层矿体长 1295m,青田山口 V 号矿体长 2100m,厚度几米至几十米,延深多在几十米以上,最深可达 200m 以上。而青田山口 V 矿体斜向延深最深可达 700m。

火山热液充填型矿床内的矿体,主要为脉状、透镜体状和串珠状等,它们多分布于断裂构造带的火山碎屑熔岩和火山熔岩、斑岩中,矿体与围岩界线较明显,矿体较平直,倾角较陡。规模一般不大,长度十几米至百米,个别可达二三百米,厚度几米至十几米不等,延深十几米至几十米。

(5)火山热液交代型矿床内矿石的结构、构造、物质成分和矿石类型都较复杂多样。矿石以残余(变余)凝灰状、显微鳞片变晶状等结构和块状、条纹状、残余砾状及斑点状等构造为特征(图 3-7),常见长石斑晶假象。矿石的矿物组分以叶蜡石、石英和硬水铝石为主,其次有高岭石、绢云母、刚玉和红柱石等,伴生矿物多达七八种,常见的有明矾石、地开石、勃姆石、伊利石、玉髓、黄铁矿、钛铁矿和赤(镜)铁矿等。矿石的矿物组合类型主要有叶蜡石、石英-叶蜡石、高岭石-叶蜡石、硬水铝石-叶蜡石和叶蜡石-石英 5 种,有时还出现刚玉(红柱石)-叶蜡石类型。

矿石的化学成分中 Al_2O_3 含量为 18%～24%、SiO_2 含量为 68%～75%、Fe_2O_3 含量多在 1% 以下,K_2O、Na_2O 含量均较低(表 3-8)。

a. 产自泰顺龟湖；b. 产自青田山口

图 3-7　热液交代型叶蜡石矿石

表 3-8　热液交代型叶蜡石矿的矿石化学成分一览表　　　　　单位：%

名称		Al_2O_3	SiO_2	Fe_2O_3	K_2O	Na_2O	TiO_2	LOI	耐火度
泰顺县龟湖叶蜡石矿		18.90	75.00	0.60	0.64	0.08	0.27		
上虞区梁岙叶蜡石矿	耐材级	16.73~17.11	76.54~78.02	0.13~0.17	0.15~0.27	0.08~0.13	0.071	3.25~5.34	1650~1670
	玻陶级	29.20~29.79	61.09~65.74	0.16~0.24	0.16~0.59	0.10~0.15			
青田县山口叶蜡石矿	耐材级	16.79~17.08	77.93~78.21	0.25~0.35	0.19~0.20				1640~1645
	玻陶级	21.81~29.23	61.77~71.41	0.32~0.62	0.17~0.42				1680~1710
	全区平均	18.25		0.71	0.92				
青田县长处原叶蜡石矿		24.83	67.44	0.21			0.72		5.02
青田县岭头叶蜡石矿		16.04~25.60	63.92~80.00	0.29~1.49	0.02~5.27	0.05~0.30	0.10~0.34	2.72~4.93	
景宁县缪坑叶蜡石矿		18.00~25.09	64.92~72.36	0.63~0.88	2.66~2.73	0.12~0.15	0.21~0.26		
宁海县深甽叶蜡石矿		14.54~25.21	53.74~84.00	0.57~0.84					
泰顺县双临叶蜡石矿		23.66	67.25	0.36	4.73	0.19	0.2	3.44	
龙泉市小岩叶蜡石矿		15.13~16.71	78.06~79.77	0.21~0.37	0.76~1.55	0.09~0.10	0.06~0.07		

火山热液充填型矿床内矿石的结构、构造、物质成分和矿石类型较简单。矿石以隐晶集晶状、显微鳞片状等结构和块状、脉状或网脉状等构造为主(图 3-8)，矿石的矿物组分以叶蜡石为主，有时以高岭石、地开石为主，次要矿物有石英、勃姆石、绢云母和硬水铝石，伴生矿物有伊利石、珍珠陶石和赤(镜)铁矿等，矿石类型除叶蜡石、高岭石-叶蜡石和石英-叶蜡石等类型外，有时还出现叶蜡石-高岭石、高岭石-地开石，个别矿体有地开石-珍珠陶石和含辰砂的叶蜡石-高岭石等特殊类型的矿石。矿石的化学成分中含铝量较高($Al_2O_3>20\%$)，杂质少，含量较稳定(表 3-9)。

第三章 浙江叶蜡石成矿地质特征

a.团块状叶蜡石；b.紫红色流纹岩中充填团块状叶蜡石

图 3-8　热液充填型叶蜡石矿石

表 3-9　热液充填型叶蜡石矿的矿石化学成分一览表　　　　　　　　　　　　　　　　　单位：%

名称	Al_2O_3	SiO_2	Fe_2O_3	K_2O	Na_2O	TiO_2	CaO	LOI
青田县山口叶蜡石矿	29.01	66.21	0.43	1.27	0.21		0.16	
平阳县仙姑洞叶蜡石矿	38.15	43.58	0.1	0.07	0.04	1.52		
云和县岗头庵叶蜡石脉石英矿	18.57	74.96	0.52	1.48	0.14	0.064		
仙居石门坑叶蜡石矿	24.18～36.13	49.79～65.08	0.08～0.048	0.02～3.79	0.025～0.06	0.03～0.26	0.14	7.06～13.32

（6）火山（次火山）热液型矿床的重要特点之一，是围岩蚀变普遍发育并以次生石英岩化为特征。主要蚀变有叶蜡石化、硅化、高岭石化、硬水铝石化、明矾石化、绢云母化和黄铁矿化等。蚀变矿物在空间上具有明显的分带现象，但成矿方式和成矿条件不同，其分带特点也略有差别。火山热液充填型矿床的围岩蚀变一般呈带状分布，具有中心对称式分带，其特点是以矿体为中心，往两侧渐变为叶蜡石化或硬水铝石化、叶蜡石化-硅化。火山热液交代型矿床的围岩蚀变多呈面状展布，既有中心对称分带，又有明显的垂直分带。

矿物成分以叶蜡石、石英为主，次为绢云母（白云母）、地开石、高岭石、刚玉、伊利石、水铝石、明矾石、黄铁矿、绿泥石等，个别矿床（点）见蓝线石、蒙脱石、勃姆石、黄玉等，少数矿床矿物组合较复杂。

矿石主要结构有鳞片变晶结构、交代残余结构、变余凝灰结构，常见构造有块状构造、角砾状构造、条带状构造、浸染状构造等。

矿石类型以石英质叶蜡石和叶蜡石质叶蜡石为主，次为绢云母质叶蜡石、水铝石质叶蜡石、高岭石质叶蜡石和地开石质叶蜡石，少数为含石英质叶蜡石、明矾石质叶蜡石、绿泥石质叶蜡石等。

矿石具各种变晶结构与变余斑状结构、变余凝灰结构、变余砂状结构、变余球粒结构等，以块状构造为主，次有条带状构造、角砾状构造等。

矿床的围岩蚀变以硅化、叶蜡石化、绢云母化、地开石化、高岭石化为主，次有伊利石化、明矾石化、水铝石化、刚玉化、黄铁矿化、绿泥石化、绿帘石化及碳酸盐化。

热液交代作用下形成了一系列的蚀变矿物带，常具垂直分带。矿床蚀变相带大多都是由明矾石相带、叶蜡石相带、黄铁矿相带、绢云母相带、石英相带、地开石相带等，或几种矿物的组合相带组成。自上而下垂直分带一般有石英相带→叶蜡石、石英相带→绢云母-黄铁矿-石英相带。

二、变质型叶蜡石矿床

(一)变质型叶蜡石矿床成矿机理

变质型叶蜡石矿床相比火山热液型分布较为有限。动力变质型叶蜡石矿床一般形成于中酸性火山碎屑岩和火山沉积岩的局部应力作用,具有鳞片变晶结构,片状和片理状构造。典型代表为福建云霄礁尾叶蜡石矿床,矿体产于变晶屑凝灰岩、变粒岩和白云母石英片岩中,沿动力变质带的方向呈带状展布。区域变质型叶蜡石矿床形成于区域构造运动中富铝岩石或中酸性火山岩不同程度的变质作用,具有显微鳞片变晶结构,片状和片麻状构造,典型代表为浙江省常山芳村叶蜡石矿床,赋存于前震旦纪上墅组次生石英岩中,与千枚岩化区域变质作用紧密相关。埋藏变质型叶蜡石矿床是在上覆岩石压力和地热梯度影响下,埋藏于地下的硅铝质黏土或沉积物经过大规模的重结晶作用而形成,具有土状、鳞片状结构,块状、薄层状、页片状构造,常伴生水铝石、地开石、伊利石等矿物,围岩轻微硅化但无明显蚀变分带,主要分布于北京门头沟杨坡元—赵家台、江苏丹徒十里长山等地区(何英才,1986;叶泽富等,2022)。变质型叶蜡石主要在温度和压力升高条件下,一些富铝矿物(如高岭石)直接转化为叶蜡石而成矿。

(二)变质型叶蜡石矿床成矿特征

浙江省变质型叶蜡石矿床仅分布在浙西常山芳村和萧山河上—富阳章村一带。其成矿地质特征如下:
(1)含矿层位主要为晚青白口世河上镇群上墅组、双溪坞群岩山组。
(2)矿层或矿体多呈带状或条带状、扁透镜体状,有的呈似层状产出,产状与片理一致,与围岩界线一般较明显。长度几十米至几百米不等,厚度几米至十几米不等。
(3)矿石以显微鳞片变晶状、显微鳞片花岗状结构和片理构造、叶片状构造为主(图3-9),其次为致

a.常山芳村片状叶蜡石矿石;b.萧山岩山片状叶蜡石矿石;c,d.扫描电镜照片 叶蜡石(Prl)×2000

图3-9 变质型叶蜡石矿石及扫描电镜照片

第三章 浙江叶蜡石成矿地质特征

密块状构造和变余含砾构造。矿石的矿物组分:主要矿物为叶蜡石、石英(图 3-9);次要矿物为白云母、石英、高岭石、地开石、绿泥石、水云母和少量滑石、水铝石等。矿物组合:石英-叶蜡石、绢云母-石英-叶蜡石。

(4)矿石的化学成分中,含铝量变化较大,一般为 16%~18%,少量大于 20%,个别可达 27%,铁、钙和镁等杂质含量较高(表 3-10)。

表 3-10 区域变质型叶蜡石矿的矿石化学成分一览表　　　　单位:%

名称		Al_2O_3	SiO_2	Fe_2O_3	K_2O	Na_2O	TiO_2	LOI
萧山区岩山叶蜡石矿*	YS001-H01	12.73	81.88	1.26	0.17	0.1	0.46	2.58
	YS001-H02	11.94	80.42	3.07	0.11	0.07	0.53	2.67
	YS001-H03	17.24	71.67	3.93	0.06	0.08	0.7	1.93
	YS001-H04	13.28	80.61	1.68	0.04	0.02	0.61	1.5
	YS001-H05	18.89	75.68	0.64	0.06	0.06	0.59	3.43
	YS001-H06	16.66	76.26	2.04	0.04	0.03	0.58	2.74
	YS001-H07	27.19	62.2	0.47	0.12	0.05	0.6	7.15
	YS001-H09	16.76	77.66	0.65	0.05	0.08	0.53	3.02
	YS001-H10	16.98	78.13	0.44	0.04	0.06	0.57	2.92
	YS001-H11	15.59	78.5	0.65	0.04	0.03	0.61	2.67
	YS001-H12	18.09	76.26	0.65	0.02	0.02	0.58	3.53
	YS001-H13	19.8	72.29	2.16	0.08	0.04	0.7	2.86
	YS001-H14	19.21	75.18	0.35	0.06	0.01	0.74	3.54
	YS001-H15	15.51	78.88	0.53	0.16	0.06	0.67	3.08
	YS001-H16	21.2	71.57	1.18	0.04	0.04	0.74	3.58
	YS001-H17	14.56	79.28	1.54	0.1	0.02	0.82	2.52
	YS001-H18	20.37	72.98	0.83	0.04	0.04	0.7	2.96
	YS001-H19	24.3	67.77	1.09	0.15	0.13	0.6	3.92
	YS001-H20	18.75	71.93	1.59	2.17	0.28	0.75	3.48
	YS001-H21	16.38	77.95	0.82	0.3	0.07	0.59	3.4
	YS001-H22	20.41	72.54	1.24	0.08	0.06	0.72	3.8

续表 3-10

名称		Al_2O_3	SiO_2	Fe_2O_3	K_2O	Na_2O	TiO_2	LOI
常山县芳村叶蜡石矿	CST01	19.46	74.44	0.11	0.06	0.19	0.3	4.31
	CST02	8.35	88.73	0.22	0.1	0.14	0.08	2.1
	CST03	21.3	71.68	0.11	0.06	0.11	0.2	4.66
	CST04	22.56	72.7	0.14	0.11	0.1	0.15	3.86
	CST05**	18.99	75.01	0.08	0.08	0.11	0.1	4.11
	样品数 5	20.85	69.84	0.5	0.75	0.09	0.35	6.14
	样品数 5	21.12	72.22	0.5	0.1	0.21	0.32	4.89
	样品数 2	26.19	64.56	0.71	0.71	0.3	0.3	6.48
	样品数 5	22.13	62.6	2.62	7.16	0.22	0.3	3.6
	样品数 3	20.97	63.16	2.84	6.92	0.36	0.34	3.47
	样品数 5***	20.53	63.24	3.35	6.28	0.36	0.34	3.93
	玻陶级	19.06	69.14	0.75				
	耐材级	17.5	71.33	1.67				
常山县邵家叶蜡石矿		14.39～18.96	68.16～73.48	0.31～2.00				

注：* 测试单位为浙江省第十一地质大队测试中心（2022）；** 原始数据据浙江省地质矿产研究所《浙江省玻纤用叶蜡石资源调查评价》（2004）；*** 原始数据据浙江省地质调查院《浙江省常山县芳村叶蜡石矿区资源储量核查报告》（2012）。

第三节 叶蜡石矿床含矿建造特征

一、火山岩建造

（一）火山岩性

浙江叶蜡石成矿原岩主要为酸性、中酸性火山碎屑岩、沉火山碎屑岩、火山碎屑沉积岩、熔岩（包括凝灰熔岩、碎斑熔岩）等。原岩的岩石特征决定着所形成的叶蜡石类的矿床类型，具体表现在：中—酸性钙碱性火山岩通常形成叶蜡石、地开石（高岭石）等矿床，中—酸性高钾钙碱性火山岩多形成叶蜡石、伊利石等矿床，而粗面流纹质（偏碱性）火山岩则有利于形成明矾石（叶蜡石）等矿床。

据典型矿床成矿原岩剖析和对全省叶蜡石矿床成矿原岩统计，成矿原岩主要有以下几类。

第一类：流纹岩类，包括流纹岩、斑状流纹岩、碎斑熔岩等，如青田山口叶蜡石床矿、瑞安后岭叶蜡石高岭石矿、常山芳村叶蜡石矿、萧山岩山叶蜡石矿等的成矿原岩主要为流纹岩、球泡流纹岩、流纹斑岩等。据统计，全省共有 15 处的叶蜡石矿床（点）主矿体（层）原岩为流纹岩，约占 13.39％。流纹岩类岩石化学成分特征与叶蜡石类矿石成分较相似。

第二类：流纹质火山碎屑岩类，包括流纹质（含角砾）晶屑玻屑熔结凝灰岩、流纹质（含角砾）晶屑玻屑凝灰岩、流纹质（含角砾）玻屑凝灰岩等，它们多与沉凝灰岩、流纹岩互层产出，反映出间歇性火山喷发特征和原始沉积为水盆地环境，如泰顺龟湖叶蜡石矿、上虞梁岙叶蜡石矿等的成矿原岩主要为流纹质火山碎屑岩。据统计，全省共有 73 处的叶蜡石类矿床（点）主矿体（层）原岩为流纹质火山碎屑岩，约占 65.18％。

第三类：粗面流纹质火山碎屑岩与粗安质火山岩类，包括粗面流纹质角砾凝灰岩、粗安质含角砾玻屑熔结凝灰岩、粗安岩等，其岩石化学特点为全碱含量高而偏碱性，有利于形成明矾石、黄铁矿等富硫型矿床，是浙东沿海明矾石-叶蜡石矿的主要成矿原岩，如苍南矾山明矾石矿的原岩为粗面流纹质角砾凝灰岩，瓯海仙岩明矾石叶蜡石矿床的成矿原岩主要为粗安质玻屑熔结凝灰岩，鄞州凤凰山含黄铁矿的高岭石-明矾石矿床中明矾石矿体和黄铁矿化部位的成矿原岩主要是粗安岩等。据统计，全省共有 8 处明矾石-叶蜡石类矿床（点）主矿体（层）原岩为粗面流纹质火山碎屑岩与粗安质火山岩，约占 7.14％。

原岩组分中不稳定的玻屑、浆屑、长石晶屑（斑晶）及熔岩岩屑含量高，较利于在火山气液作用下蚀变交代成矿。原岩孔隙度、裂隙率高，有利于成矿溶液渗透和蚀变交代作用。热液蚀变作用促使组分迁移富集，同时产生脱硅去杂作用，从而形成蜡石类矿（化）体。碎屑岩的粒度在细砂及粉砂级之间，对蚀变交代成矿有利；粒度过细（泥质、黏土质）不利于成矿溶液渗透交代，而往往在黏土类矿床中作为蚀变较弱的夹层存在或构成矿层顶板。在火山气液活动中心的中—高温条件下及断裂裂隙系统较发育的情况下，由于长期的火山气液交代作用，上述各种岩性都可以形成含高铝矿物矿床。

（二）火山岩相

从成矿原岩岩性特征和叶蜡石类矿床赋存的火山岩相统计与分析可以看出，包括爆发崩塌相、火山喷发沉积相、溢流相、侵出相和潜火山岩相在内的几乎大部分火山岩相都有可能蚀变形成叶蜡石（矿物组合含叶蜡石、伊利石、地开石、高岭石、石英），但不同火山岩相的火山岩型矿床的矿产种类、矿体形态、矿石构造、矿石品位、矿床规模等具有显著差别，其中喷溢相、空落相、火山碎屑流相、火山喷发沉积相与叶蜡石类非金属矿产关系最为密切。

1. 空落相

喷发柱上部的火山碎屑随火山喷发气体进入大气层，受风力搬运或随大气环流作用飘移，在重力作用下降落，形成空落堆积，岩性主要为流纹质（英安质）玻屑凝灰岩、含角砾玻屑凝灰岩。

空落相流纹质玻屑凝灰岩主要由玻屑、火山尖组成，其次为岩屑，少量晶屑，岩石经风化残积易形成高岭土矿，矿体一般呈层状，主要受岩性层控。

空落相流纹质含角砾玻屑凝灰岩主要由玻屑、岩屑组成，其次为晶屑、角砾，岩石孔隙度较大，有利于热液和气体的运移、充填，容易受后期火山-潜火山热液交代、蚀变形成明矾石、叶蜡石、地开石等，矿石一般呈角砾状、条带状、块状构造，矿石品位较富，矿床规模较大，可形成大—中型或超大型矿床。如泰顺龟湖超大型叶蜡石矿由火山热液交代早白垩世西山头组空落相流纹质玻屑凝灰岩、晶玻屑凝灰岩、角砾凝灰岩形成。

2. 火山碎屑流相

火山碎屑流是火山爆发产生的热、气体和碎屑物组成的密度流，其形成方式主要有喷发柱的塌陷、沸腾外溢、岩穹底部的定向爆发等多种形式。火山碎屑流相组成岩石为熔结凝灰岩和弱熔结角砾凝灰岩，具熔结凝灰结构，可见塑变浆屑、玻屑定向排列，构成流动构造。

处于火山口附近或区域断裂带上的火山碎屑流相流纹质熔结凝灰岩火山、潜火山岩蚀变—交代后可形成叶蜡石、明矾石矿床,但由于熔结凝灰岩呈致密块状,不利于矿液的存储、运移,因此矿床规模一般较小,以小型、矿点、矿化点居多,矿石品位较贫,如云和县岗头庵叶蜡石矿由火山热液蚀变—交代流纹质晶屑熔结凝灰岩形成。

3. 喷溢相

喷溢相是火山熔浆喷出呈液态或强塑性态沿地表溢流形成的火山岩,主要岩性有玄武岩、安山岩、英安岩、流纹岩等,其流动性与熔浆的黏度有密切的关系,基性熔浆黏度较低,流动性较大,喷出火山口后往往形成玄武岩台地,而酸性熔浆黏度较高,喷出火山口后往往形成流纹岩岩流或丘岩。喷溢相流纹岩是叶蜡石类矿的主要成矿原岩,尤其是产自沉陷型破火山中喷溢相流纹岩流入洼地水体中形成,成岩过程中水解作用强烈,为后期热液蚀变成矿作用奠定了基础。据统计,14%叶蜡石类矿的原岩为喷溢相流纹岩。

4. 喷发沉积相

喷发沉积相是火山碎屑与陆源碎屑在水体中堆积的产物,即水体是必需的介质。地层结构类似于沉积岩,由沉积岩、沉火山碎屑岩、火山碎屑沉积岩和凝灰岩等组成。若水体较浅且水动力稳定时,火山物质迅速降落则形成层凝灰岩。喷发沉积相火山岩层一般多形成于火山构造洼地、沉陷型破火山等火山构造中,在剖面上多与叶蜡石类矿体形成共生组合,或直接形成叶蜡石类矿体,或呈矿体的底板与顶板产出。

5. 潜火山岩相

潜火山岩相是指与火山岩有同源、同时、同空间关系的浅成、超浅成侵入体,在近地表环境下成岩,常形成于火山喷发活动中期或晚期阶段,空间上受同期火山机构制约。

潜火山岩相为潜火山热液充填-交代型矿床的形成提供了丰富的含矿热液,东南沿海陆缘弧与燕山期陆缘火山作用有关的非金属矿床成矿系列中大多数金属矿产与潜火山相关系密切,矿体多产于潜火山岩与围岩接触带上或围岩裂隙中。

二、岩石矿物组分与化学组分

(一)岩石矿物组分特征

浙江晚侏罗世—早白垩世燕山期中酸性火山活动形成了广泛的中酸性火山岩和火山碎屑岩,以及浅成的岩株、岩脉和次火山岩,为叶蜡石矿的形成提供了物质基础(周建等,2012)。叶蜡石矿在浙江省东部地区呈北东-南西向带状分布。

浙东南叶蜡石矿赋存于早白垩世磨石山群西山头组、九里坪组和高坞组的火山岩中,其中泰顺龟湖、青田山口、青田周村和上虞梁岙等矿床赋矿原岩为火山岩(如火山碎屑岩、晶屑玻屑凝灰岩、角砾凝灰岩、熔结凝灰岩等),而浙西南的龙泉兰头叶蜡石矿赋存于晚侏罗世—早白垩世大爽组上段的次火山岩(如霏细岩、花岗斑岩)中。赋矿岩石多呈浅灰—灰白色,含有大量玻屑(>50%)和晶屑(石英、斜长石、钾长石,<25%),以及少量岩屑和火山灰。

含矿层位岩石普遍具有变余凝灰结构或鳞片变晶结构,块状构造,呈团块状或透镜状产出(徐艳晓等,2021)。赋矿岩石成分为流纹质(图 3-10),具有高 SiO_2(70.9%～81.6%)、K_2O(3.1%～7.6%)、Al_2O_3(11.5%～17.0%)和低 TiO_2(0.1%～0.7%)、Fe_2O_3(<2.3%)的特征。大部分岩石属于高钾钙碱性和过铝质系列(铝饱和指数 ASI=0.95～1.43)。

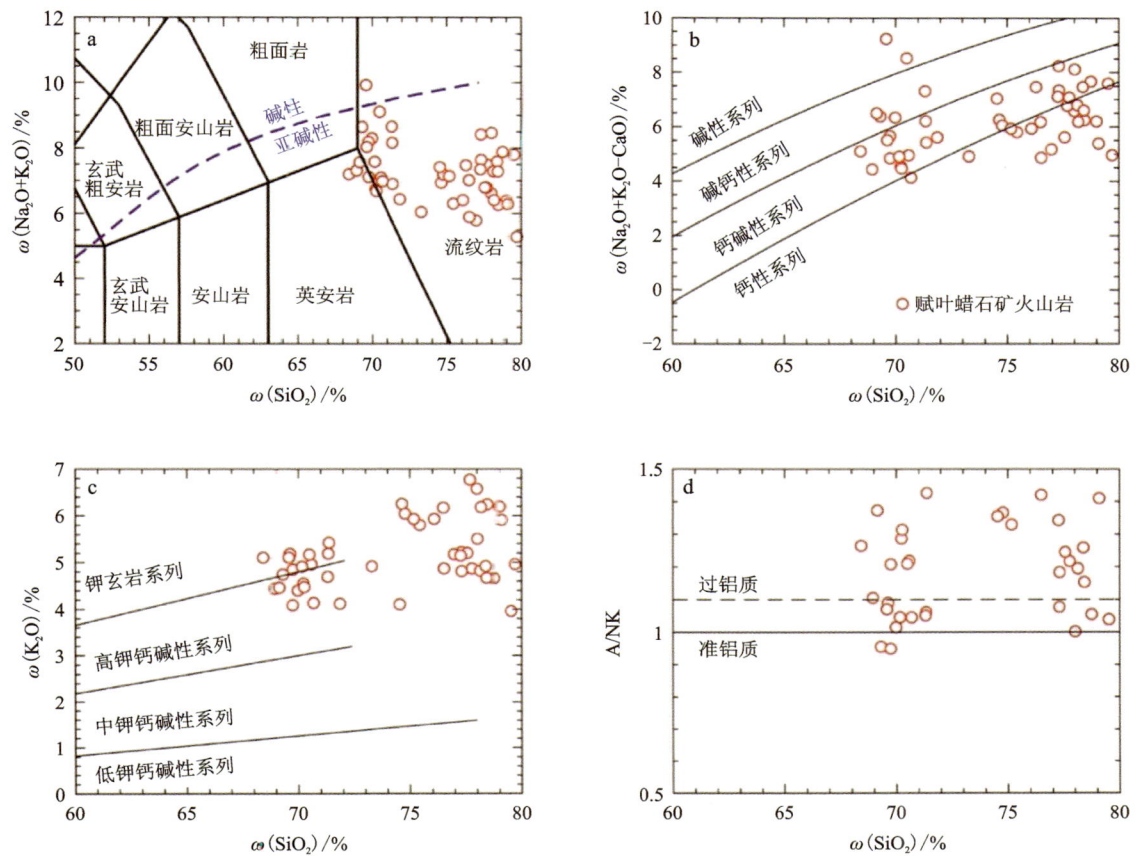

图 3-10　赋矿火山岩的主量元素图(据乐振卿等,1990;罗炎水等,1999;卢林,2018)

含矿地层岩石普遍含大量的玻屑、浆屑、长石晶屑及其他矿物碎屑,这些成矿母岩普遍富铝高钾,颗粒细小,孔隙度大,易于火山热液的渗透、运移和交代蚀变,有关组分相应迁移富集,同时发生脱硅去杂作用,而形成叶蜡石类矿(化)体。

(二)岩石化学组分特征

与成矿有关的火山岩中,尤其是成矿母岩中富含 K_2O、Al_2O_3,低 CaO、MgO、Fe_2O_3 等组分,属于过铝质高钾钙碱性系列岩类。成矿母岩(酸性火山碎屑岩或流纹岩)中的中酸性的火山碎屑物质分解形成硅胶$(SiO_4)^{4-}$,铝胶$(AlO_4)^{5-}$以及碱金属和碱土金属的阳离子或氧化物等,由于 pH 值(即酸碱度)环境的不同,形成硅、铝胶以及碱和碱土金属离子或氧化物的不同组合即形成了蒙脱石、伊利石、叶蜡石、高岭石、地开石、明矾石等不同类型的组合或部分的混合(即共生)。成矿母岩(酸性火山碎屑岩或流纹岩)中的 SiO_2 在水解脱玻和蚀变交代矿化过程中,多余的 SiO_2 被排出,它可富集在矿体顶部呈硅化帽或硅化壳(含 SiO_2 在 80%以上),即构成次生石英岩。部分成矿火山岩的化学成分见表 3-11。

岩石矿化蚀变与原岩密度相关,含钾岩石经热液蚀变后 Ti^{4+}、Na^+ 降低,而 Al_2O_3、K_2O 相对富集,矿化富集程度与热液蚀变及热水环流作用的强度密切相关。

表 3-11 主要叶蜡石矿床成矿原岩化学成分表

地层层位	矿床名称	矿种	岩石名称	统计个数/个	主要化学成分 %									
					SiO	Al₂O₃	Fe₂O₃	FeO	TiO₂	Na₂O	K₂O	CaO	MgO	MnO	LOI
西山头组	宁海县深甽叶蜡石矿	叶蜡石	熔结凝灰岩	8	74.12	13.31	1.39		0.17	3.38	4.75	0.26	0.23		1.05
西山头组	宁海县深甽叶蜡石矿	叶蜡石	流纹斑岩	1	76.45	12.24	1.08		0.20	3.95	4.07	0.10	0.23		
西山头组	宁海县深甽叶蜡石矿	叶蜡石	流纹质强熔结凝灰岩	1	72.90	13.78	2.24	0.37	0.15	4.33	4.72	0.13	0.14	0.05	0.62
西山头组	宁海县深甽叶蜡石矿	叶蜡石	流纹质强熔结凝灰岩	1	76.20	12.41	1.22	0.33	0.15	3.60	4.68	0.13	0.14	0.05	0.68
西山头组	宁海县深甽叶蜡石矿	叶蜡石	流纹质弱熔结凝灰岩	1	75.76	12.52	1.23	0.21	0.10	3.23	4.75	0.45	0.06	0.09	0.82
西山头组	宁海县深甽叶蜡石矿	叶蜡石	流纹质强熔结凝灰岩	1	75.75	12.11	0.94	0.99	0.20	3.29	4.96	0.13	0.16	0.05	0.57
西山头组	宁海县深甽叶蜡石矿	叶蜡石	流纹质熔结凝灰岩	1	72.20	14.52	1.86	0.68	0.15	4.02	4.60	0.29	0.30	0.05	1.00
西山头组	宁海县深甽叶蜡石矿	叶蜡石	流纹质熔结凝灰岩	1	71.95	14.14	1.10	1.37	0.23	3.74	4.80	0.39	0.42	0.10	1.18
西山头组	宁海县深甽叶蜡石矿	叶蜡石	流纹斑岩	2	76.91	12.45	0.83	0.62	0.19	2.21	2.98				1.43
西山头组1段	青田县山口叶蜡石矿	叶蜡石	流纹质晶玻屑凝灰岩	1	74.72	13.58	0.47	1.10	0.17	3.19	4.39	0.58	0.71	0.14	1.39
西山头组2段	青田县山口叶蜡石矿	叶蜡石	流纹质晶玻屑凝灰岩	1	75.25	13.22	1.36	0.54	0.18	2.42	5.25	0.14	0.20	0.05	1.46
西山头组2段	青田县山口叶蜡石矿	叶蜡石	球泡流纹(斑)岩	1	80.04	10.67	1.09	0.59	0.16	2.50	3.49	0.21	0.10	0.03	1.37
西山头组2段	青田县山口叶蜡石矿	叶蜡石	球泡流纹岩	1	76.81	12.49	0.82	0.40	0.18	2.24	3.65	0.14	0.15	0.05	1.08
西山头组2段	青田县山口叶蜡石矿	叶蜡石	球泡流纹岩	1	77.42	11.90	0.91	0.70	0.20	3.23	4.01	0.41	0.25	0.06	1.30
西山头组2段	青田县山口叶蜡石矿	叶蜡石	球泡流纹(斑)岩	1	76.80	12.40	0.84	0.38	0.15	2.33	5.25	0.48	0.20	0.06	1.64
西山头组2段	青田县山口叶蜡石矿	叶蜡石	流纹斑岩	1	72.90	14.07	0.13	1.27	0.15	4.50	3.58	0.82	0.79	0.25	1.41
西山头组3段	青田县山口叶蜡石矿	叶蜡石	流纹质晶玻屑凝灰岩	1	73.66	13.89	0.98	0.47	0.20	0.95	7.69	0.27	0.34	0.03	2.38
西山头组3段	青田县山口叶蜡石矿	叶蜡石	球泡晶玻屑凝灰岩	1	74.60	12.35	0.90	0.86	0.12	2.72	4.70	1.10	0.48	0.10	1.89
西山头组3段	青田县山口叶蜡石矿	叶蜡石	紫红色晶屑玻屑凝灰岩	1	76.62	12.21	1.08	0.75	0.22	2.06	5.08	0.21	0.46	0.02	1.34
西山头组3段	泰顺县龟湖叶蜡石矿	叶蜡石	玻屑晶屑凝灰岩	1	74.11	12.55	1.20	0.35	0.15	2.53	5.05	0.27	0.17	0.05	1.35
西山头组3段	泰顺县龟湖叶蜡石矿	叶蜡石	多屑凝灰岩	1	74.78	12.68	0.57	1.34	0.21	2.15	5.40	0.78	0.43	0.01	1.83
西山头组	泰顺县龟湖叶蜡石矿	叶蜡石	凝灰岩	1	72.37	14.78	1.72	0.74	0.45	0.08	3.75	0.35	1.36	0.10	3.70
西山头组	泰顺县龟湖叶蜡石矿	叶蜡石	凝灰岩	1	75.86	11.22	1.08	0.32	0.15	1.37	3.66	2.87	0.29	0.10	3.09
西山头组	泰顺县龟湖叶蜡石矿	叶蜡石	沉凝灰岩	1	72.41	12.59	0.77	1.03	0.25	0.11	3.33	3.16	1.21	0.08	4.21

第三章 浙江叶蜡石成矿地质特征

续表 3-11

地层层位	矿床名称	矿种	岩石名称	统计个数/个	主要化学成分/%									
					SiO	Al_2O_3	Fe_2O_3	FeO	TiO_2	Na_2O	K_2O	CaO	MgO	MnO	LOI
西山头组	泰顺县龟湖叶蜡石矿	叶蜡石	多屑凝灰岩	1	66.09	13.41	0.61	1.77	0.40	2.25	2.64	5.23	1.19	0.08	5.63
西山头组	泰顺县龟湖叶蜡石矿	叶蜡石	多屑凝灰岩	1	69.24	12.77	0.69	1.75	0.40	2.02	6.20	2.98	0.68	0.05	2.40
西山头组	泰顺县龟湖叶蜡石矿	叶蜡石	晶屑玻屑凝灰岩	1	67.39	13.62	0.40	2.16	0.39	1.46	6.52	3.12	0.73	0.07	3.10
西山头组2段	青田县岭头叶蜡石矿	叶蜡石	流纹质晶玻屑凝灰岩	1	73.60	13.89	0.98	1.61	0.20	3.40	4.24				0.81
西山头组	青田县南木宕叶蜡石矿	叶蜡石	晶玻屑凝灰岩	1	76.61	13.92	1.60	0.50	0.15	0.08	3.48	0.30	0.12	0.01	2.89
西山头组	青田县北山高岭石矿	地开石-叶蜡石	灰绿色晶屑凝灰岩	1	74.53	13.01	0.62	0.97	0.22	2.18	5.42	0.77	0.13	0.04	1.53
西山头组	青田县北山高岭石矿	地开石-叶蜡石	紫红色沉凝灰岩	1	78.80	11.02	1.07	0.85	0.24	3.92	1.28	0.29	0.58	0.02	1.16
九里坪组	仙居县大洪叶蜡石地开石矿	地开石-叶蜡石	球泡流纹岩	1	82.75	9.76	0.73	0.55	0.15	0.14	2.85	0.07	0.38	0.03	1.92
九里坪组	仙居县大洪叶蜡石地开石矿	地开石-叶蜡石	球泡流纹岩	1	82.61	10.78	0.35	0.55	0.10	0.07	1.89	0.29	0.30	0.01	2.51
九里坪组	仙居县大洪叶蜡石地开石矿	地开石-叶蜡石	球泡流纹岩	1	84.93	9.11	0.71	0.33	0.07	0.03	1.07	0.11	0.18		2.88
九里坪组	瑞安市后坑叶蜡石高岭石矿	高岭石-叶蜡石	流纹岩	1	71.53	14.16	1.06	1.33	0.30	2.98	5.32	0.72	0.31	0.76	1.38
九里坪组	瑞安市后坑叶蜡石高岭石矿	高岭石-叶蜡石	次生石英岩化流纹岩	1	97.86	0.39	0.10	—	0.45	0.01	—	0.23	0.11		0.72
九里坪组	瑞安市后坑叶蜡石高岭石矿	高岭石-叶蜡石	高岭石岩	1	75.85	17.40	1.23	0.06	0.05	4.71	0.52	0.23	0.33	1.02	
九里坪组	瑞安市后坑叶蜡石高岭石矿	高岭石-叶蜡石	石英明矾石岩	1	65.63	14.67	1.82	0.08	0.10	2.49	1.27	0.29	0.10	—	
西山头组	青田县石门头叶蜡石伊利石矿	伊利石-叶蜡石	晶玻屑凝灰岩	1	82.36	7.79	1.96	0.15	0.16	0.13	3.80	0.05			2.78

第四章　浙江典型叶蜡石矿床

根据对浙江省叶蜡石矿床成矿区域地质背景、矿区地质、矿床地质、围岩蚀变及矿床成因等特征的研究，结合矿区勘查工作程度及研究程度，本书典型叶蜡石矿床选取了青田山口、泰顺龟湖、青田岭头、上虞梁岙、瑞安后坑、宁海深甽、青田周村、柯桥秦望山等火山热液型叶蜡石矿床以及常山芳村区域变质型叶蜡石矿床。

第一节　青田山口叶蜡石矿床

青田山口叶蜡石矿床因矿区盛产名贵的青田石（印章石）而驰名中外，具有规模大、质量好的特点。矿区地处南雁荡山脉北缘，山峦起伏，地形陡峭。矿区位于青田县城东南161°方向，直距约9km，隶属山口镇、方山乡管辖，面积3.3 km²。矿区有公路通青田县城，与金（华）温（州）公路衔接，水路可达瓯江港口码头，直通丽水、温州，水陆交通便利。

一、区域地质背景

青田山口叶蜡石矿床位于浙东火山喷发区温州-舟山火山喷发带景宁-天台火山喷发亚带内，北山-山口沉陷型破火山东缘。大地构造位置隶属华夏造山系东部的浙东陆缘弧内泰顺-宁波陆缘弧南部。成矿区（带）位置属于浙闽粤沿海叶蜡石成矿带。

二、矿区地质特征

矿区出露地层为早白垩世西山头组和九里坪组火山岩，发育有方岩穹状火山通道、尧土火山口、白垟火山口（胡斌等，2022）。区内未见大的侵入岩体，仅见一些出露范围不大的早白垩世次火山岩，岩性主要有流纹岩、英安玢岩，以及呈脉状产出的花岗斑岩、石英斑岩、霏细斑岩、安山玢岩等（图4-1）。

（一）地层

矿区出露地层为早白垩世九里坪组和西山头组，在沟谷附近局部出露第四纪洪冲积层。与成矿有关的地层为西山头组，可分3个岩性段。

西山头组第一岩性段岩性为英安质含角砾晶屑凝灰岩、英安质晶屑凝灰岩、熔结凝灰岩、流纹质角砾凝灰岩、凝灰角砾岩等。

第四章　浙江典型叶蜡石矿床

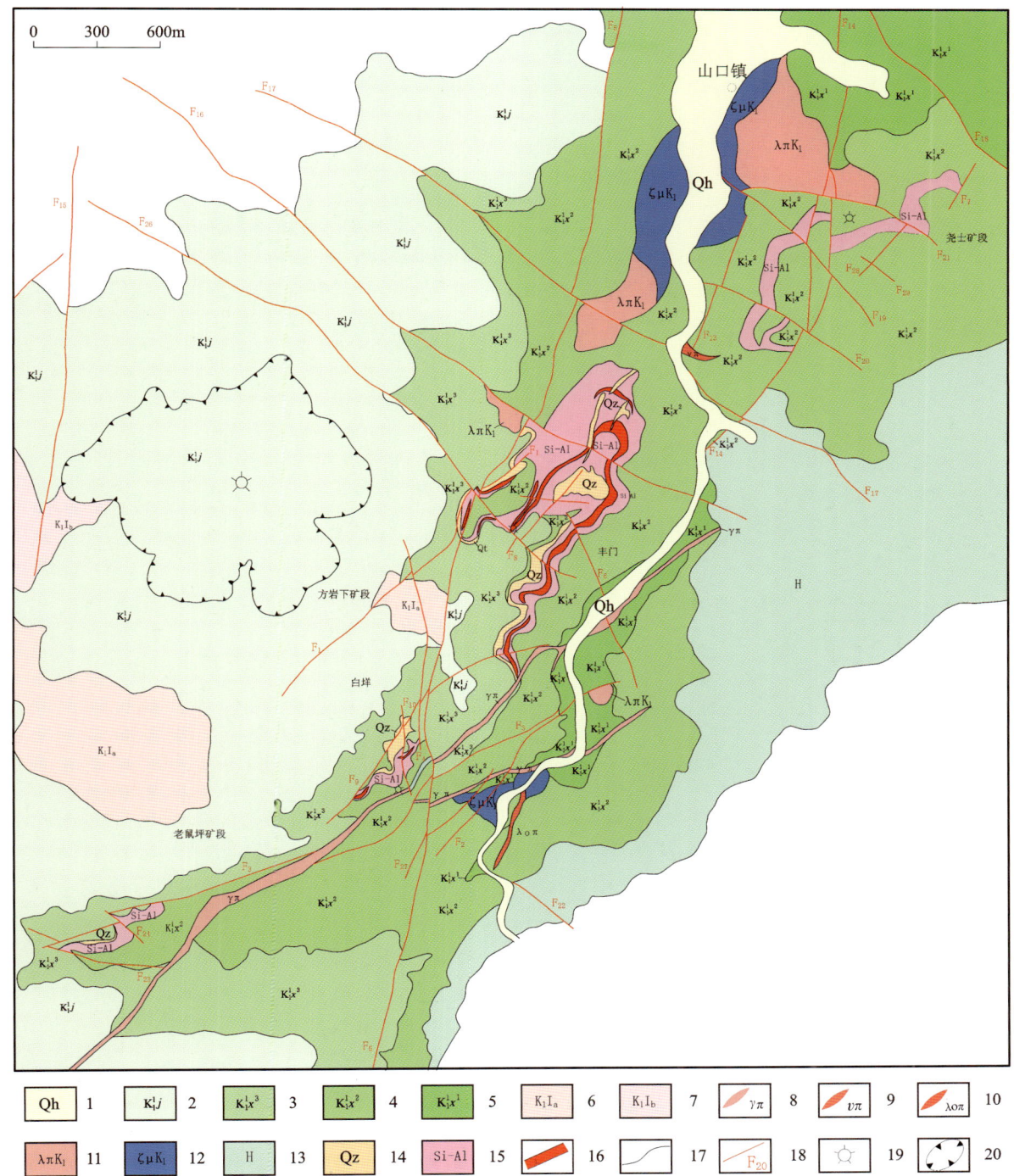

1.冲-残坡积层；2.九里坪组；3.西山头组第三岩性段；4.西山头组第二岩性段；5.西山头组第一岩性段；6.流纹质熔结角砾—集块岩；7.流纹质熔结角砾岩；8.花岗斑岩；9.霏细斑岩；10.石英斑岩；11.流纹斑岩；12.英安玢岩；13.角岩带；14.次生石英岩；15.矿化带（硅铝带）；16.叶蜡石矿体；17.地质界线；18.断层及编号；19.火山口；20.火山通道。

图 4-1　青田山口叶蜡石矿区地质略图（据陈朝永等，1988；胡斌等，2022修改）

西山头组第二岩性段是矿区主要的含矿层位，岩性为流纹斑岩、球粒流纹岩、流纹质含角砾熔结凝灰岩、流纹质熔结角砾集块岩、流纹质火山角砾岩、流纹质（含角砾或火山泥球）晶玻屑凝灰岩、沉凝灰岩、凝灰质砂岩、泥岩等，岩层总体走向北东，倾向北西，倾角5°～25°。本岩性段岩石蚀变强烈，形成以次生石英岩为主体的矿化带。

· 53 ·

西山头组第三岩性段下部为流纹质含角砾晶屑玻屑凝灰岩、晶屑玻屑凝灰岩,局部夹有薄层状沉凝灰岩。中部为流纹质晶屑玻屑角砾凝灰岩、弱熔结凝灰岩、流纹质玻屑熔结凝灰岩、岩屑凝灰岩、熔结凝灰岩。上部为流纹质晶屑玻屑凝灰岩、玻屑凝灰岩、沉凝灰岩,局部夹凝灰质粉砂岩。

(二)构造

区内断裂构造较发育,依其展布方向大体分为北东—北北东向、近南北向和北西向 3 组断裂,北东—北北东向断裂,断裂形成时期较早,被南北向、北西向断裂切割,多是成矿后期断裂。

矿区位于山口火山机构东部—南部边缘,破火山的复活阶段岩浆侵入喷溢活动,为成矿作用提供了丰富的热液,环状构造、层间裂隙等为热液的运移提供了通道,是控制矿床的定位构造。

(三)侵入岩

区内未见大的侵入岩体,仅见一些出露范围不大的脉岩,主要有花岗斑岩、石英斑岩、霏细斑岩、安山玢岩及潜火山岩体等。

潜火山岩为潜流纹岩和潜英安玢岩。

三、矿床地质特征

(一)矿体特征

青田山口叶蜡石矿床是由一个火山喷发晚期气成-热液交代蚀变形成的超大型叶蜡石矿床,矿化带呈似层状赋存于叶蜡石-石英相带中,顶板为次生石英岩(石英相带),底板为绢云母-石英相带,成矿原岩为西山头组第二段流纹质晶玻屑凝灰岩、流纹斑岩等。矿区自北向南分为尧士、丰门、白垟、老鼠坪 4 个矿段。

尧士矿段:由两个矿体组成,自下而上编为Ⅰ号、Ⅱ号,总体倾向北西,倾角10°~20°(图 4-2)。①Ⅰ号矿体:延伸长 300m,斜向延伸 80~200m,平均厚 4.74m,矿石类型为石英质叶蜡石,平均品位:Al_2O_3 17.08%、Fe_2O_3 0.25%、K_2O+Na_2O 0.19%,估算资源储量 43.49 万 t。②Ⅱ号矿体长 350m,斜向延伸 100~200m,平均厚 3.16m,矿石类型为石英质叶蜡石,平均品位:Al_2O_3 16.79%、Fe_2O_3 0.35%、K_2O+Na_2O 0.20%(裘建国等,2012c)。

丰门矿段:由Ⅰ号、Ⅱ号、Ⅲ号 3 条叶蜡石富集带和Ⅱ号、Ⅲ号两个矿体组成,总体倾向南东,倾角5°~17°。①Ⅰ号富集带:走向长 270m,宽 130~260m,厚 28~108m,Al_2O_3 平均含量 22.30%。②Ⅱ号富集带:走向长 155m,宽 258~220m,厚 37~76m,Al_2O_3 平均含量 24.90%。③Ⅲ号富集带:走向长 182m,宽 56~107m,Al_2O_3 平均含量 14.80%。④Ⅱ号矿体:走向长 220m,倾向延伸 250m,平均垂厚 5.31m,平均品位:Al_2O_3 15.93%、Fe_2O_3 0.84%、K_2O+Na_2O 1.15%。⑤Ⅲ号矿体:位于Ⅱ号矿体之上,走向长 250m,斜向延深 150m,平均垂厚 10.60m,平均品位:Al_2O_3 16.09%、Fe_2O_3 0.97%、K_2O+Na_2O 1.16%。

白垟矿段:由Ⅳ号、Ⅴ号两个矿体组成,走向北东,倾向北西或南东,倾角5°~20°(图 4-3)。Ⅳ号矿体:主要为隐伏矿体,分为表内、表外矿,其中表内矿体走向长 350m,延深 250m,平均垂厚 26.43m,平均品位:Al_2O_3 16.69%、Fe_2O_3 0.98%、K_2O+Na_2O 1.03%。Ⅴ号矿体:全长 2100m,宽 200~400m,一般斜向延深 200~400m,最大延深达 700m,垂厚 4~10m,平均厚 8.88m,平均品位:Al_2O_3 19.67%、Fe_2O_3 0.89%、K_2O+Na_2O 1.80%。

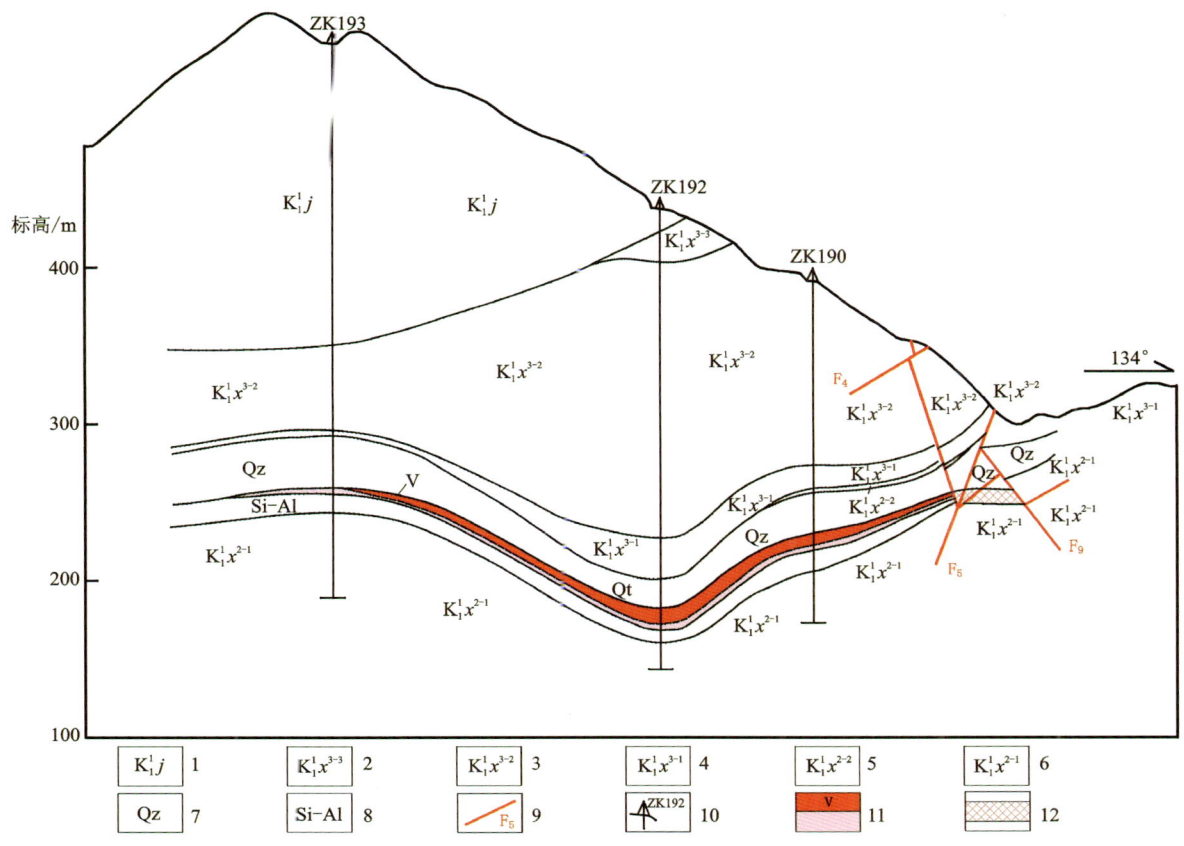

1.九里坪组流纹岩;2.西山头组三段第三岩性层;3.西山头组三段第二岩性层;4.西山头组三段第一岩性层;5.西山头组二段第二岩性层;6.西山头组二段第一岩性层;7.次生石英岩;8.矿化带;9.断层及编号;10.钻孔及编号;11.矿体及矿化体;12.采空区。

图4-2 青田山口叶蜡石矿区白垟矿段19号勘探线剖面图(据雷永坚等,1988)

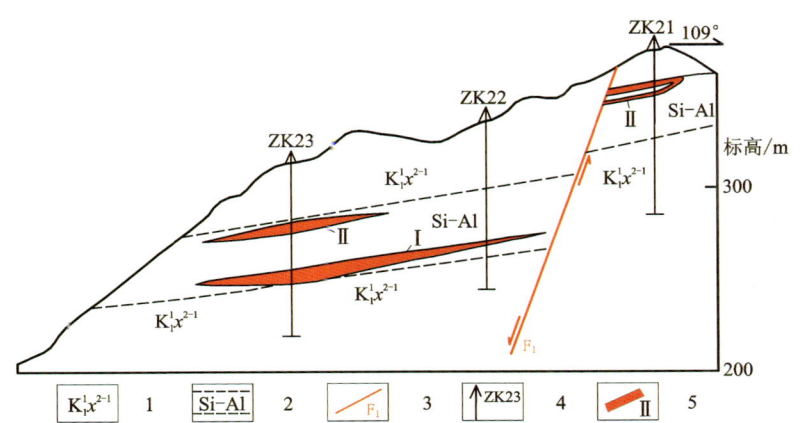

1.西山头组二段第一岩性层;2.矿化带;3.断层及编号;4.钻孔及编号;5.矿体及编号。

图4-3 青田山口叶蜡石矿区尧士矿段2号勘探线剖面图(据雷永坚等,1988)

老鼠坪矿段:主矿体为Ⅳ号、Ⅴ号两个矿体。Ⅳ号矿体地表沿矿化带形态发育,呈不太规则的S型,宽3~5m,走向北东,倾向北西,倾角5°~25°,走向长600m,倾向延伸280m。矿体呈似层状、层状,自南向北有厚度变薄,倾角变陡的趋势,平均厚度6.94m,矿石类型为绢云母质叶蜡石,平均品位:Al_2O_3 15.78%、Fe_2O_3 1.27%、K_2O 2.17%、Na_2O 0.13%。Ⅴ号矿体地表沿矿化带形态发育,呈不太规则的S型,走向北东,倾向北西,倾角5°~25°,走向长600m,倾向延伸500m。矿体呈似层状、层状,自南向北有厚度变薄、倾角变陡的趋势,平均厚 15.80m,矿石类型为石英质叶蜡石,平均品位:Al_2O_3 17.04%、Fe_2O_3 0.94%、K_2O 0.61%、Na_2O 0.11%。

(二)矿石特征

1. 叶蜡石矿石特征

矿石矿物主要为叶蜡石、石英,其次为刚玉、硬水铝石、绢云母、高岭石、绿泥石、伊利石、蓝线石、蓝晶石、红柱石(图 4-4、图 4-5),以及少量的地开石、夕线石、明矾石、蒙脱石、勃姆石、磷灰石、黄玉、黄铁矿,微量的白钛石等。

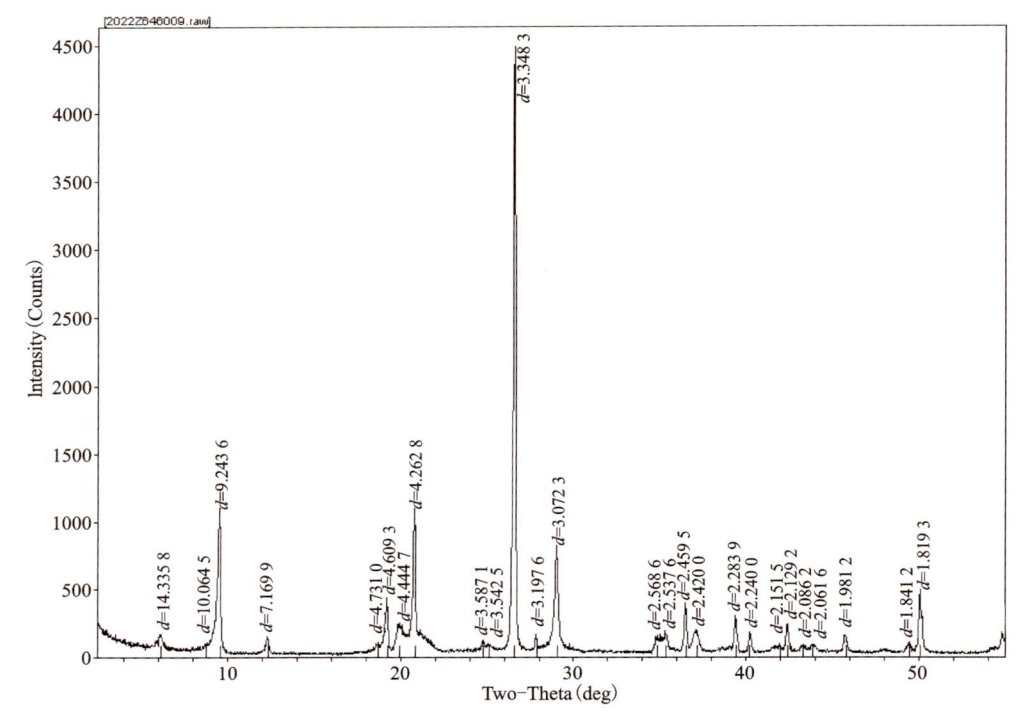

矿物成分:石英 49%、叶蜡石 39%、绿泥石 8%、伊利石 4%,少量夕线石

图 4-4 青田山口叶蜡石 XRD 图谱

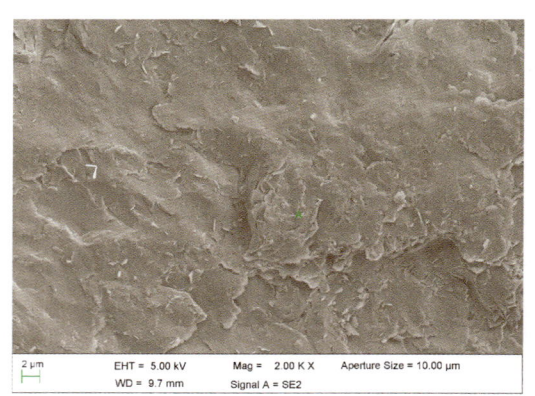 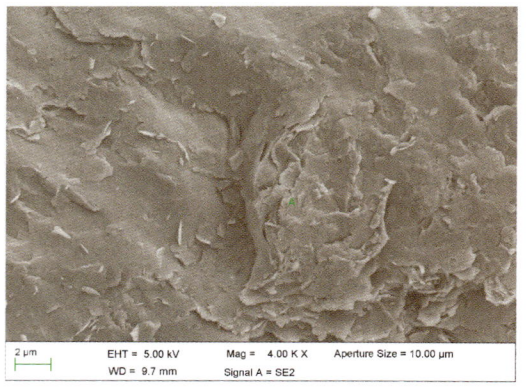

图 4-5 扫描电镜照片叶蜡石(Prl)、夕线石(A)×2000

矿石的结构类型以显微鳞片变晶结构为主,其次为显微粒状鳞片变晶结构、显微柱粒状鳞片变晶结构、显微球粒状鳞片变晶结构、变余斑状结构、变余凝灰结构、变余球粒结构和交代假象结构等(图4-6)。

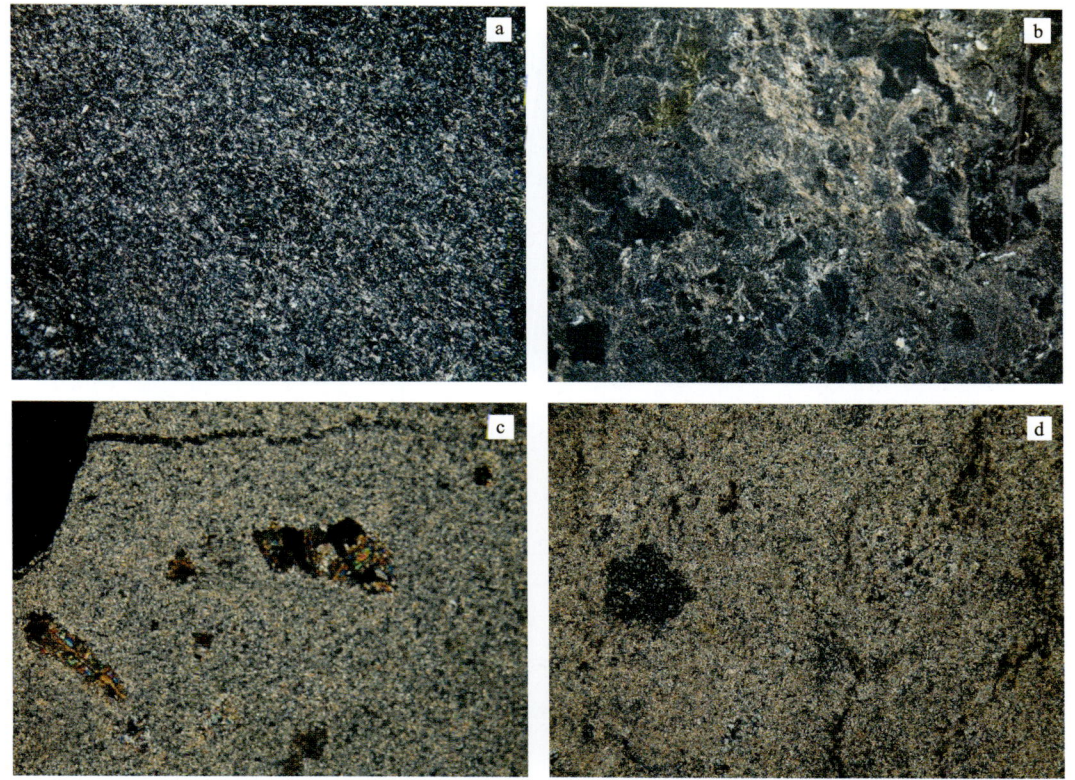

a. 正交隐晶—显微晶质鳞片状变晶结构,岩石主要由叶蜡石及黏土矿物组成;b. 正交沿流纹的纹理常见叶蜡石化蚀变;c. 正交岩石中见少量硬水铝石,多呈柱状;d. 正交隐晶—显微晶质鳞片状变晶结构,岩石主要由叶蜡石组成。

图 4-6 青田山口叶蜡石矿石显微照片

矿石的构造以块状构造为主,其次为条带状构造、流纹构造、变余球泡状构造等(图4-7)。

图 4-7 青田山口叶蜡石矿石照片

全区矿石主要化学成分含量(矿区9个矿体或富集带平均值)为 Al_2O_3 18.25%、Fe_2O_3 0.71%、K_2O+Na_2O 0.92%。

矿石类型可分为叶蜡石质叶蜡石、石英质叶蜡石、硬水铝石质叶蜡石、绢云母质叶蜡石、冻石等。

2. 青田石特征

青田石石雕工艺历史悠久,可追溯到1600年前,文化积淀厚重,堪称中华历史文化名石。主要产自青田县方山、山口一带,主矿区位于山口镇以南河道西侧山坡,而山口镇是以闻名中外的青田石(叶蜡石)为原料的石雕之乡,历史悠久。出产青田石的叶蜡石矿床成矿原岩主要为西山头组酸性凝灰岩、流纹岩,成矿年代为距今约1.4亿年的早白垩世。青田石主要组成矿物为叶蜡石,化学成分以Al_2O_3和SiO_2为主,属叶蜡石类玉石或图纹石类观赏石,列入"中国四大印石"之一。

青田石质地致密细腻、坚韧,温润光洁,显蜡状,油脂、玻璃光泽,不透明、微透明至半透明,少数透明。颜色呈青色、浅青色、黄色、淡红色及青灰色等,其中以淡青色居多。莫氏硬度为2.5~3,密度约2.7g/cm³,折射率1.545~1.599。青田石的自然矿石,因色泽、矿物共生组合、矿石结构构造的差异,有单色、杂色、刚玉质、红柱石质等类型。青田石按颜色分有白青田、绿青田、蓝青田、黄青田、紫青田、红青田、灰青田等;青田石按色泽、透明度、质地等方面的差异,可分为普通青田石和青田冻石及其所属的多个品种,封门青、灯光冻等是其中的上品。

四、围岩蚀变

区内成矿期围岩蚀变主要在西山头组二段第一、二岩性段发育,蚀变类型有次生石英岩化、硅化、叶蜡石化、绢云母化、刚玉化、硬水铝石化、高岭石化、伊利石化等。蚀变矿物的组合,在水平分带中不甚明显,只在局部富矿地段见有以刚玉、硬水铝石为核心,向外过渡为叶蜡石、绢云母的水平分带现象;在垂直方向上有明显的分带,自上而下,分为富石英相带、刚玉-硬水铝石-叶蜡石相带、叶蜡石-石英相带、绢云母-石英相带、黄铁矿-绢云母-石英相带。

叶蜡石矿(化)体主要赋存于叶蜡石-石英相带内,其中有部分叶蜡石矿石质地均匀细腻、色泽纯正艳丽,可作为工艺品雕刻原料,包括驰名中外的优质雕刻石"青田石"主要取材于此。

五、矿床成因

早白垩世时期,方岩背破火山口在山口-油竹南北向断裂带与老鼠坪北东东向断裂带交接处火山活动十分活跃,尤其在断裂破碎带交接点上,可能存在被掩盖的火山通道。在近火山口的高温条件下,岩浆中的残余气液交代岩石形成红柱石、夕线石、刚玉等高温硅铝矿物。由于大气降水的不断补给,通过聚水盆地向下渗透,加速了成矿活动的进程。随着酸度的降低,次生石英与叶蜡石晶出,形成次生石英岩和矿化带(矿体)。主要成矿阶段结束后,另一次大规模的火山喷发活动掩埋了次生石英岩和矿体,形成一个未蚀变的流纹质晶屑熔结凝灰岩盖层。

矿床既有呈水平的似层状交代型矿体,又有倾角较陡,甚至近于直立的脉状、囊状和小透镜状裂隙充填矿体,成矿受断裂和层间构造的双重控制,早期成矿阶段以交代作用为主,而晚期则以充填作用为主要成矿方式。

矿床成因类型:中低温火山喷发晚期气成-热液交代充填型叶蜡石矿床。

第二节 泰顺龟湖叶蜡石矿床

泰顺龟湖叶蜡石矿床是省内知名的超大型叶蜡石矿床,盛产"泰顺石",为雕刻石原材料,因其石质细腻、纹理精美,在国内雕刻石市场上享有盛誉。矿区位于泰顺县城区158°方向,直距28km处,属龟湖乡管辖,面积3.6km²。矿区处浙闽交界的洞宫山区,地势南部及西部均为高山峡谷,多悬崖陡壁,中部地势平缓矿区有公路直达温州市、泰顺县以及鳌江等地。

第四章 浙江典型叶蜡石矿床

一、区域地质背景

泰顺龟湖叶蜡石矿位于浙东火山喷发区温州-舟山火山喷发带景宁-天台火山喷发亚带内,白海顶火山穹隆南缘,王百下破火山口(福建境内)的东侧。大地构造位置隶属华夏造山系东部浙东陆缘弧内泰顺-宁波陆缘弧南端,成矿区(带)位置属于浙闽粤沿海叶蜡石成矿带。

上虞梁岙叶蜡石矿位于浙东火山喷发区遂昌-上虞火山喷发带梁岙塌陷型破火山东南部。大地构造位置处于华夏造山系丽水-余姚结合带龙泉-上虞俯冲增生杂岩带北部,成矿区(带)位置属于浙中-武夷山(隆起)叶蜡石成矿带。

二、矿区地质特征

(一)地层

矿区出露地层单一,为早白垩世西山头组第二岩性段的一套陆相火山碎屑岩夹火山沉积岩(图4-8)。西山头组第二岩性段岩性、成分、厚度变化不大,成矿作用选择性明显,矿体或矿化带受地层控制。矿区火山碎屑岩与火山碎屑沉积岩呈层状、似层状、透镜状互层出现,界线清楚,产状稳定,地层总体产状倾向南东,倾角5°~47°,一般10°~20°,分为8个岩性亚段。与成矿有关的地层为西山头组第四、六、七、八岩性段,该4个岩性段岩石蚀变强烈,为矿区主要含矿层位。叶蜡石矿体赋存于4个岩性段内,成矿原岩主要为流纹质晶屑玻屑凝灰岩,其次为沉凝灰岩。

第一岩性亚段:矿区内地表未出露,在西南部深部可见,岩性为流纹质晶玻屑熔结凝灰岩。

第二岩性亚段:岩性以流纹质晶玻屑凝灰岩为主,呈灰白色、肉红色、浅褐色,凝灰结构,块状构造。岩石蚀变以微弱的黄铁矿化、碳酸盐化、绢云母化为主,次为绿帘石化。该层产状稳定,总体产状倾向南东,倾角5°~15°。

第三岩性亚段:岩性以沉凝灰岩为主,呈青灰色、灰色、浅绿色,沉凝灰结构,层状构造。在沉凝灰岩的下部见有凝灰质砂岩、粉砂岩、砂砾岩、凝灰质泥岩,局部见各岩性互层出现。

第四岩性亚段:岩性以流纹质晶玻屑凝灰岩为主。呈深灰色、灰白色、灰绿色,碎屑凝灰结构,块状构造。岩石蚀变有硅化、绢云母化、黄铁矿化、碳酸盐化、高岭石化,钻孔620m标高以下见叶蜡石矿。

第五岩性亚段:岩性以沉凝灰岩为主,呈深灰色、灰色、紫红色、灰紫色,沉凝灰结构,层状构造。蚀变以绢云母化、黄铁矿化、硅化为主,叶蜡石化、碳酸盐化、绿泥石化、高岭石化次之。在西南部牛头岭至大岭头北西一带,叶蜡石化、硅化较强,局部形成叶蜡石岩,为矿体或矿化带之底板。

第六岩性亚段:岩性以流纹质晶屑玻屑凝灰岩为主,为矿区主要含矿层之一。岩石呈灰色、浅灰色,碎屑凝灰结构,块状构造。岩石蚀变强烈,主要蚀变类型有硅化、叶蜡石化、刚玉化、明矾石化、水铝石化,其次有绢云母化、高岭土化、黄铁矿化。蚀变矿物由交代原岩中除石英外的各种碎屑组成。在成矿有利部位(矿区中西部)大部分形成叶蜡石矿体或构成矿化带。局部拱起,发生局部挠曲现象。

第七岩性亚段:岩性以沉凝灰岩为主,为含矿层位之一。岩石呈黑紫色、灰绿色、灰色,沉凝灰结构,层状构造。岩石蚀变以绢云母化、硅化、叶蜡石化为主。岩石蚀变后形成叶蜡石岩、绢云母叶蜡石岩、次生石英岩等。蚀变强烈处形成叶蜡石矿体,矿体一般出现在中部或上部,呈透镜状、似层状。

第八岩性亚段:岩性以流纹质晶屑玻屑凝灰岩为主,岩石呈灰白色、浅黄色、灰绿色,碎屑凝灰结构,块状构造。走向北西,长460m,宽220m。岩石蚀变强烈,有硅化、叶蜡石化、绢云母化、水铝石化、地开石化、黄玉化、黄铁矿化,原岩除石英碎屑外,其余均被上述蚀变矿物所交代,蚀变强者形成蚀变岩,局部形成走向北西的帽盖状次生石英岩。

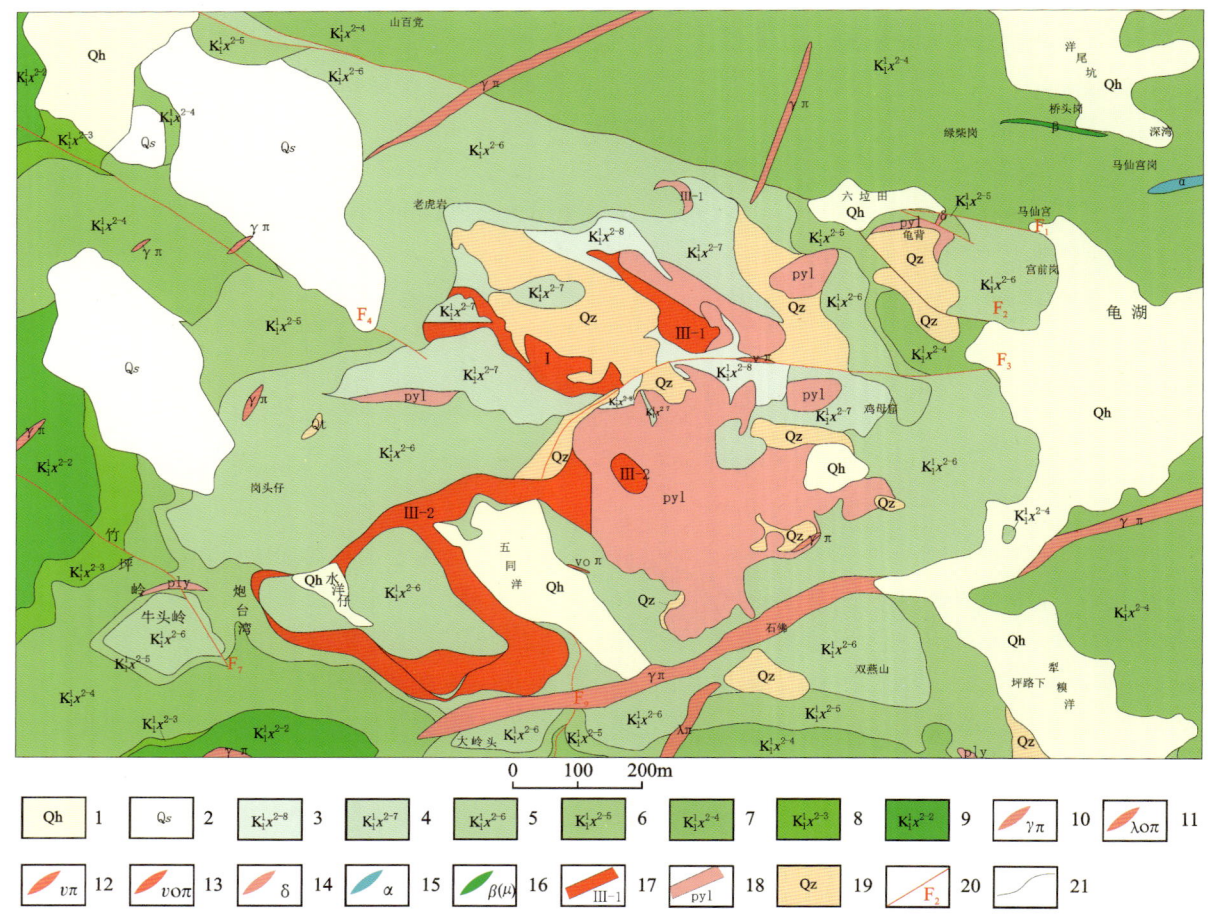

1.砾、砂砾、泥砂及黏土;2.滚石区;3.西山头组二段第八岩性亚段;4.西山头组二段第七岩性亚段;5.西山头组二段第六岩性亚段;6.西山头组二段第五岩性亚段;7.西山头组二段第四岩性亚段;8.西山头组二段第三岩性亚段;9.西山头组二段第二岩性亚段;10.花岗斑岩;11.石英斑岩;12.霏细斑;13.石英霏细斑岩;14.闪长岩;15.安山岩;16.辉绿(玢)岩;17.叶蜡石矿体及编号;18.叶蜡石岩;19.次生石英岩;20.断层及编号;21.地质界线。

图4-8 泰顺龟湖叶蜡石矿区地质略图(据温积远等,1988;夏青等,2010修改)

(二)构造

矿区主要构造为断裂构造,均形成于成矿期后,其中北东向断裂形成时间最早,次为北西向,最晚为东西向。根据断层与地层、岩脉、矿体与蚀变作用的关系,矿区内北西向断裂最为发育,而近东西向断裂构造对矿体破坏剧烈。

(三)岩浆岩

矿区未见大的侵入岩体,而岩脉发育。成矿期前侵入的岩脉有石英霏细斑岩、石英斑岩脉。成矿期后侵入的岩脉以花岗斑岩为主,出现于矿体中,对矿体具有不同程度的破坏作用。此外,矿区还有霏细斑岩、闪长玢岩、安山玢岩等零星分布,规模较小。

三、矿床地质特征

（一）矿化带特征

矿化带主要分布于龟背—老虎岩下—五同洋—水洋仔—岗头仔—牛头岭以内区域，呈似层状顺层产出，东西走向长约2km，南北宽约1km。北部矿化带厚29.06～88.32m，平均53.6m，南部厚53.21～110.87m，平均厚77.16m。矿化带中部厚度最大，向四周渐变薄。矿化带的形态、产状受地层控制，基本上与地层相吻合，空间形态似层状，平面上呈面型产出。矿化带内由于叶蜡石化作用强弱不等，故叶蜡石富集程度也不均，叶蜡石含矿率约为25%，聚集地段形成叶蜡石工业矿体。

（二）矿体特征

龟湖叶蜡石矿体呈似层状赋存于西山头组第二段，岩性为流纹质晶玻屑凝灰岩、流纹质晶玻屑熔结凝灰岩、含角砾凝灰岩夹沉凝灰岩、凝灰质砂岩、砂砾岩。

叶蜡石矿体的空间分布、产状、形态受矿化带控制，一般矿化带上部、中部含矿良好，下部较差。矿体主要呈似层状，次为透镜状，厚度变化中等。产状与矿化带基本一致，总体倾向南东，倾角平缓。

龟湖叶蜡石矿区共圈出5个工业矿体（Ⅰ、Ⅱ、Ⅲ-1、Ⅲ-2、Ⅲ-4），其中Ⅲ-1、Ⅲ-2为主矿体，呈似层状赋存于西山头组二段第四、六、七、八岩性段流纹质晶屑玻屑凝灰岩、沉凝灰岩为主的火山岩中（图4-9），受火口断陷控制，中心和南缘矿化较好。主矿体特征分述如下。

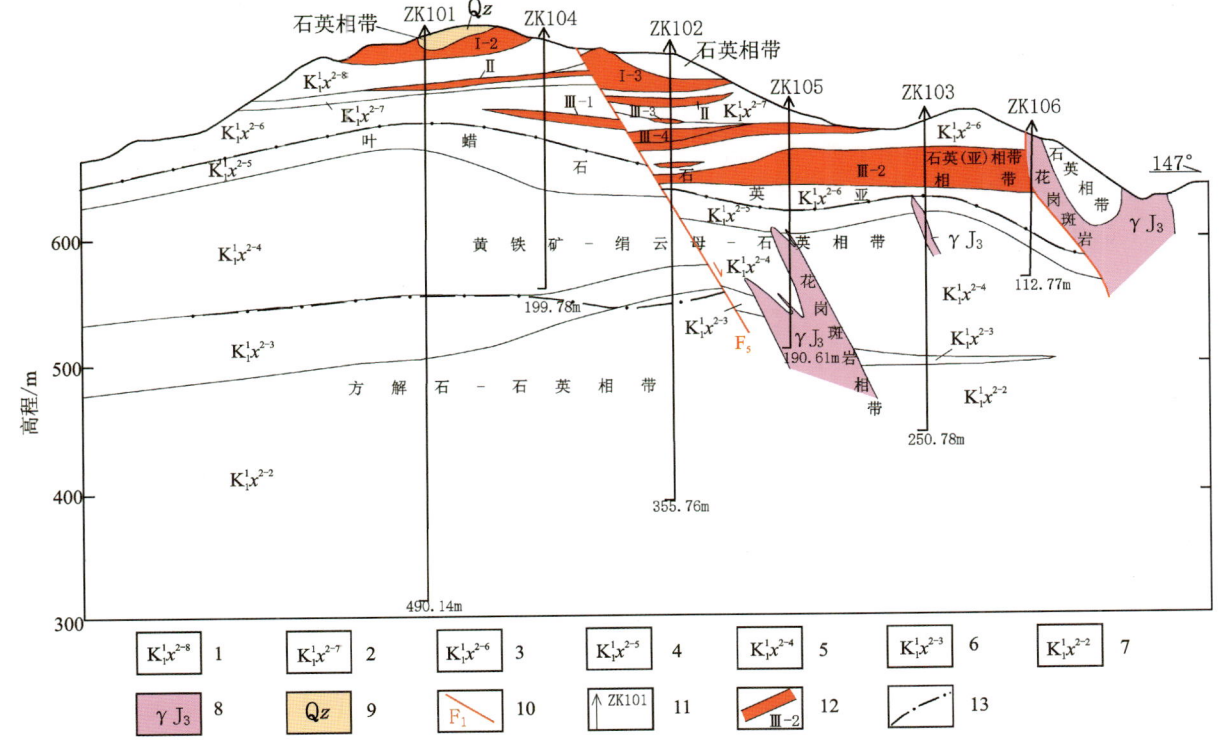

1.西山头组二段第八亚段；2.西山头组二段第七亚段；3.西山头组二段第六亚段；4.西山头组二段第五亚段；5.西山头组二段第四亚段；6.西山头组二段第三亚段；7.西山头组二段第二亚段；8.花岗岩；9.次生石英岩；10.断层及编号；11.钻孔及编号；12.矿体及编号；13.断裂。

图4-9 泰顺龟湖叶蜡石矿区1号勘探线剖面图（据苏三俊等，2007修改）

Ⅲ-1号矿体：矿体被F₃断层切断成Ⅲ-1-1、Ⅲ-1-2两个矿块，另在矿区西侧圈定两个隐伏矿块。Ⅲ-1-1矿块呈似层状，平面形态呈不规则长条状，长265m，宽24.2～128.6m，平均厚4.82m，倾向北东，倾角4°；Ⅲ-1-2矿块呈似层状，平面形态呈不规则长条状，长449m，宽67～292m，平均厚4.82m，倾向北东或南西，倾角4°～17°，大部分被覆盖，最大延深78.56m；Ⅲ-1-3矿块产状近于水平，长、宽100余米，平均厚2.92m；Ⅲ-1-4矿块呈透镜状，产状倾向南东，倾角10°左右，长约150m，宽约100m，平均厚4.62m。

Ⅲ-2号矿体：该矿体规模最大，占矿区总资源储量的71%。Ⅲ-2号矿体赋存于第六岩性段下部，平面呈不规则的等轴状，长轴1110m，短轴300～612m，总体走向50°，倾向南东，局部反倾，倾角5°～21°，由5个矿块组成。Ⅲ-2-1矿块呈不规则椭圆状，长轴62°方向，长轴602m，短轴76.3～312m，倾向南西或南东，倾角8°～17°，最大斜深103.71m，矿体厚4.15～18.10m，平均厚10.54m；Ⅲ-2-2矿块呈不规则楔形，走向55°，长123.8m，宽29.6～125m，平均厚8.16m，倾向南西，倾角21°；Ⅲ-2-3矿块呈不规则楔形，走向280°，长137.5m，宽0～103m，平均厚5.03m，倾向南东，倾角5°；Ⅲ-2-4矿块呈不规则状，长轴600余米，短轴400余米，矿体厚2.75～16.22m，平均厚6.16m，倾向南东，倾角10°～15°；Ⅲ-2-5矿块平面形态不规则，大致呈277°走向，长轴158m，短轴68m，平均厚6.16m，总体倾向南东，倾角10°～15°。

（三）矿石特征

矿石主要矿物组分为叶蜡石、石英，次要矿物为绢云母、水铝石、刚玉、明矾石、伊利石、高岭石、地开石，少量蒙脱石、埃洛石、绿泥石、黄玉、红柱石、白钛石及黄铁矿等矿物。

矿石的结构为显微鳞片粒状柱状变晶结构、变余凝灰结构、变余含角砾凝灰结构、变余粉砂质结构、变余砂状结构等。

矿石构造状以块构造为主，次为角砾状构造及条带状构造。

主要化学成分平均含量为SiO_2 75%，Al_2O_3 18.90%；次要成分平均含量为Fe_2O_3 0.60%，K_2O 0.64%，Na_2O 0.08%，TiO_2 0.27%。

矿石类型主要有含石英质叶蜡石、石英质叶蜡石、叶蜡石质叶蜡石。

矿石XRD粉晶衍射图谱显示（图4-10），该区叶蜡石大部分为2M型，少量为1Tc型。矿石可分为高硅叶蜡石和高铝叶蜡石，高硅叶蜡石伴生石英，富SiO_2（74.6%～80.2%）、高Al_2O_3（15.6%～21.1%）、贫Fe_2O_3（0.1%～0.2%）；高铝叶蜡石伴生硬水铝石和刚玉，SiO_2含量略低（54.8%～67.3%）、富Al_2O_3（26.8%～37.9%）、贫Fe_2O_3（0.2%～0.3%）（徐艳晓等，2021）。

四、围岩蚀变

矿区蚀变岩与西山头组赋矿地层的分布范围基本吻合，叶蜡石矿化带、叶蜡石矿体赋存其中。围岩蚀变以叶蜡石化、硅化最为强烈，次有绢云母化、黄铁矿化、高岭土化、水铝石化、刚玉化等。蚀变岩中除原岩中的石英晶屑及黑云母外，其余均为蚀变矿物，主要有石英、叶蜡石、绢云母，次有黄铁矿、方解石等。蚀变岩石种类较多，有各类次生石英岩（叶蜡石次生石英岩、黄铁矿次生石英岩、绢云母次生石英岩等）以及各类蚀变原岩（绢云母化凝灰岩、叶蜡石化沉凝灰岩等）。蚀变岩具显微隐晶变晶结构、变余凝灰结构、变余砂状结构、变余沉凝灰结构等，呈块状构造、层状构造、碎裂状构造等。

围岩蚀变在垂向上表现出明显的分带性特征（图4-9）。自上而下可分为4个相带：石英相带、叶蜡石-明矾石-石英相带[上部为叶蜡石-石英亚相带，下部为水铝石-明矾石-石英亚相带，叶蜡石主矿体（层）就赋存在本带中]、黄铁矿-绢云母-石英相带、方解石-石英相带。

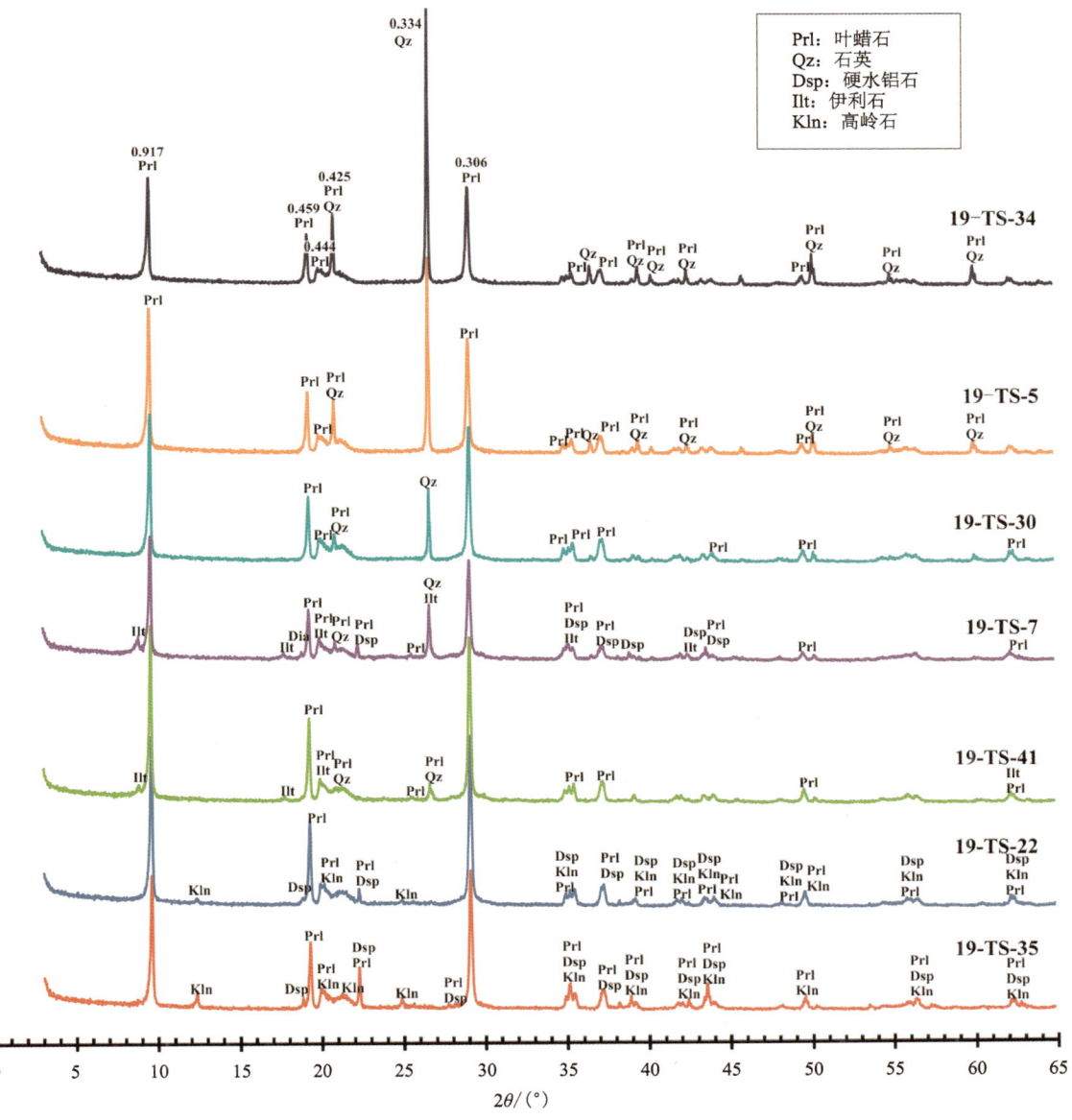

图 4-10　泰顺叶蜡石 X 射线衍射图谱（据徐艳晓等，2021）

五、矿床成因

火山构造洼地内的各种火山岩、火山碎屑岩等是有利的岩性层位，潜火山岩体是主要控矿因素。早期为火山喷发-喷溢的沉积期，早期的成矿作用与成岩作用几乎是同时进行的，形成矿体厚度大且变化小，呈似层状的产出形态，构成了主体的矿石和矿体。晚期成矿作用是后来的火山热液重新溶蚀早期矿石而富集较纯的透镜脉状矿体，质量高的角状构造矿石可达到宝玉石级的"冻石"程度。

矿床成因类型：中低温火山热液交代型叶蜡石矿床。

第三节 青田岭头叶蜡石矿床

青田岭头叶蜡石矿床地处青田县城 239°方向直距 20km 处,行政区划属青田县阜山乡管辖。矿区地处括苍山脉南西段低山区,地势南高北低,地形由南至北总体平缓,矿区面积 1.73km²。矿区内采矿公路与瓯双线(县级公路)相连,可直达青田县鹤城镇,与 G330 国道、金温铁路相连,继续向东便可到达温溪港转入水运,交通较便利。

一、区域地质背景

青田岭头叶蜡石矿大地构造位置隶属华夏造山系东部的浙东陆缘弧南部,位于浙东火山喷发区温州-舟山火山喷发带景宁-天台火山喷发亚带内,北山-山口沉陷型破火山东缘。成矿区(带)位置属于浙闽粤沿海叶蜡石成矿带。

二、矿区地质特征

(一)地层

矿区出露地层较单一,为下白垩统西山头组,岩层总体倾向北西,倾角 15°~25°,在沟谷地带分布有第四系堆积物(图 4-11)。

下白垩统西山头组为一套中酸性—酸性火山碎屑岩夹火山碎屑沉积岩,根据岩性组合特征,分为两个岩性亚段。

西山头组第一岩性亚段:下部岩性为紫灰色、青灰色流纹质含角砾晶屑玻屑凝灰岩夹晶屑玻屑熔结凝灰岩,上部岩性为沉凝灰岩、火山角砾岩、凝灰质粉砂岩,产状 320°∠20°,厚度大于 35m。

西山头组第二岩性亚段:下部为流纹质角砾玻屑凝灰岩、玻屑熔结凝灰岩,局部为流纹质晶屑玻屑凝灰岩;中部以层状流纹质玻屑凝灰岩为主,夹凝灰质粉砂岩、沉凝灰岩,为主要的赋矿层位;上部为流纹质角砾玻屑凝灰岩夹凝灰质粉砂岩、凝灰质砂砾岩。产状 278°~33°∠10°~25°,厚 150~300m。

(二)构造

矿区主要发育北东向和北西向两组断裂构造。

北东向断裂构造(F_1):出露于矿区西部,区内控制长 800m,属张扭性断层,迹象明显,见扭曲现象,北东段产状 120°~140°∠87°,南西段产状 290°∠78°~80°。构造破碎带宽 2~10m,带内见断层角砾岩及构造透镜体分布;角砾成分为流纹质晶屑玻屑凝灰岩,呈次棱角状,大小 5~10cm,含量 30%左右,胶结物为凝灰岩。

北东向断裂构造(F_2):出露于矿区中部,区内控制长 700m,北东端延伸至图外,南西端至门前墩附近。局部见 3~8m 宽断裂破碎带,破碎带内见构造角砾岩,角砾成分有流纹质晶玻屑凝灰岩、含角砾玻屑凝灰岩、凝灰质粉砂岩,大小 0.5~2cm,呈次棱角状,胶结物为断层泥、铁锰质氧化物。断层面断续分

第四章 浙江典型叶蜡石矿床

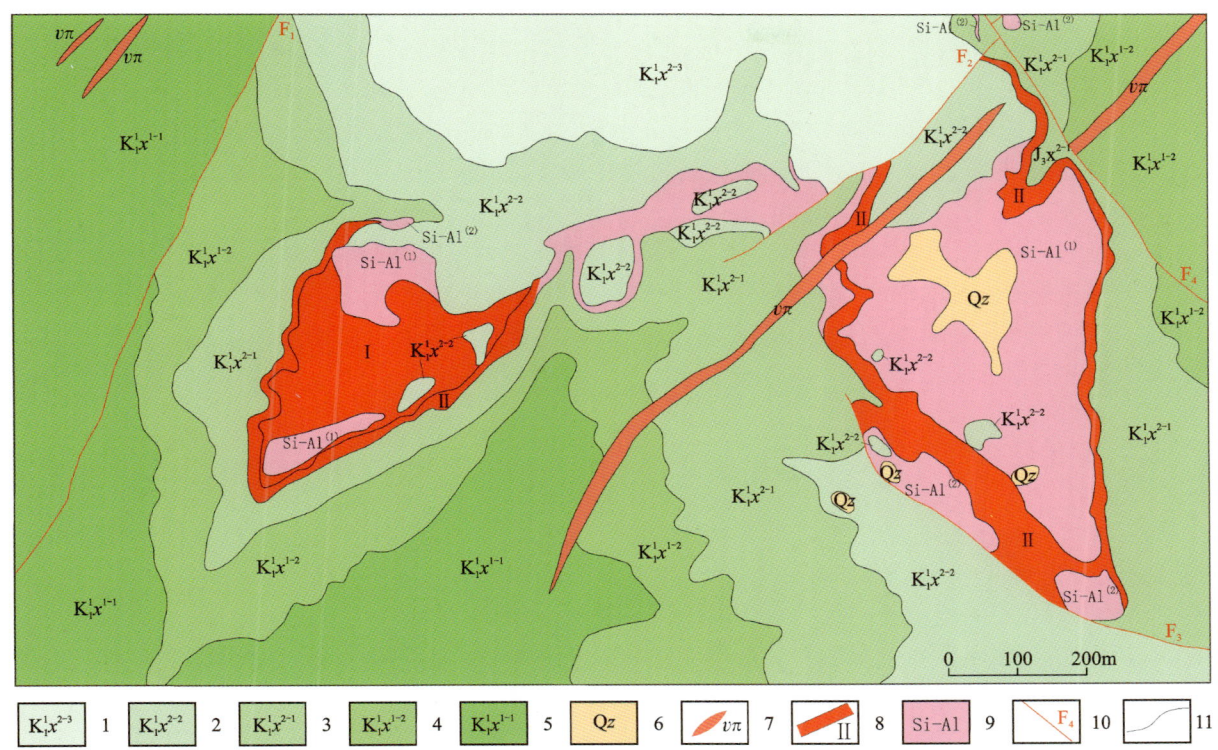

1.西山头组二段第三亚段；2.西山头组二段第二亚段；3.西山头组二段第一亚段；4.西山头组一段第二亚段；5.西山头组一段第一亚段；6.次生石英岩；7.霏细斑岩；8.叶蜡石矿体及编号；9.叶蜡石矿化带；10.断层及编号；11.地质界线。

图 4-11　青田岭头叶蜡石矿区地质略图（据温积远等，1993 修改）

布，硅化强烈，见次生石英呈团块状密集分布，偶见擦痕。产状 140°∠72°～75°，局部倾向北西，属压性断裂。

北西向断裂构造（F_3）：出露于矿区北东部，区内控制长 650m。断裂构造面清晰，面上叶蜡石化强烈。断裂两盘岩性不一，层位错动，出现不连续的现象。产状 215°∠75°。

北西向断裂构造（F_4）：出露于矿区南东部，区内控制长大于 680m。断裂两盘岩性不同，层位不连续，断裂构造面清晰，延伸 3～5m，面上硅化强烈。断裂两盘岩性不一，层位错动，出现不连续的现象，产状 225°∠70°，属张性断裂。

（三）岩浆岩

矿区内岩浆岩主要为出露在矿区中部的霏细岩脉，北东走向，区内控制长 280～560m，宽 10～25m，产状 130°∠80°。岩石呈肉红色，斑状结构，块状构造，矿物成分为斑晶石英、长石，大小 1～2mm，基质由长英质集合体组成，为成矿后侵入岩脉。

三、矿床地质特征

（一）矿化带特征

矿区内下白垩统西山头组第二岩性段的岩性层内，叶蜡石化、绢云母化、硅化等相当强烈，并形成了由叶蜡石、绢云母、石英等为主要矿物所组成的叶蜡石矿化带,总体产状在20°∠15°左右,厚度10.07～80.29m。根据原岩所属的层位、岩性等特征,将叶蜡石矿化带分为上部的1号矿化带[Si-Al(1)]和下部的2号矿化带[Si-Al(2)]。总体呈似层状产出,产状与地层相吻合,总体产状310°～315°∠11°～15°。

1号矿化带分布于矿区西部的际头山一带,顶板为凝灰质砂岩或直露地表;底板岩石为2号矿化带或流纹质含角砾玻屑凝灰岩,矿化带与顶底板岩石呈渐变过渡关系。Ⅰ号叶蜡石矿体赋存于该矿化带之下部或底部。

2号矿化带地表呈环状分布于际头山之山腰和后曹—石桃尖一带,原岩以西山头组第二岩性段流纹质含角砾玻屑凝灰岩为主。顶板岩石为凝灰质粉砂岩或1号矿化带[Si-Al(1)],底板岩石为蚀变流纹质含角砾玻屑凝灰岩或流纹质晶屑玻屑凝灰岩,矿化带与顶底板岩石之间呈渐变过渡关系。Ⅱ号叶蜡石矿体赋存其顶部或上部。

(二)矿体特征

该矿床可分为西部际头山、东部后曹-石桃尖两个矿段。矿体赋存于西山头组第二岩性段强烈叶蜡石化、绢云母化、硅化形成的叶蜡石矿化带中,主要工业矿体2个。

Ⅰ号矿体:仅分布在矿区西部际头山矿段的1号矿化带[Si-Al(1)]中,出露标高690.07～780.68m,矿体大部分裸露地表,在东北局部和际头山中部有小面积岩石盖层,覆盖层厚度0～12.90m。底板大部分为Ⅱ号叶蜡石矿体,少部分为2号矿化带[Si-Al(2)]上部的蚀变流纹质含角砾玻屑凝灰岩。矿体平面形态呈不规则的三角形,产状20°∠15°,剖面形态呈层状、似层状,局部有分叉、复合现象。矿体沿走向宽50～280m,沿倾向长400m,厚1.33～14.21m,平均厚8.9m,厚度变化系数71.71%。矿石类型以石英叶蜡石型为主,少量为叶蜡石型、高岭石叶蜡石型、绢云母叶蜡石型。其中有部分矿石质地均匀细腻、色泽较鲜艳,是较好的雕刻材料。在际头山顶出露一层厚3.88m的叶蜡石矿体,成分可达到高铝叶蜡石的质量指标。矿石的化学成分含量:SiO_2 16.69%～24.02%,平均17.74%,变化系数12.04%;Fe_2O_3 0.37%～1.49%,平均0.98%,变化系数34.20%;K_2O+Na_2O 0.07%～5.48%,平均0.92%,变化系数120.29%(鲍庆志等,2007)。

Ⅱ号矿体:呈层状、似层状赋存于际头山矿段和后曹矿段的2号矿化带[Si-Al(2)]的上部或顶部。际头山矿段:矿体在际头山的东北坡及月光寨一带呈开口朝东北的马蹄形出露于地表。平面形态呈不规则的平行四边形,剖面形态为似层状,产状20°∠15°,埋深0～21.03m。矿体沿倾向方向长650m,沿走向最大宽度300m,厚2.00～25.38m,平均厚13.16m,其中东部矿体厚度较西部大,厚度变化系数为45.95%。矿石类型以石英叶蜡石型为主,少量叶蜡石型或绢云母叶蜡石型;后曹-石桃尖矿段:平面形态呈不规则的三角形,剖面形态呈层状、似层状,总体产状310°∠25°。矿体出露标高735.9～952.29m,埋深1.33～45.8m,其中东南部浅,西北部深。矿体沿走向宽60～500m,沿倾向长660m,矿体厚8.52～27.86m,平均厚4.93m,厚度变化系数为44.14%。矿石类型以石英叶蜡石型为主,少量为脉状或团块状产出的叶蜡石型。

矿石的化学成分含量:Al_2O_3 16.04%～25.60%,平均17.98%,变化系数10.76%;Fe_2O_3 0.29%～1.47%,平均0.93%,变化系数32.78%;K_2O+Na_2O 0.11%～3.78%,平均0.80%,变化系数108.64%。

矿体主要由高铁叶蜡石矿组成,含量98.76%,主要化学成分含量:Al_2O_3 17.77%、K_2O 3.46%、Fe_2O_3 1.84%。矿体内含少量雕刻石,4个工程测定含矿率为1.24%,其中冻石占0.75%。冻石以团块状、透镜状及不规则状零星分布或沿裂隙充填,呈紫红色、黄绿色、灰绿色夹烟灰色,鳞片变晶结构,块状构造;矿物成分主要为绢云母、叶蜡石等。

（三）矿石特征

矿石呈浅绿色、淡黄色、灰白色，少量呈浅灰色、灰色、深灰色、浅红色；不同程度的蜡状光泽或土状光泽，质地均匀，具滑感或稍具滑感；硬度小，在2级左右，局部由于隐晶质石英含量的增加而加大；密度2.60～2.85t/m³；粉末呈乳白色、白色，细腻粘手。

矿石矿物成分：矿石矿物主要为叶蜡石（50%～100%），其次为石英（0%～50%），少量的绢云母、高岭石、伊利石，微量的勃姆石、蒙脱石和部分铁质矿物及其氧化物（黄铁矿）等。其中叶蜡石、隐晶状石英、绢云母、伊利石等呈集合体状均匀分布，由交代原岩中的长石类矿物的晶屑和玻屑、火山尘等组成。

主要化学成分含量：SiO_2 63.92%～80.00%；Al_2O_3 16.02%～25.60%；Fe_2O_3 0.32%～1.49%；TiO_2 0.10%～0.34%；K_2O 0.02%～5.27%；Na_2O 0.05%～0.30%；LOI 2.72%～4.93%。

矿石结构为显微鳞片变晶结构、变余玻屑凝灰结构、变余含角砾玻屑凝灰结构、显微花岗鳞片变晶结构。矿石构造为块状构造、变余层状构造。

显微鳞片变晶结构：一般原岩中各类碎屑成分，均被叶蜡石、绢云母所交代，呈显微鳞片状集合体均匀分布，原岩结构不清。

变余玻屑凝灰结构：成矿凝灰岩中的碎屑成分被叶蜡石、石英、绢云母等矿物所交代，但保留较清晰的原岩结构，蚀变矿物均匀分布。

变余含角砾玻屑凝灰结构：叶蜡石、石英交代原岩中的角砾玻屑，碎屑形态基本保留。

块状构造：矿物颗粒大小相近，分布均匀，矿物间相嵌紧密，矿石致密坚硬。

角砾状构造：成矿原岩为角砾状玻屑凝灰岩，被叶蜡石、绢云母、石英等矿物所交代，原岩结构较清楚。

矿石类型可分为叶蜡石型、石英叶蜡石型、绢云母叶蜡石型3种。

叶蜡石型：主要矿物为叶蜡石，一般呈集合体状均匀分布，含量大于85%；少量石英呈隐晶状。矿石呈浅黄色、浅绿色，蜡状光泽，具滑感。主要以团块状、脉状赋存于矿体内。

石英叶蜡石型：是矿区主要矿石类型，矿物以叶蜡石、石英为主，少量绢云母，Al_2O_3含量16%～22%。矿石以浅灰色、浅红色为主，少量浅绿色、灰色。矿石断口粗糙，石英晶屑明显，稍具蜡状光泽和滑感。

绢云母叶蜡石型：矿物主要为叶蜡石，次为绢云母、石英、绢云母，SiO_2含量75%，Al_2O_3含量16%～25%，K_2O含量2%～5%，矿石浅灰至灰色，土状光泽，断口粗糙。

四、围岩蚀变及分带性

区内围岩蚀变强烈，主要有叶蜡石化、硅化、绢云母化，次有黄铁矿化、绿泥石化、方解石化等。叶蜡石化、硅化蚀变强烈，局部形成了次生石英岩。

围岩蚀变具有明显的垂直分带现象，由地表往深部分为石英-叶蜡石相带、叶蜡石-绢云母-黄铁矿相带、绢云母-绿帘石-黄铁矿-方解石相带。

五、矿床成因

矿床的形成主要是下白垩统西头组第二岩性段酸性火山碎屑岩中富含长石质的矿物受到火山热流蚀变交代，形成叶蜡石化、绢云母化、硅化等中低温火山热液蚀变组合，成矿方式以顺层交代蚀变为主，矿床成因类型属中低温火山热流交代型矿床。

第四节　上虞梁岙叶蜡石矿床

上虞梁岙叶蜡石矿床地处绍兴市区 111°方向直距 32km 处，行政区划隶属于梁湖街道管辖，矿区面积 1.4km²。矿区紧邻浙东杭甬线，可通全国，公路四通八达，矿区北西 7.5km 为曹娥江，可通大货轮，水陆交通便捷。

一、区域地质背景

上虞梁岙叶蜡石矿床位于浙东火山喷发区遂昌-上虞火山喷发带梁岙塌陷型破火山东南部。大地构造位置处于华夏造山系丽水-余姚结合带龙泉-上虞俯冲增生杂岩带北部。成矿区（带）位置属于浙中-武夷山（隆起）叶蜡石成矿带。

二、矿区地质特征

（一）地层

矿区及外围出露地层简单，主要为下白垩统西山头组及第四系沉积物（陶家林等，1982）。西山头组为一套火山碎屑岩，总体倾向 120°～160°，倾角 15°～40°，厚 143～453m，按岩性组合由老至新可分为 9 个岩性段（图 4-12）。

西山头组第一岩性段为含砾晶屑凝灰岩，呈灰白色、浅灰色、浅绿色，变余含砾玻屑结构，块状构造。

西山头组第二岩性段为晶屑凝灰岩，呈紫红色、灰绿色、灰色，变余晶屑玻屑结构，块状构造。

西山头组第三岩性段为叶蜡石化凝灰岩、叶蜡石化含砾晶屑凝灰岩，为主要赋矿层位。上部为叶蜡石化凝灰岩，灰白色、浅绿色，变余玻屑结构、沉凝灰结构，似层理、微层理构造，岩石由大量蚀变玻屑，少量石英、长石晶屑组成，含细砂-粉砂级的火山碎屑物，两者相间分布，形成似层理构造，岩石具强烈蚀变，形成叶蜡石矿化带，矿化带厚 5～19m，产状 125°～135°∠18°～25°。下部为叶蜡石化含砾晶屑凝灰岩，呈乳白色、浅灰白色，变余含砾-玻屑结构，局部具假流纹构造。砾石呈浑圆状—次棱角状，成分主要为杂色凝灰岩、硅质岩等，砾径 3～10mm，岩石具叶蜡石化。含矿层厚 30～166m，产状 148°∠20°～25°。

西山头组第四岩性段为次生石英岩，为矿化带的顶板，层位较稳定。厚 1.8～24m。

西山头组第五岩性段为紫红色、绿色凝灰岩。上部为绿色凝灰岩，变余凝灰结构，岩石由大量的玻屑、晶屑及少量岩屑组成，厚 0.9～11.9m。中部为紫、绿色凝灰岩互层，厚 9～29m。下部为紫红色凝灰岩，凝灰结构，岩石由大量玻屑、晶屑组成，厚 1～13.6m。产状 135°～170°∠27°～32°。

西山头组第六岩性段为球状凝灰岩，呈紫色、紫红色，火山碎屑结构，球状构造，岩石由硅化晶屑凝灰岩、球砾及胶结物组成。球砾粒径大小为 5～10cm，呈浑圆状；胶结物为火山灰。倾向 135°～170°，倾角 27°～32°。

西山头组第七岩性段为紫色凝灰岩，厚 22～63m。

西山头组第八岩性段为晶屑凝灰岩，已知厚度大于 35m。

西山头组第九岩性段为含角砾熔结凝灰岩，未见顶，火山碎屑结构。产状 135°～170°∠27°～32°。

第四章 浙江典型叶蜡石矿床

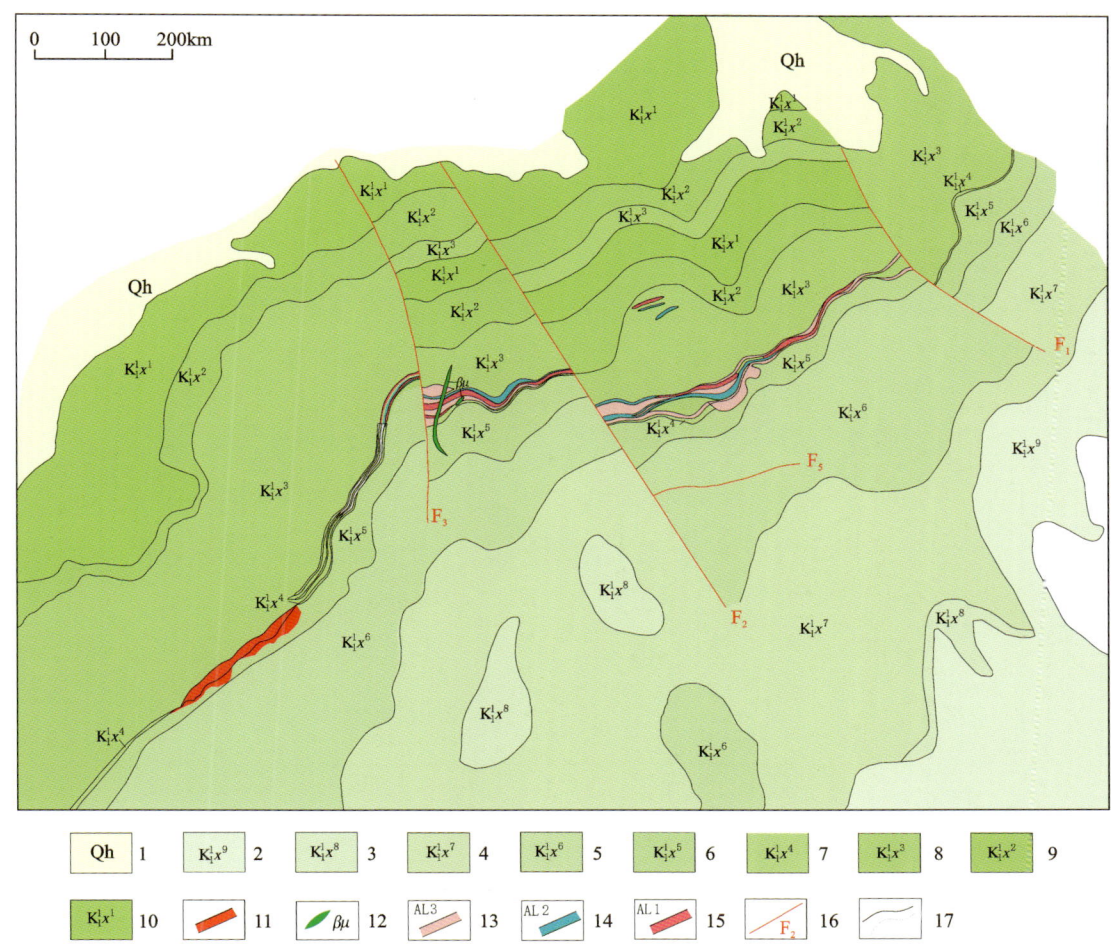

1.第四系浮土;2.含角砾熔结凝灰岩;3.晶屑凝灰岩;4.紫色凝灰岩;5.球状凝灰岩;6.紫红色、绿色凝灰岩;7.次生石英岩;8.叶蜡石化含砾晶屑凝灰岩;9.晶屑凝灰岩;10.叶蜡石化含砾晶屑凝灰岩;11.叶蜡石矿体;12.辉绿岩脉;13.表外级玻陶矿体;14.玻陶级矿体;15.耐材级矿体;16.断层及编号;17.实测推测地质界线。

图 4-12　上虞梁岙叶蜡石矿区地质略图(据陈龙等,2011 修改)

(二)构造

矿区位于梁岙破火山内,断裂构造发育,以北东—北北东向的压性断裂为主,并被北西向的张扭性断裂切割,沿断裂带或在火山构造中普遍有叶蜡石化、高岭石化和黄铁矿化蚀变。成矿与火山构造关系密切。

矿区构造形态较简单,以倾向 120°～160°,倾角 15°～40°的单斜构造和断裂为主,局部伴有平缓舒展的波状褶皱及挠曲。

矿区断裂构造主要表现为成矿期后的高角度平推断层,对矿体有一定的破坏。按照断裂方向可分为两组,即北西向和北东向。

(三)岩浆岩

矿区内仅见辉绿岩,呈脉状产出。多见于坑道和钻孔中,地表零星出露。辉绿岩常呈复脉出现,沿走向有分叉合并现象。脉最大厚度7m,最小厚度0.5m。其产状有两组:92°～110°∠75°～85°;240°～263°∠60°～88°。

近辉绿岩脉的矿体由于受黄铁矿化影响,铁的含量略有增高,脉岩影响矿体中铁含量增加的范围在0.5%～1.75%之间。

三、矿床地质特征

矿体赋存在梁岙破火山内,产于西山头组三段中上部含砾凝灰岩层的矿化带中(图4-13)。

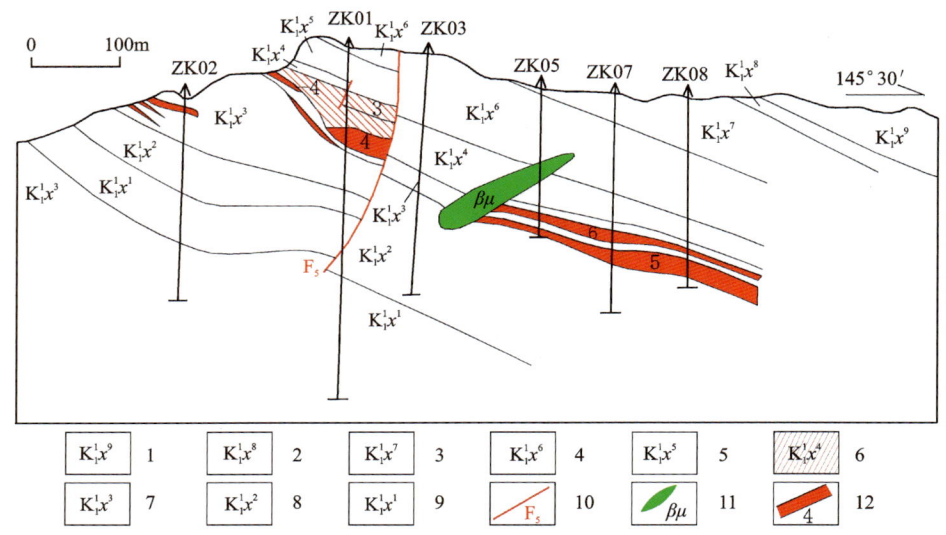

1.西山头组九段含角砾熔结凝灰岩;2.西山头组八段晶屑凝灰岩;3.西山头组七段凝灰岩;4.西山头组六段球状凝灰岩;5.西山头组五段凝灰岩;6.西山头组四段次生石英岩;7.西山头组三段含矿层;8.西山头组二段晶屑凝灰岩;9.西山头组一段含砾晶屑凝灰岩;10.断层及编号;11.辉绿玢岩;12.叶蜡石矿体及编号。

图4-13 上虞梁岙叶蜡石矿区0号勘探线剖面略图(据陈龙等,2011修改)

(一)矿化带特征

根据矿体赋存位置,矿化带可划分为上层矿化带和下层矿化带,两者间夹石为叶蜡石化含砾晶屑凝灰岩。上层矿化带呈层状,全长1295m,厚4.5～26m;下层矿化带呈似层状,最大长230m,厚1.23～20m。

(二)矿体特征

梁岙叶蜡石矿区可分为3个矿段,以北北东向F_3断层为界,断层以西为西矿段(即排山矿段),断层以东划分为南、北两个矿段。在上、下两层矿化带内分别圈出6个(1、2、3、5、7、8号)、2个(4、6号)共计8个工业矿体,其中1、2、3、4、7号矿体位于北矿段,5、6号矿体分布于南矿段(吴亚平等,1994),8号矿体位于西矿段。8个工业矿体呈似层状或透镜状产出,总体产状130°～140°∠20°～28°,与地层、矿化带产状基本一致,控制长58～350m不等,平均厚1.06～9.04m,最大延深350m(5、6号)。主要矿体特征详见表4-1。

表 4-1　上虞梁岙叶蜡石矿主要矿体特征表

矿体号	矿石品级	矿体形态	平均倾角/(°)	矿体长度/m	矿体厚度/m			矿体倾斜长度/m	
					最大	最小	平均	最大	最小
1	耐材级	似层状	28	170	12.65	1.15	3.88	240	170
	玻陶Ⅰ级	似层状	26	148	4.66	4.31	2.71	130	120
	玻陶Ⅱ级	似层状	28	148	5.05	2.42	3	200	140
2	玻陶Ⅱ级	透镜状	25	58	1.3	1.07	1.06	115	
3	耐材级	似层状	26	350	5.91	1.3	4.11	155	35
	玻陶Ⅰ级	似层状	24	78	4.13	1	2.05	120	
	玻陶Ⅱ级	似层状	20	322	7.5	1	2.24	98	45
4	耐材级	透镜状	25	230	13.5	1.23	4.21	168	100
5	一般工业	似层状	17	265	1	17.95	8.91	350	145
6	一般工业	似层状	16	316	1	16.75	9.04	350	185
7	耐材级	似层状	28	170	12.65	1.15	3.88	240	170
	玻陶	似层状	26	148	4.66	4.31	2.71	130	120
	低铝	似层状	28	148	5.05	2.42	3	200	140
8	一般工业	似层状	28	195	2.6	10.1	6.8	240	98

(三)矿石特征

矿石矿物主要为矿石中有用矿物,以叶蜡石、石英为主,含少量的水铝石、高岭石;有害矿物为黄铁矿、绢云母。

矿石的结构类型:耐材级矿石以含砾变余结构为主,次为变余碎屑状结构;玻陶级矿石以显微鳞片变晶结构、变余结构为主,次为含砾变余结构。

矿石的构造:耐材级矿石以含砾残余构造为主,次为条带状构造;玻陶级矿石以致密块状构造、条带状构造为主,少量为斑点状构造。

矿石主要化学成分含量。耐材级矿石 Al_2O_3 16.73%～17.11%、SiO_2 76.54%～78.02%、Fe_2O_3 0.13%～0.17%;玻陶Ⅰ级:矿石 Al_2O_3 28.82%～29.79%、SiO_2 61.09%～61.96%、Fe_2O_3 0.17%～0.24%;玻陶Ⅱ级:矿石 Al_2O_3 24.92%～26.56%、SiO_2 64.64%～67.25%、Fe_2O_3 0.16%～0.22%。

矿石类型可分为叶蜡石质叶蜡石、石英质叶蜡石、硬水铝石质叶蜡石、高岭石质叶蜡石等。

四、围岩蚀变

近矿围岩蚀变主要有次生石英岩化、叶蜡石化、绢云母化、黄铁矿化、高岭土化等,主要蚀变矿物在水平分布无规律,在其垂向上则显示一定的分带性,自上至下大致可分为石英相带、叶蜡石相带、绢云母-黄铁矿-石英相带。

五、矿床成因

前期成矿，随火山活动后，带来大量的 Si-Al 质热液，与围岩进行交代作用，蚀变形成了大面积的叶蜡石化及高岭土化。并在角砾凝灰岩顶部，原岩孔隙较大，裂隙发育，上覆紫绿色凝灰岩结构致密，形成了良好的盖层，有利于 Si-Al 质热液活动，在角砾凝灰岩的顶部受到了强烈的热液蚀变，形成了矿化带及其相伴生的次生石英岩。

后期由于南东东向及北北东向两组断裂构造的发育和辉绿岩脉的贯入，使 Si-Al 质热液再度活动，叶蜡石化和高岭土化再度发育。在矿化带中形成了矿化富集，在断层破碎带中也见有明显的叶蜡石化现象。

矿床成因类型：中低温火山热液交代型叶蜡石矿。

第五节　常山芳村叶蜡石矿床

常山芳村叶蜡石矿床位于常山县城北东 45°方向直距约 25km 处，行政区划隶属于大桥乡和金源乡管辖，分石马山、高山寺、赤山塘、乌石尖 4 个块段，总面积 16km²。区内为丘陵地形，有公路通浙赣铁路衢州站，交通尚便利。

一、区域地质背景

常山芳村叶蜡石矿床位于浙西火山喷发区常山-桐庐火山喷发带寿昌-柯桥火山喷发亚带，白菊花尖-九华山火山穹隆西南侧。大地构造位置处于扬子克拉通江山-平水弧盆系双溪坞岛弧内西南段。成矿区（带）位置属于玉山-杭州湾叶蜡石成矿带。

二、矿区地质特征

矿区位于球川-萧山断裂带上，区内北东向断裂发育，总体呈由一系列北东向断块组成构造带。赋矿岩系——青白口系河上镇群出露于矿区中心地带，总体呈北东向延伸的构造岩块（断隆）产出，两侧均为北东向断裂构造，断隆北西侧为南华系—奥陶系，南东侧主要为南华系和中生代火山岩系（郑兴泉等，1986；裘建国等，2012d）。

（一）地层

矿区地层分布在青白口系断隆岩块之上，与上墅组酸性火山岩密切相关。断隆总体呈一往北西向倾斜的单斜构造，出露地层为骆家门组、上墅组（图 4-14）。

1. 骆家门组

骆家门组主要出露于青白口系断隆岩块的南东缘，西南部出露于坞坑坞—濛桥村一带，东北部出露于石塘村高坞—荷坞—理蓬—金源乡金源村一带。下部为青灰色中—厚层状中砂岩-粉砂岩复理石建

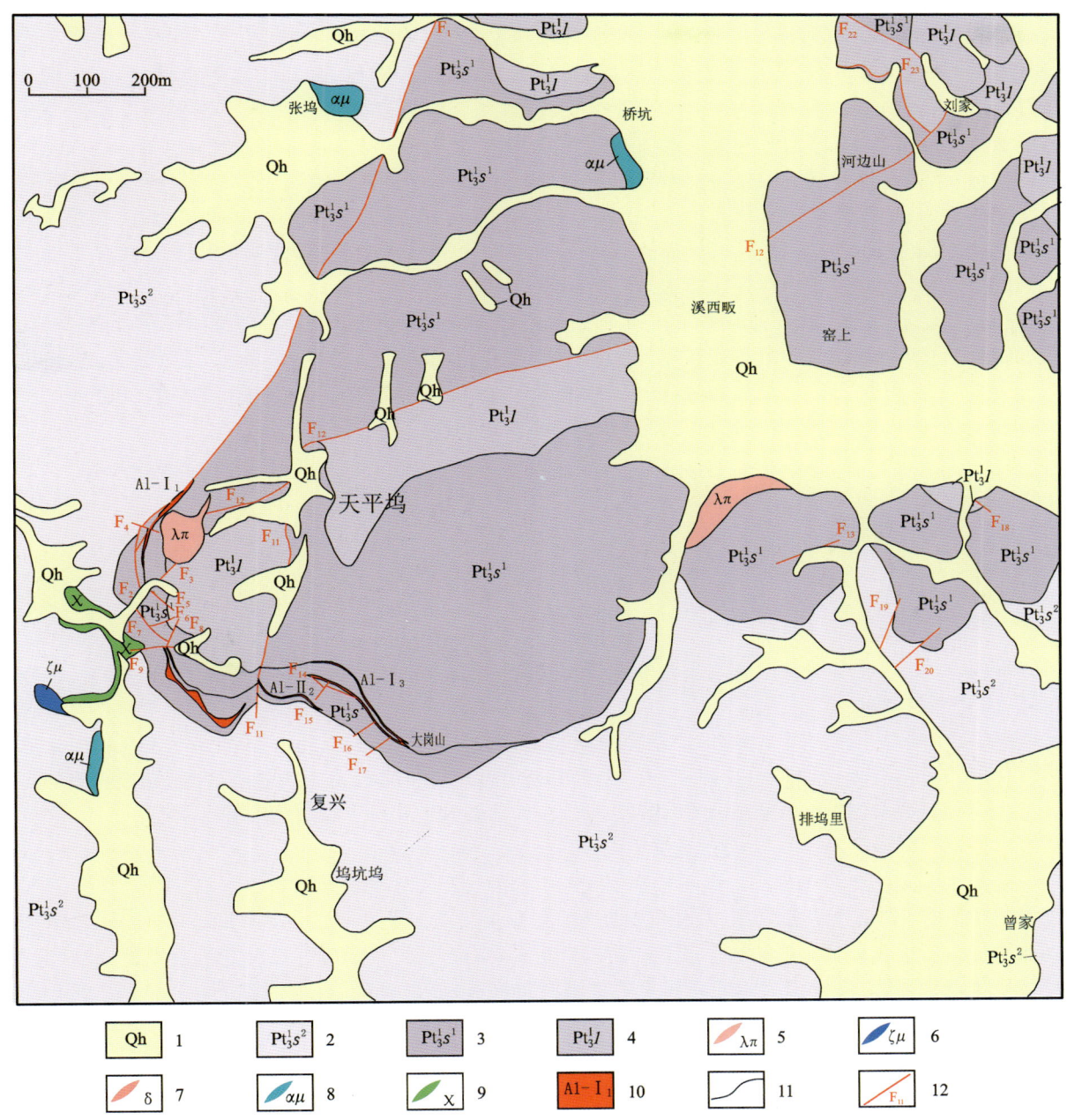

1.第四系;2.新元古界上墅组上段;3.新元古界上墅组下段;4.骆家门组;5.流纹斑岩;6.英安玢岩;7.闪长岩;8.安山玢岩;9.煌斑岩;10.矿体及编号;11.地质界线;12.实测正断层及编号.

图4-14 常山芳村叶蜡石矿区地质略图(据邓新根等,2007修改)

造,偶夹薄层状细砂岩-粉砂岩层,上部为青灰色中—薄层状细砂岩-粉砂岩复理石建造,水平微层理发育。在坞坑坞西侧沟谷该组上部可见两层厚约70cm的砾岩层,砾岩层垂向变化为细砂岩-中砂岩-含砾粗砂岩-砾岩(厚50cm)-含砾粗砂岩-中砂岩-细砂岩。该组砂岩泥质含量低、成熟度较高,韵律层发育,属浊积沉积的产物。厚度大于200m,未见底。

2. 上墅组

叶蜡石矿赋矿层位,根据岩性组合特征自下而上可进一步划分为两个岩性段,三者之间为整合接触关系(郑承锋,1993)。

上墅组第一岩性段：主要为紫红色沉角砾凝灰岩，局部夹紫红色凝灰质粉砂岩、细砂岩，偶夹30m流纹质晶屑玻屑凝灰岩、流纹岩，下部局部发育墨绿色安玄岩，顶部往往发育厚10～20m的紫红色凝灰质粉砂岩。岩石蚀变强烈，普遍发育强烈的叶蜡石化、硅化、绢云母化、高岭土化等，局部形成叶蜡石矿(化)体。岩石变形也较强烈，往往发育渗透性劈理，致使岩石普遍发生片理化。该岩性段厚度变化较大，为250～400m，与下伏虹赤村组呈整合接触关系。

上墅组第二岩性段：是叶蜡石主要赋矿层位，原岩主要为浅灰白色流纹岩，夹少量流纹质玻屑凝灰岩、凝灰质粉岩、硅质泥岩等。岩石蚀变强烈，普遍发育强烈的硅化、叶蜡石化、黄铁矿化，蚀变程度差异较大，硅化强烈时形成次生石岩，叶蜡石化强烈时则形成叶蜡石工业矿体，黄铁矿化主要发育于蚀变带中上部。该岩性段厚度与岩性变化较大，在赤山塘一带厚100～150m，以流纹岩为主，夹少量凝灰岩和凝灰质粉砂岩等；在河边山一带厚约300m，以流纹质玻屑凝灰岩、流纹岩为主，夹多层凝灰质粉砂岩，蚀变以高岭土化为主，硅化、叶蜡石化较弱；高山寺、石马山、上源岭一带厚约50m，以流纹岩为主，夹少量凝灰质粉砂岩、硅质泥岩、沉凝灰岩等，硅化、叶蜡石化、黄铁矿化强烈；邵家北侧该岩性段发育多层凝灰岩和球泡流纹岩，硅化强烈而叶蜡石化相对较弱，厚约100m。

（二）构造

矿区处于球川-萧山断裂带中，北东向褶皱和断裂构造极为发育。

1. 褶皱

芳村南华系—奥陶系断裂为一北东走向的向斜构造，向斜核部最高层位为上奥陶统长坞组，最低层位为下南华统志棠组。

总体呈一倾向北西的单斜构造，产状较稳定，倾向北西，倾角一般在20°～50°之间，发育轴面渗透性劈理（片理），大部分地区层理与片理平行。在赤山塘—桥坑一带发育不完整的小型向斜构造，核部出露地层为上墅组第三岩性段千枚岩、片理化凝灰质页岩，轴面倾向仍为北西，倾伏方向为北东。

2. 断裂

矿区断裂构造较为发育，主要为北东向断裂，次为北北东向断裂和北西向断裂。其中 F_1 是本区的主干断裂构造，规模较大，长千余米，走向北东40°左右，倾向南东，倾角75°～84°，断面光滑，波状起伏，为压扭性断层。其次尚发育为本断层派生的次级断裂构造，但其规模均较小。

（三）岩浆岩

区内岩浆活动以新元古界上墅期火山活动和后期岩脉较发育为特征，分布于区内的岩浆岩主要为安山玄武岩、安山玢岩、英安斑岩、闪长岩、流纹岩和流纹斑岩等，其中流纹斑岩规模最大，呈小型岩株和脉岩状产出，其余岩浆岩均呈脉状产出。矿区叶蜡石矿化与流纹斑岩的侵入关系较密切，岩体本身同时也遭受蚀变，成为次生石英岩化、绢云母化流纹斑岩。

三、矿床地质特征

（一）矿化蚀变带特征

芳村叶蜡石矿矿化蚀变带呈带状分布，总体走向北东40°左右，主要分布于赤山塘—高山寺—石马

第四章 浙江典型叶蜡石矿床

山—上源岭一带,断续延伸长度约 6km,出露宽度 30~150m 不等,一般宽度在 30~50m 之间,出露最宽处在赤山塘—桥坑一带,其矿化蚀变流纹岩的宽度在 100~150m 之间。矿化蚀变带主要受上墅组第二岩性层位控制。

(二)矿体地质特征

矿化多呈似层状,部分呈透镜状,个别呈团块状。矿体长 20~500m,厚 2~30m,各矿体规模差异悬殊。

Ⅰ号矿体,呈透镜状、似层状,赋存标高 130~310m,平面形态似不规则水滴状,西北方向最大长约 600m,最大宽约 460m,最大控制斜深 300m。矿体产状:北部 115°~168°∠30°~57°,南部 15°~50°∠20°~40°。矿体北部平均厚 3.72m,南部平均厚 4.33m。矿体具膨胀、收缩、尖灭、再现等特征。

Ⅱ号矿体,赋存标高 158~247m,似层状,长约 200m,宽 40~90m,控制最大斜深 150m,平均厚 3.95m。矿体产状倾向北东,倾角 27°,并具膨胀、收缩、尖灭、再现等特征(图 4-15)。

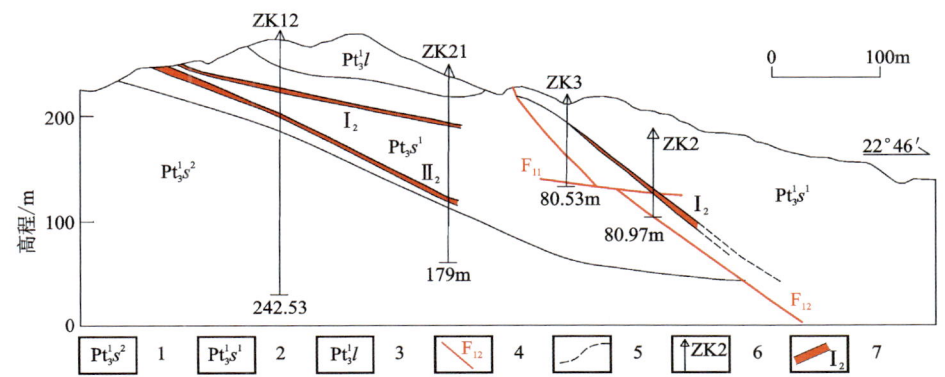

1.新元古界上墅组上段;2.新元古界上墅组下段;3.新元古界骆家门组;4.断裂及编号;5.推测地质界线;6.钻孔及编号;7.矿体及编号。

图 4-15 常山芳村叶蜡石矿区(赤山塘矿段)10 号勘探线剖面图(据郑兴泉等,1984 修改)

(三)矿石特征

矿石矿物以叶蜡石为主,次要矿物为白云母、石英、高岭土、地开石、水云母和少量滑石、水铝石等(图 4-16、图 4-17)。含铁矿物以黄铁矿为主,次为微量的白钛石、锆石、钛磁铁矿、菱铁矿和褐铁矿等。

矿石结构主要呈显微鳞片变晶结构、显微鳞片花岗变晶结构(图 4-18),矿石构造以片理、叶片状构造为主,其次为致密块状、变余含砾构造。

矿石主要化学成分以 SiO_2 和 Al_2O_3 为主,二者占 84% 以上,其次为 Fe_2O_3、K_2O、Na_2O、CaO、MgO、Ti_2O 等。矿石主要有益组分含量 Al_2O_3 18.13%~24.81%;主要有害组分 Fe_2O_3 和 TiO_2 含量分别为 0.49%~0.88% 和 0.30%~0.35%。主要矿段化学成分见表 4-2。

图 4-16 常山芳村叶蜡石矿石特征

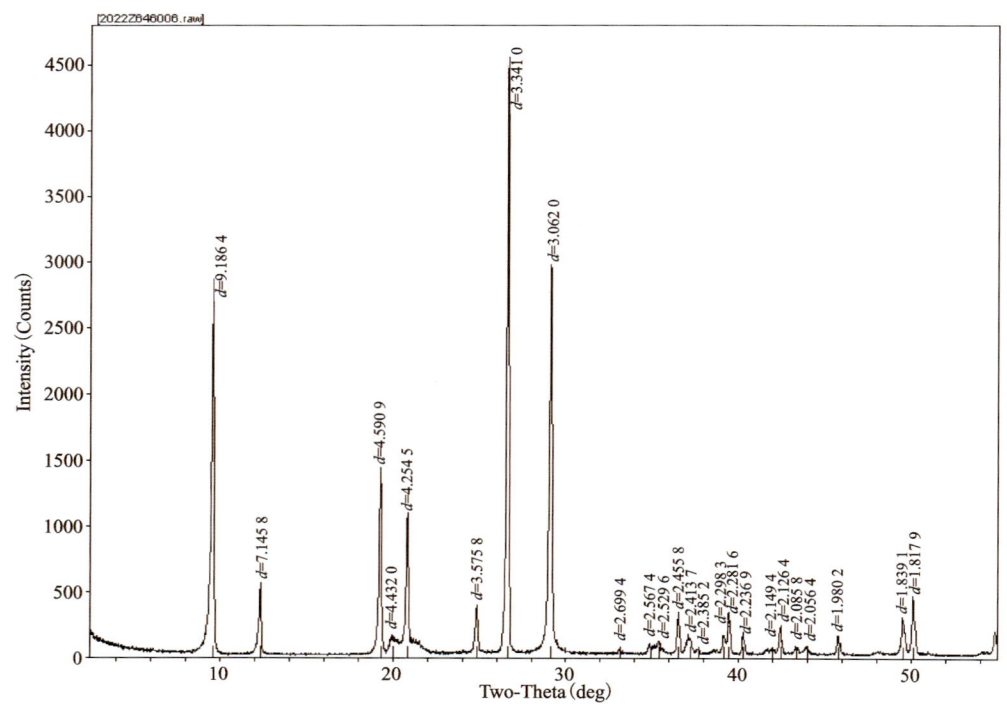

矿物成分：叶蜡石52%、石英41%、高岭石7%。

图 4-17　常山芳村赤山塘叶蜡石 XRD 图谱

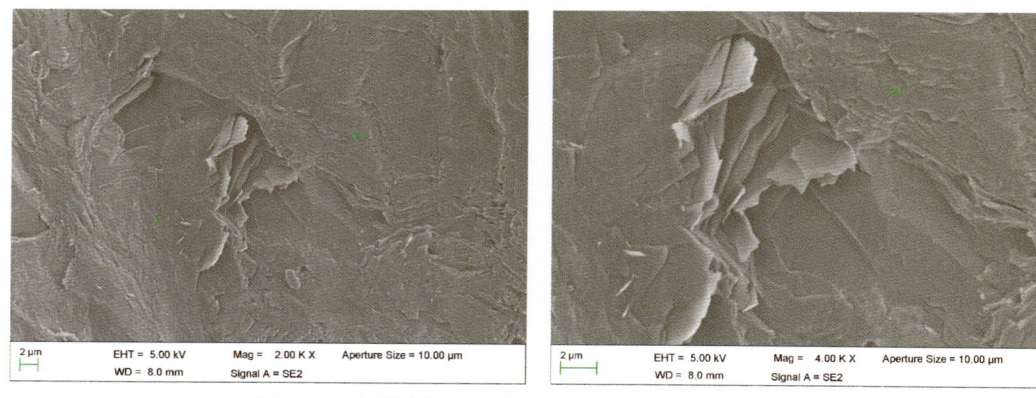

图 4-18　扫描电镜照片叶蜡石(Prl)、高岭石(A)×2000

表 4-2　常山芳村叶蜡石矿各矿体化学成分一览表

单位：%

矿床名称	矿段名称	矿体编号	主要成分						
			SiO_2	Al_2O_3	Fe_2O_3	K_2O	Na_2O	TiO_2	LOI
芳村叶蜡石矿	赤山塘矿段	Ⅰ	69.79	22.26	0.93	0.05～7.94	0.04～0.49	0.30	2.78～7.23
		Ⅱ	69.42	21.52	1.21			0.28	

矿石类型有绢云母质叶蜡石、地开石质叶蜡石、含石英质叶蜡石、石英质叶蜡石、高岭石质叶蜡石等。

四、围岩蚀变

区内围岩蚀变强烈,以硅化、叶蜡石化、绢云母化为主,其次有高岭石化、碳酸盐化、滑石化、黄铁矿化、赤铁矿化和褐铁矿化等。上述蚀变中,硅化、叶蜡石化、黄铁矿化、绢云母化与叶蜡石矿关系较为密切。

五、矿床成因

矿床成因类型:区域变质热液交代型叶蜡石矿床。

第六节 瑞安后坑叶蜡石高岭石矿床

瑞安后坑叶蜡石高岭石矿床地处瑞安市区 252°直距 30km 处,行政区划隶属于平阳县水头镇和瑞安市马屿镇管辖,矿区面积 5.27km²。区内有一条县级公路(平鹤公路)经过,往南约 10km 至鹤溪镇后与 S57 省道相连接,向北约 10km 至平阳坑与 S56 省道相连接,交通比较便利。

一、区域地质背景

瑞安后坑叶蜡石高岭石矿床位于东南沿海弧盆系,浙东火山喷发区温州-舟山火山喷发带景宁-天台火山喷发亚带,文成-泰顺-三门街 V 型火山构造洼地东缘,马屿塌陷型破火山的西南部。大地构造位置位于华夏造山系东部浙东陆缘弧泰顺-宁波陆缘弧南端内。成矿区(带)位置属于浙闽粤沿海叶蜡石成矿带。

二、矿区地质特征

(一)地层

区内出露的地层自下而上分别为下白垩统西山头组、九里坪组(图 4-19),其岩性、产状、分布等特征如下。

西山头组岩性为英安质玻屑凝灰岩,以浅灰色为主,或略带其他颜色,玻屑凝灰结构,块状构造。岩石由玻屑、少数晶屑、个别岩屑等组成,为火山灰所胶结。玻屑形态已不太清晰,多数都已脱玻变为霏细状长英质集合体,局部地方隐约可见。岩石蚀变以黏土化为主,局部有大量黄铁矿颗粒流失而留下空洞。

九里坪组根据其岩性、蚀变特征不同,分为 4 个岩性段。

九里坪组第一岩性段:岩性为绢云母化流纹(斑)岩,以灰色浅灰色为主,局部略带紫色,霏细结构,流纹构造、块状构造。斑晶成分以长石为主,基质由长石和石英组成,少量出现金属矿物、锆石、磷灰石。

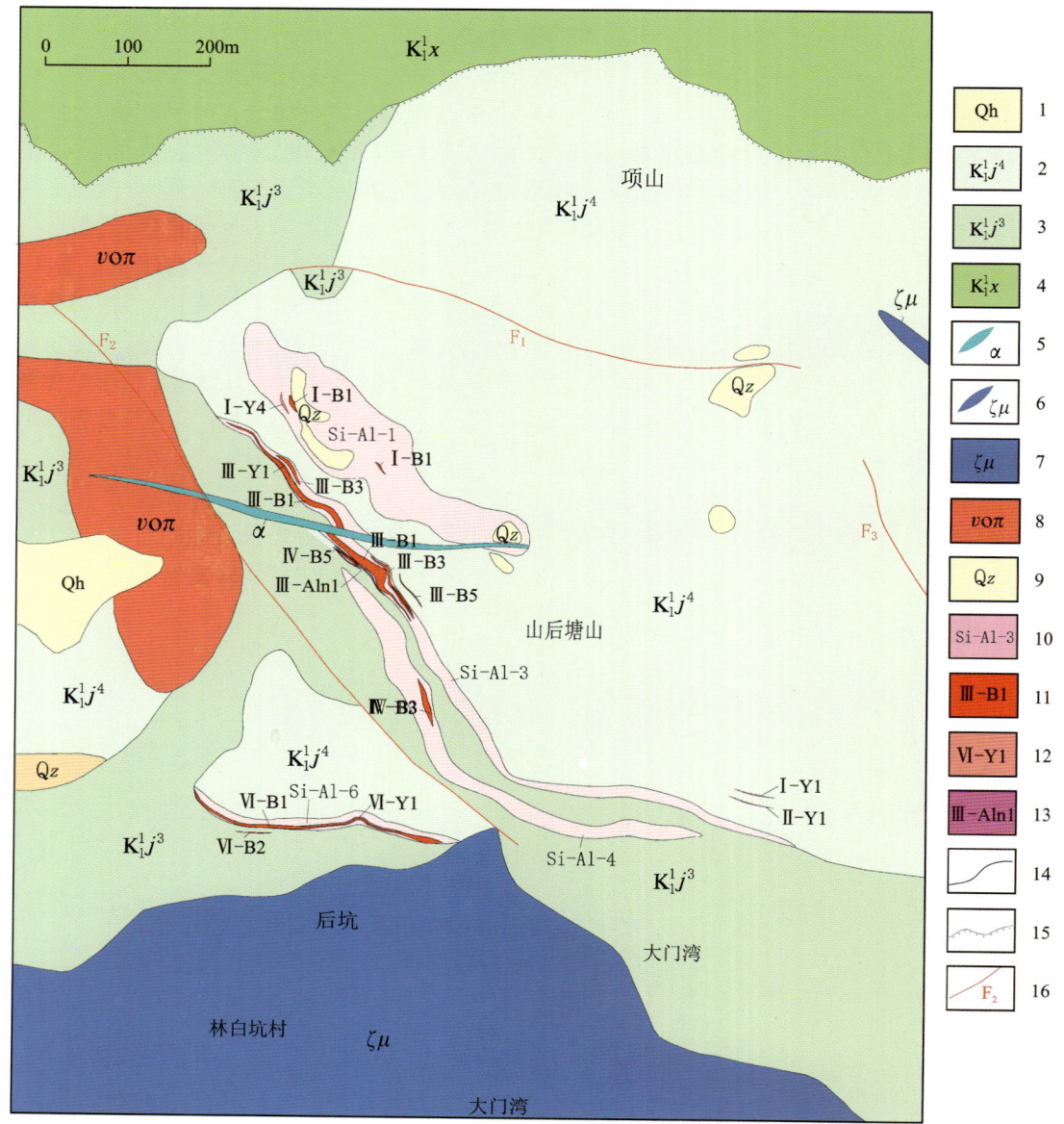

1.第四系;2.九里坪组第四段流纹(斑)岩;3.九里坪组第三段流纹岩;4.西山头组英安质玻屑凝灰岩;5.安山岩脉;6.英安玢岩脉;7.英安玢岩;8.石英霏细斑岩;9.生石英岩;10.硅铝蚀变带及编号;11.叶蜡石高岭石矿体(玻璃纤维)及编号;12.叶蜡石矿体(陶瓷)及编号;13.明矾石矿体及编号;14.地质界线;15.地层不整合接触界线;16.断裂及编号。

图 4-19 瑞安后坑叶蜡石矿区地质略图(据缪仁谷等,2021 年修改)

岩石个别地方有碎裂,裂隙内有氧化铁充填。在底部岩石比较破碎。

九里坪组第二岩性段:岩性为高岭土化流纹岩,土黄色、黄褐色,霏细结构,流纹构造、土状至半块状构造。岩石风化相当强烈。蚀变以高岭土化为主,高岭土呈乳白色,团块状或细小条带状不规则分布。

九里坪组第三岩性段:岩性为硅化流纹(斑)岩,浅灰色、浅灰紫色、灰色或略带其他颜色,局部有褐红色斑块或网脉,霏细结构、变余斑状结构,块状构造、流纹构造;成分主要由他形长英质矿物颗粒集合体组成,颗粒细小(<0.02mm),之间界线模糊,石英多呈霏细状质点出现,见极少量斜长石斑晶,黏土化严重,仅保留假象。局部发生重结晶,重结晶现象有两种类型:一种是他形长石、石英颗粒镶嵌在一起,形成不规则团块;另一种是石英沿着被铁质充填的裂隙生长,呈放射状、球粒状,可见扇形消光。岩石蚀变强烈,蚀变类型有硅化、高岭石化、绢云母化、明矾石化,局部具黄铁矿化。

九里坪组第四岩性段:为主要成矿原岩。岩性为硅化绢云母化流纹(斑)岩,以浅灰色为主,略带其他颜色,霏细结构,块状构造,局部可见流纹构造;成分颗粒细小并大部分被次生矿物交代。在中部下山南部及西部有少量的流纹质晶屑凝灰岩分布,浅灰色,风化后呈褐黄色,碎屑凝灰结构,块状构造。晶屑以长石为主,自型—半自型粒状,粒径在1mm左右,含量约20%,胶结物为火山灰或玻屑;岩石黏土化较强。岩石蚀变比较强烈,蚀变类型以硅化、绢云母化、高岭石化、叶蜡石化为主,蚀变程度不均匀,局部在下部高岭土化很强,并在其下部形成似层状的高岭石叶蜡石矿化带或孤岛状次生石英岩。

(二)构造

矿区构造以北西向断裂构造为主,其次为近东西向断裂。断裂构造形成时间较晚,对次生石英岩化蚀变体边部有一定的破坏性,但对于主矿体内部并没有造成破坏,仅在矿体边深部倾向上造成不连续。

(三)侵入岩

区内岩浆活动强烈,侵入岩分布广,种类有潜火山岩体、岩脉等;岩性有斜长霏细斑岩、英安玢岩、安山岩、辉绿玢岩等。

三、矿床地质特征

(一)矿体特征

矿体赋存在下白垩统九里坪组第四岩性段流纹(斑)岩中,总体产状比较稳定,总体走向北西,倾向40°左右,倾角15°~25°。共圈定的叶蜡石高岭石(玻璃纤维矿石)矿体有13个,其中3个主矿体特征分述如下:

Ⅲ-B1号矿体呈层状、似层状分布。地表出露走向长约400m,深部沿倾向宽度200~280m,总体产状40°∠15°~25°。顶板岩石为次生石英岩、黄铁矿次生石英岩,底板岩石为蚀变流纹(斑)岩、明矾石化流纹(斑)岩。矿石类型以硬质高岭土为主,次为石英质叶蜡石、高岭石质叶蜡石。矿石颜色以白色、浅灰色为主,局部略带浅紫色,蜡状光泽或稍具蜡状光泽,鳞片变晶结构,块状构造(图4-20),矿物成分以高岭石、叶蜡石、地开石、石英等为主。矿石有用组分含量 Al_2O_3 14.06%~18.77%,平均16.67%,变化系数8.49%;SiO_2 73.65%~79.29%,平均76.45%,变化系数2.23%,矿石有用组分分布均匀稳定。矿石主要有害组分含量 Fe_2O_3 0.05%~0.79%,平均0.32%,变化系数48.98%;$R_2O(K_2O+Na_2O)$ 0.03%~0.49%,平均0.13%,变化系数79.03%,矿石有害组分平均含量较低,相对变化较大,分布不均匀。

Ⅳ-B1号矿体呈似层状、条带状分布。走向长200~300m,矿体走向延伸较好,倾向上延伸不连续,总体产状40°∠17°,顶板岩石为次生石英岩、绢英岩化流纹岩,底板岩石为明矾石化流纹岩、绢云母化流纹岩。矿石类型以高岭石质叶蜡石、含石英质叶蜡石为主,次为硬质高岭土。矿石颜色以白色、浅灰色为主,局部略带浅紫色,蜡状光泽或稍具蜡状光泽,鳞片变晶结构,块状构造,矿物成分以叶蜡石、高岭石、石英等为主。矿石有用组分含量 Al_2O_3 12.72%~17.52%,平均15.75%,变化系数9.82%;SiO_2 74.62%~81.15%,平均77.43%,变化系数2.87%,矿石有用组分分布均匀稳定。矿石主要有害组分含量 Fe_2O_3 0.29%~0.55%,平均0.41%,变化系数21.44%;$R_2O(K_2O+Na_2O)$ 0.05%~0.34%,平均0.13%,变化系数64.25%,矿石有害组分平均含量较低,相对变化较大,分布不均匀。

a.含矿岩层露头；b.叶蜡石矿体露头；c.叶蜡石矿心；d.差热分析图
图4-20 瑞安后坑叶蜡石矿石特征

Ⅵ-B1号矿体呈层状、似层状分布。矿体走向长约300m，走向延伸较稳定，西侧延伸至勘查区外，东侧尖灭至岩体；倾向延伸约150m，总体产状40°∠15°。顶板岩石为次生石英岩、绢英岩化流纹岩，底板岩石为蚀变流纹岩。矿石类型以地开石质叶蜡石为主，次为硬质高岭土、含石英质叶蜡石。矿石颜色以白色、浅灰色为主，局部略带浅紫色，蜡状光泽或稍具蜡状光泽，鳞片变晶结构，块状构造，矿物成分以叶蜡石、地开石、高岭石、石英等为主。矿石有用组分含量 Al_2O_3 14.65%～23.28%，平均17.20%，变化系数16.18%；SiO_2 67.60%～78.70%，平均75.42%，变化系数4.49%，矿石有用组分分布均匀稳定。矿石主要有害组分含量 Fe_2O_3 0.11%～0.46%，平均0.24%，变化系数51.60%；$R_2O(K_2O+Na_2O)$ 0.05%～0.40%，平均0.16%，变化系数72.56%，矿石有害组分平均含量较低，相对变化较大，分布不均匀。

（二）矿石特征

矿物成分以石英、高岭石（地开石）、叶蜡石为主，少量绢云母、伊利石、刚玉、水铝石、绿泥石、钾长石、斜长石等，极少量褐铁矿、重晶石、针柱状夕线石、明矾石。

矿石结构以隐晶质结构、隐晶质-纤维鳞片状结构、晶粒结构、显微鳞片变晶结构为主，矿石构造以块状构造、条带状构造为主（图4-21），局部具变余流纹构造、气孔构造。

矿石主要化学成分：SiO_2 含量64.42%～83.20%，平均76.40%；Al_2O_3 含量12.23%～25.11%，平均16.32%；Fe_2O_3 含量0.03%～0.99%，平均0.41%；TiO_2 含量0.12%～0.58%，平均0.28%；K_2O 含量0.006%～5.500%，平均小于0.87%；Na_2O 含量0.002%～0.490%，平均小于0.065%；LOI 1.97%～9.86%，平均4.91%。

第四章 浙江典型叶蜡石矿床

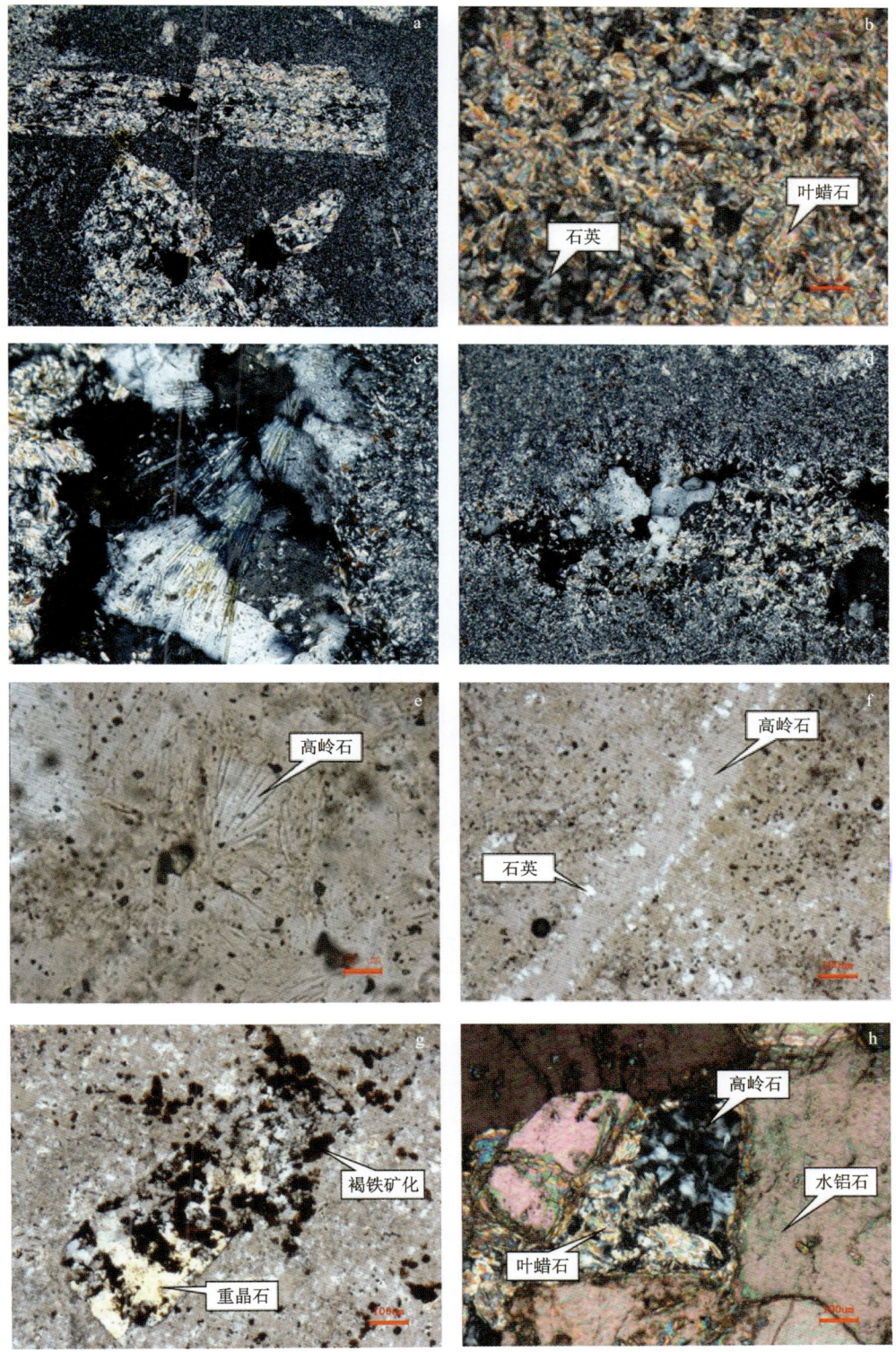

a.叶片状、放射状叶蜡石集合体（聚集成板柱状长石假象，可能为交代原长石斑晶所致）；b.放射状叶蜡石；c.针柱状夕线石；d.重结晶石英颗粒；e.放射状高岭石；f.脉状高岭石（脉状核部为高岭石，边部为石英）；g.板状重晶石（交代残余结构，还可见星点状的褐铁矿化）；h.叶蜡石和高岭石（分布于水铝石间隙中）。

图4-21 瑞安后坑叶蜡石、高岭石矿石镜下特征

按工业用途,玻璃纤维用矿石,其化学成分特征如下。矿石主要化学成分:SiO_2含量65.30%~83.20%,平均76.45%;Al_2O_3含量12.45%~25.11%,平均16.52%;Fe_2O_3含量0.03%~0.80%,平均0.30%;TiO_2含量0.16%~0.53%,平均0.27%;K_2O含量0.006%~0.820%,平均小于0.09%;Na_2O含量0.002%~0.280%,平均小于0.043%;LOI 2.42%~8.80%,平均5.59%。

矿石类型有硬质高岭土、含石英质叶蜡石、石英质叶蜡石、地开石质叶蜡石、绢云母质叶蜡石5种。

四、围岩蚀变及分带性

区内围岩"次生石英岩化"蚀变强烈,主要类型有硅化、叶蜡石化、伊利石化、高岭石化、明矾石化、绢云母化、黄铁矿化、绿泥石化、碳酸盐化等,蚀变强者形成相应矿体。不同蚀变类型的分布具有一定的规律,即具有一定的垂直分带现象,自上而下可分为3个相带(图4-22)石英-高岭石-叶蜡石相带、石英-明矾石相带、绢云母-黄铁矿相带。

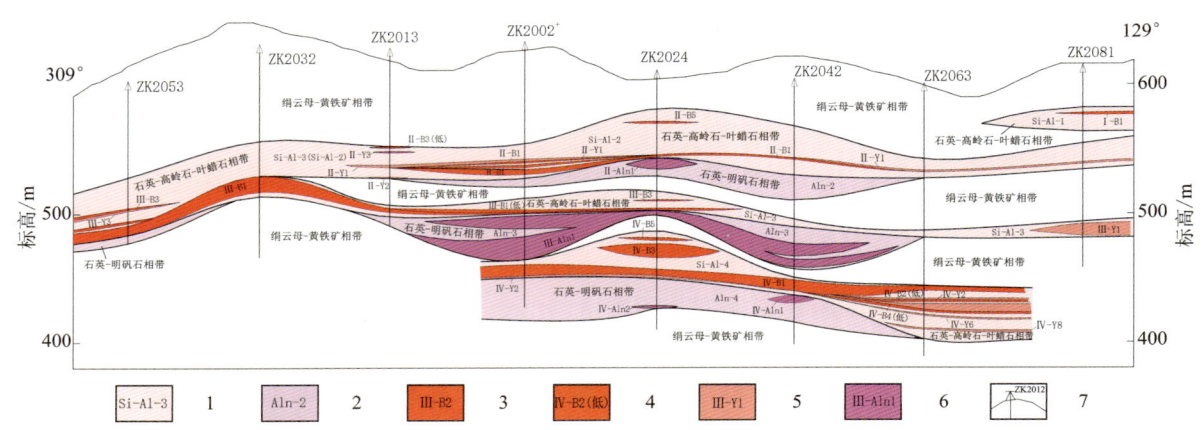

1.硅铝蚀变带及编号;2.明矾石蚀变带及编号;3.叶蜡石高岭石矿体(玻璃纤维)及编号;4.低品位叶蜡石高岭石矿体(玻璃纤维)及编号;5.低品位叶蜡石矿体(陶瓷)及编号;6.明矾石矿体及编号;7.钻孔位置及编号。

图4-22 瑞安后坑叶蜡石高岭石矿区垂向蚀变分带图(据缪仁谷等,2021)

五、矿床成因

根据矿床总体特征分析,认为在成矿早期,大气降水经深部循环升温,同时与火山喷气中的SO_2作用形成H_2SO_4。在南部次火山岩体英安玢岩和北西部斜长霏细岩体深部所携带的热液驱动下,酸性还原性流体(大量的黄铁矿晶体颗粒表明当时为还原环境)沿(次级)断裂构造上升,淋滤了九里坪组流纹岩中的碱金属及碱土元素,因K^+、Na^+较为活泼,便率先和热液中的H_2SO_4作用生成明矾石,随后生成黄铁矿、叶蜡石等高硫蚀变矿物。成矿晚期,随着流体温度的进一步下降和H^+的逐渐消耗减少,导致成矿环境逐渐演变为微酸性氧化环境,富含水和铝硅酸盐矿物的流体蚀变交代酸性火山岩生成高岭石族矿物。在此蚀变过程中析出了大量的游离态SiO_2,这些SiO_2随流体向周围运移过程中,由于温度和压力的降低而结晶析出,这可能是矿区广泛发育容矿次生石英岩硅帽的重要原因。

矿床成因类型:中低温火山热液交代型高岭石叶蜡石矿床。

第七节 宁海深圳叶蜡石矿床

宁海深圳叶蜡石矿床位于宁海县 330°方向,直距 14km 处,行政区划隶属于深圳镇与凤潭乡管辖,矿区面积 21km²。矿区地处浙江东南沿海天台山脉东麓余脉,以低山丘林地貌为主。矿区有公路连接至宁波、杭州等地,矿区北东 20km 有散货卸装码头,经象山港可运抵省内外各沿海城市。

一、区域地质背景

宁海深圳叶蜡石矿床位于浙东火山喷发区温州-舟山火山喷发带浙东沿海火山喷发亚带,小将火山穹隆北侧,香山火山穹隆东侧。大地构造位置位于华夏造山系浙东陆缘弧泰顺-宁波陆缘弧北端。成矿区(带)位置属于浙闽粤沿海叶蜡石成矿带。

二、矿区地质特征

(一)地层

矿区主要出露地层为下白垩统西山头组火山碎屑岩(图 4-23),可分为 5 个岩性段。地层以单斜构造为主,中部、北部地层倾向南南东,倾角较平缓,一般 15°～35°,南部地层倾向北东或北北东,倾角 15°～37°(裘建国等,2012a)。

西山头组第一岩性段:中下部为流纹质晶屑玻屑熔结凝灰岩,上部为流纹质含角砾多屑熔结凝灰岩,顶部为凝灰质粉砂岩、含火山泥球沉凝灰岩。

西山头组第二岩性段:中下部为深灰色流纹质晶屑凝灰岩、流纹质晶屑玻屑强熔结凝灰岩、英安质晶屑玻屑熔结凝灰岩,以紫红色"球团状""拉长状"熔结条带为特征;上部为流纹质含角砾晶屑玻屑熔结凝灰岩;顶部为凝灰质粉砂岩、砂岩、沉凝灰岩、玻屑凝灰岩等构成的韵律层。

西山头组第三岩性段:岩性主要为流纹质晶屑玻屑熔结凝灰岩,以含肉红色长石晶屑为特征,局部地段晶屑颗粒较粗大。

西山头组第四岩性段:是矿区蚀变带和矿体赋存层位。岩性主要有浅灰色流纹质含角砾晶屑玻屑弱熔结凝灰岩、流纹质多屑熔结凝灰岩,其次为英安质含角砾晶屑玻屑熔结凝灰岩,夹薄层状沉凝灰岩。角砾含量多、碎屑成分较杂,并具轻微叶蜡石化、绢云母化、高岭土化等是本岩性段的主要特点。

西山头组第五岩性段:主要岩性为深灰色或灰色流纹质晶屑玻屑弱熔结凝灰岩,假流纹构造发育,含长石、石英晶屑为主要特征。

(二)构造

矿区构造形态以断裂为主体,发育北东向和北西向两组,其中 F_1 北东向断裂是区内主要的控矿容矿构造。F_1 断裂位于矿区北部,发育在西山头组第四岩性段与第五岩性段的接触部位,控制长约 480m,北段走向 50°,往南转为 30°～35°,倾向南东,倾角 39°～73°,破碎带宽 3～21m,呈张扭性,上盘向南西方向滑移,破坏了 Ⅱ-7 号矿体的连续性。

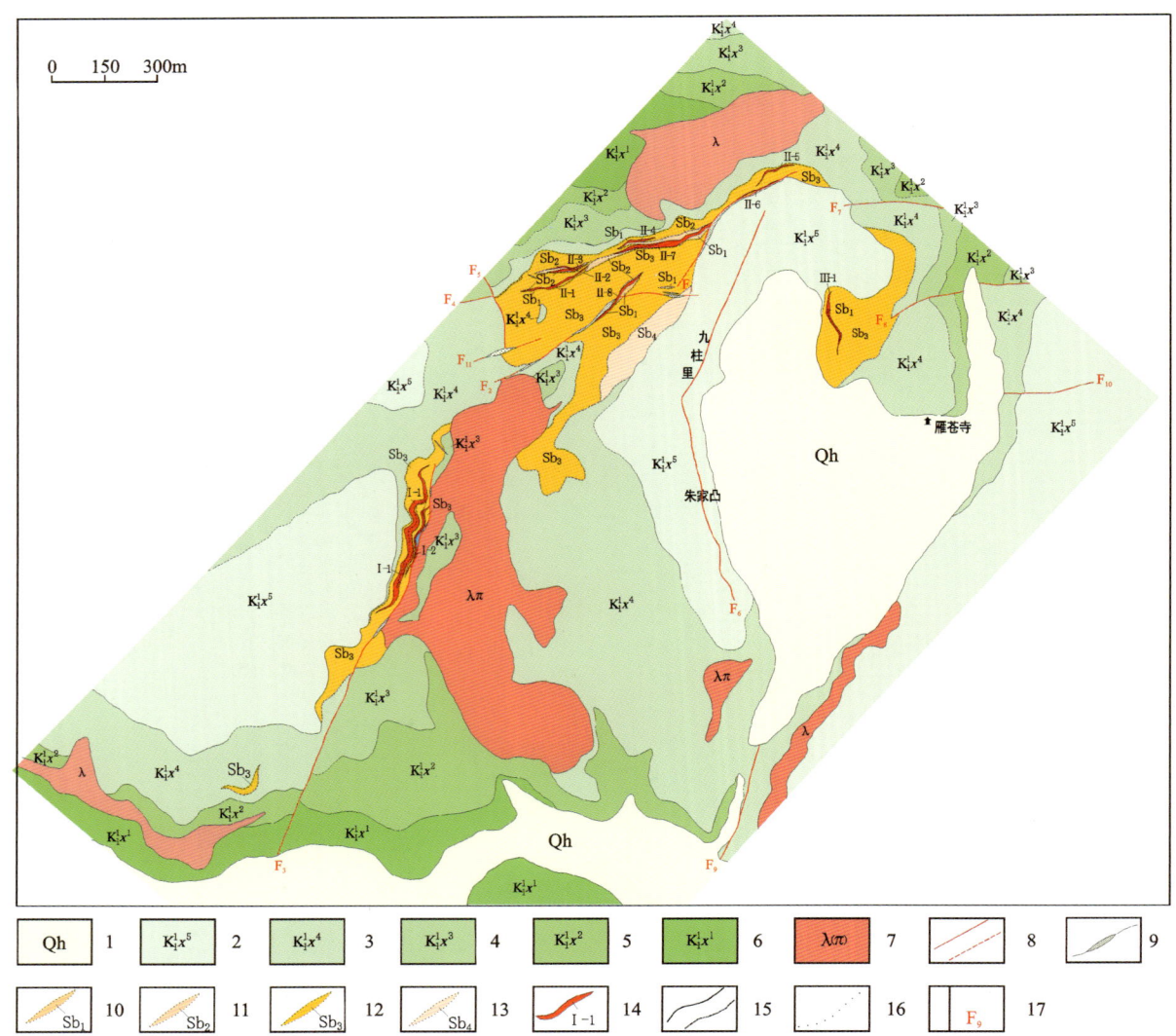

1.第四系；2.西山头组第五岩性段；3.西山头组第四岩性段；4.西山头组第三岩性段；5.西山头组第二岩性段；6.西山头组第一岩性段；7.潜流纹(斑)岩；8.性质不明断层及推测断层；9.断层破碎带；10.叶蜡石石英岩亚带；11.绢云母叶蜡石石英岩亚带；12.绢云母石英岩亚带；13.绢云母蚀变岩亚带；14.叶蜡石矿体及编号；15.实测及推测地质界线；16.矿化蚀变带界线；17.断裂及编号。

图 4-23 宁海深圳叶蜡石矿区地质略图(据乐振卿等,1987 修改)

（三）岩浆岩

区内燕山晚期次火山岩较发育，呈小岩枝状、似层状及脉状产出，主要岩性为流纹斑岩。围岩蚀变强烈，大部已被蚀变成以叶蜡石、绢云母、石英为主要矿物成分蚀变岩。

三、矿床地质特征

（一）矿体地质特征

叶蜡石矿体赋存于西山头组第四岩性段火山碎屑岩蚀变带内，呈似层状产出，地表呈条带状，倾角变化在 12°~36°之间。深圳叶蜡石矿床可分为 3 个矿段:矿区中部的避火尖矿段(Ⅰ)、北部的关纪矿段(Ⅱ)和雁仓寺矿段(Ⅲ),3 个矿段共圈定 11 个矿体,分别产出于不同的蚀变亚带中。避火尖矿段(Ⅰ):由 2 个平行矿体组成,地表间距 4~20m,长 221.5~455m,最大延深 65m,平均厚 3.31~5.08m,矿段 Al_2O_3 平均含量 15.91%,Fe_2O_3 平均含量 0.74%。关纪矿段(Ⅱ):由 8 个矿体组成,矿段 Al_2O_3 平均含量 16.03%,Fe_2O_3 平均含量 0.84%。

其中Ⅱ-7 号矿体为主矿体,出露长 299m,最大延深 75.50m,平均厚 6.90m;其他 7 个矿体长 114~205m,平均厚度 2.40~4.18m。

雁仓寺矿段(Ⅲ):含 1 个矿体,出露长 172.50m,平均厚 2.88m,Al_2O_3 平均含量 16.04%,Fe_2O_3 平均含量 0.57%。

(二)矿石特征

矿石的矿物成分主要有叶蜡石、绢云母、石英,其次为少量蒙脱石、伊利石、高岭石、水(白)云母、明矾石、地开石,微量刚玉、黄玉、水铝石。主要含铁钛矿物有黄铁矿、钛铁矿、白钛矿、镜铁矿、毒砂等。

矿石呈显微鳞片变晶结构、显微均粒鳞片变晶结构和变余凝灰结构,致密块状、条带状和交代残余构造。矿石类型有叶蜡石型、绢云母-叶蜡石型,矿石主要有益及有害组分平均含量:Al_2O_3 16.12%(14.54%~25.21%)、SiO_2 75.50%(53.74%~84.00%),总体为高硅低铝型矿石。

四、围岩蚀变

矿区中低温火山热液蚀变岩十分发育,西山头组第四岩性段岩石大部已被蚀变成以叶蜡石、绢云母、石英为主要矿物成分的蚀变岩。根据蚀变带中的蚀变矿物含量、组合特征及空间分布可进一步划分成 4 个蚀变亚带。

叶蜡石石英岩亚带:岩石呈灰白—白色,具显微鳞片变晶结构,以块状构造为主,少量条带状构造。岩石较软,半蜡状光泽。矿物成分以叶蜡石、石英为主,前者含量一般为 40%~50%,绢云母含量小于 20%。

叶蜡石绢云母石英岩亚带:岩石呈灰色,微带绿黄色,具显微均粒变晶结构、显微鳞片变晶结构,块状构造及条带状构造。岩石较硬,弱蜡状光泽。矿物成分以石英为主,其含量一般为 50%,叶蜡石、绢云母含量均小于 30%。

绢云母石英岩亚带:岩石呈浅黄绿色,具显微鳞片变晶结构及变余凝灰结构,块状构造,半丝绢光泽,岩石较软,矿物成分以绢云母、石英为主,前者含量占 30%~40%,后者占 40%~50%,叶蜡石含量大多小于 20%。

绢云母蚀变岩亚带:岩石呈浅黄绿色,具变余凝灰结构,块状构造和交代残余构造,岩石硬度较低,蚀变矿物以绢云母为主,占 20%~30%,原岩成分以晶屑及岩屑、角砾为主。

五、矿床成因

矿床成因类型为中低温火山热液交代型矿床(乐振卿等,1990)。

第八节　青田周村叶蜡石矿床

青田周村叶蜡石矿床位于青田县城 227°直距 24km 处，行政区划属青田县阜山镇管辖，矿区面积 0.47km²。矿区属低山丘陵区，地形切割强烈，相对高差较大，雨源型冲沟发育。矿区有乡村公路相接，往北西 40km 直达青田县城，经青田县城由 G330 国道、金温铁路、金丽温高速公路可达全国各地，交通条件较好。

一、区域地质背景

青田周村叶蜡石矿床位于浙东火山喷发区温州-舟山火山喷发带景宁-天台火山喷发亚带内，北山-山口沉陷型破火山西侧。大地构造位置隶属华夏造山系东部的浙东陆缘弧内泰顺-宁波陆缘弧南部。成矿区（带）位置属于浙闽粤沿海叶蜡石成矿带。

二、矿区地质特征

矿区出露地层为下白垩统西山头组一套中酸性、酸性火山碎屑岩夹火山碎屑沉积岩，分为 5 个岩性段，岩层总体倾向西略偏北，倾角 25°～32°。区内侵入岩主要为早白垩世次火山岩，岩性为英安玢岩，属周村英安玢岩体的一部分（图 4-24）。岩体围斜外倾，倾角 50°，接触带岩石具硅化、绢云母化。

赋矿层位为西山头组第五岩性段，岩性为流纹质含角砾晶屑玻屑凝灰岩，厚度大于 45.08m，未见顶。该段上部岩层，岩石大部已被蚀变成以叶蜡石、绢云母、石英为主要矿物成分的蚀变岩。近矿围岩主要蚀变种类有叶蜡石化、绢云母化、硅化、黄铁矿化、绿帘石化、高岭石化等，蚀变组合具有垂向分带性，由上而下大致分为石英带→绢云母-叶蜡石带→叶蜡石-绢云母带。

三、矿床地质特征

（一）矿体地质特征

周村叶蜡石矿区含 Ⅰ、Ⅱ 号两条绢云母叶蜡石矿化带及 Ⅰ-1、Ⅰ-2、Ⅰ-3、Ⅱ-1、Ⅱ-2、Ⅱ-3、Ⅱ-4 号 7 个叶蜡石矿体。

两条矿化带呈似层状分布，总体走向北东，产状 280°～320°∠20°～35°。Ⅰ 号矿化带分布于矿区东南侧，地表露头长约 600m，宽 100～220m，平均厚 25m。矿化带内自上而下赋存有 Ⅰ-1 号高铁叶蜡石矿体、Ⅰ-2 号三级品叶蜡石矿体及 Ⅰ-3 号高铁叶蜡石矿体（图 4-25）。Ⅱ 号矿化带分布于矿区西北侧，地表露头长约 800m，宽 120～206m。矿化带西段自上而下赋存有 Ⅱ-1 号高铁叶蜡石矿体和 Ⅱ-2 号三级品叶蜡石矿体；矿化带东段自上而下赋存有 Ⅱ-3、Ⅱ-4 号高铁叶蜡石矿体。上述叶蜡石矿体内均含少量雕刻石，叶蜡石含矿率为 1.13%～1.24%，其中冻石（即周村石）占 0.24%～0.75%（叶泽富等，2006；裘建国等，2012b）。

第四章 浙江典型叶蜡石矿床

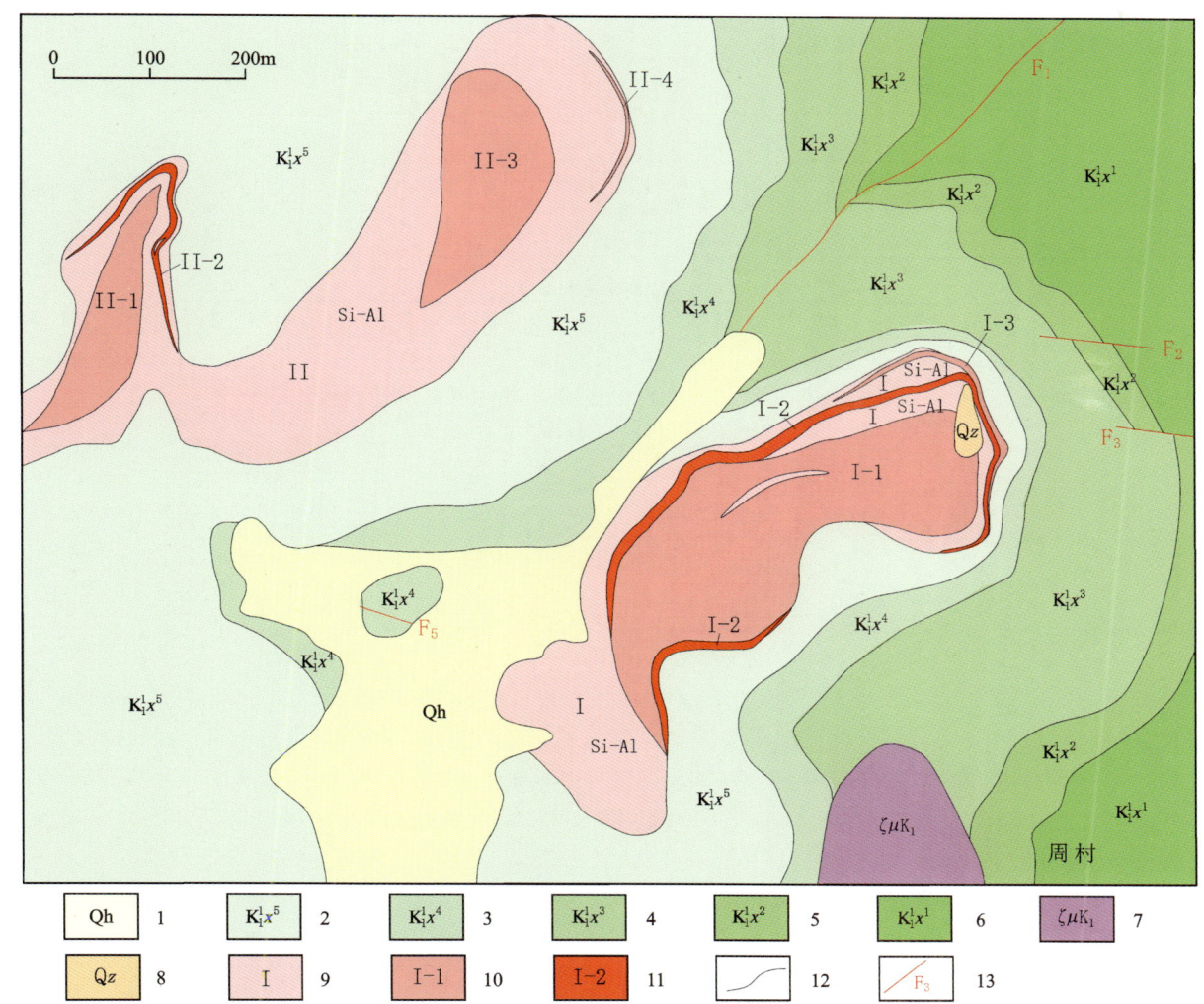

1.第四系;2.西山头组第五岩性段;3.西山头组第四岩性段;4.西山头组第三岩性段;5.西山头组第二岩性段;6.西山头组第一岩性段;7.早白垩世潜英安玢岩;8.次生石英岩;9.叶蜡石矿化带及编号;10.高铁叶蜡石矿体及编号;11.三级品叶蜡石矿体及编号;12.地质界线;13.断裂及编号。

图4-24 青田周村叶蜡石矿区地质略图(据叶泽富等,2006修改)

区内共有三级品叶蜡石矿体两个(Ⅰ-2、Ⅱ-2)、高铁叶蜡石矿体5个(Ⅰ-1、Ⅰ-3、Ⅱ-1、Ⅱ-3、Ⅱ-4),产于西山头组第五岩性段上部岩层的Ⅰ、Ⅱ号矿化带内,呈似层状产出,产状295°~318°∠25°~34°,与地层、矿化带产状基本一致。除Ⅱ-2、Ⅱ-4号两矿体由单工程控制外,对Ⅰ-2号三级品叶蜡石矿体及Ⅰ-1、Ⅰ-3、Ⅱ-1、Ⅱ-3号4个高铁叶蜡石矿体,予以了资源储量估算。

Ⅰ-2号三级品叶蜡石矿体:地表露头呈条带状,出露长460m,宽一般为5~12m,平均厚4.02m,主要有益及有害组分平均含量 Al_2O_3 18.26%、Fe_2O_3 1.43%、K_2O 2.24%。

Ⅰ-1号高铁叶蜡石矿体:矿体裸露于地表,平面形态有条带状、不规则状、纺锤状等,长200~460m,宽一般为30~90m,矿体最宽处达160m,Ⅰ-3号矿体宽仅为5m,平均厚2.73~3.69m,主要有益及有害组分平均含量:Al_2O_3 18.96%(17.77%~21.19%)、Fe_2O_3 1.71%(1.52%~1.88%)、K_2O 2.42%(0.20%~4.48%)。

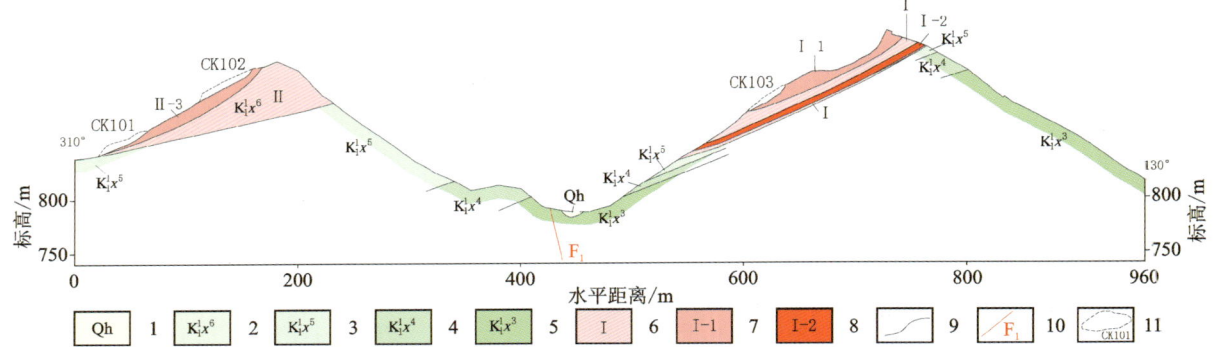

1.第四系;2.西山头组第六岩性段;3.西山头组第五岩性段;4.西山头组第四岩性段;5.西山头组第三岩性段;6.叶蜡石矿化带及编号;7.高铁叶蜡石矿体及编号;8.三级品叶蜡石矿体及编号;9.地质界线;10.断裂及编号;11.采坑及编号。

图 4-25　青田周村叶蜡石矿区 1 号剖面(据叶泽富等,2006 修改)

(二)矿石地质特征

1. 叶蜡石矿石

矿石主要矿物为叶蜡石,次要矿物为绢云母、石英、长石等,微量矿物有磁铁矿、白钛矿、褐铁矿、磷灰石、绿帘石、锡石以及绿泥石等。叶蜡石主要呈紫褐色、紫灰色、灰褐色,局部显浅黄绿色、棕红色、褐黑色,原岩结构构造清晰,断口粗糙,具蜡感,硬度较小,小刀易刻画,条痕白色,密度 $2.68\sim2.78\text{t/cm}^3$。矿石主要具变余塑变凝灰结构(图 4-26),残留假流纹构造、块状构造、火山泥球构造。矿石自然类型属绢云母-叶蜡石型。

a.团块状叶蜡石;b.条带状叶蜡石;c、d.叶蜡石矿镜下特征(正交偏光×40)。

图 4-26　青田周村叶蜡石矿石特征

第四章　浙江典型叶蜡石矿床

2. 工艺用叶蜡石(雕刻石)

雕刻石一般由冻石和非冻石两部分组成，其中冻石又称"周村石"，是雕刻用的主材料，而非冻石是雕刻用的辅材料。冻石占雕刻石的比例为 19.20%～78.99%，平均 27.86%。雕刻石块度一般为 10～40cm，次为 40～100cm，小于 10cm 和大于 100cm 者少量(叶泽富等，2017)。

冻石(周村石)：属叶蜡石类玉石或图纹石类观赏石，主要矿物成分为绢云母(图 4-27)，一般以团块状、透镜状及不规则状零星分布或沿裂隙充填于叶蜡石矿体中(图 4-28)，可形成"龙蛋石""长方体状包冻""葡萄冻"和"夹板冻"，大小一般为 5～15cm，团块状冻石大者达 80～100cm，透镜状冻石大者达 20cm×75cm。冻石主要呈浅黄色、浅灰黄色、灰黄色、浅黄绿色、黄绿色，少量呈灰绿色、黄褐色、紫黄色、浅绿色、浅灰色、紫灰色，具油脂光泽，蜡感强，美观、无砂钉，不具裂纹，低硬度，易于雕刻，密度 2.77～2.83t/m³。

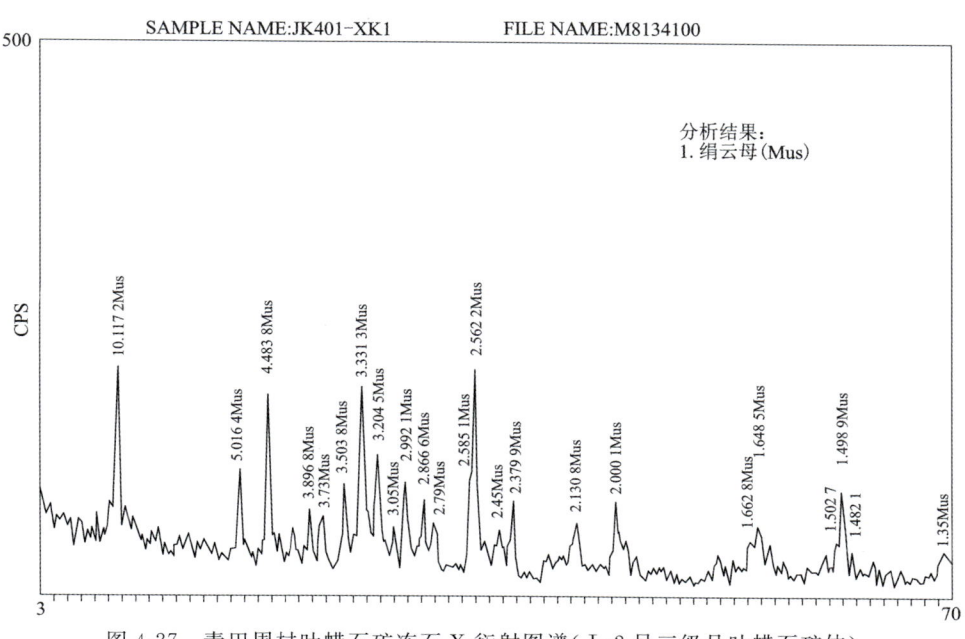

图 4-27　青田周村叶蜡石矿冻石 X-衍射图谱（Ⅰ-2 号三级品叶蜡石矿体）

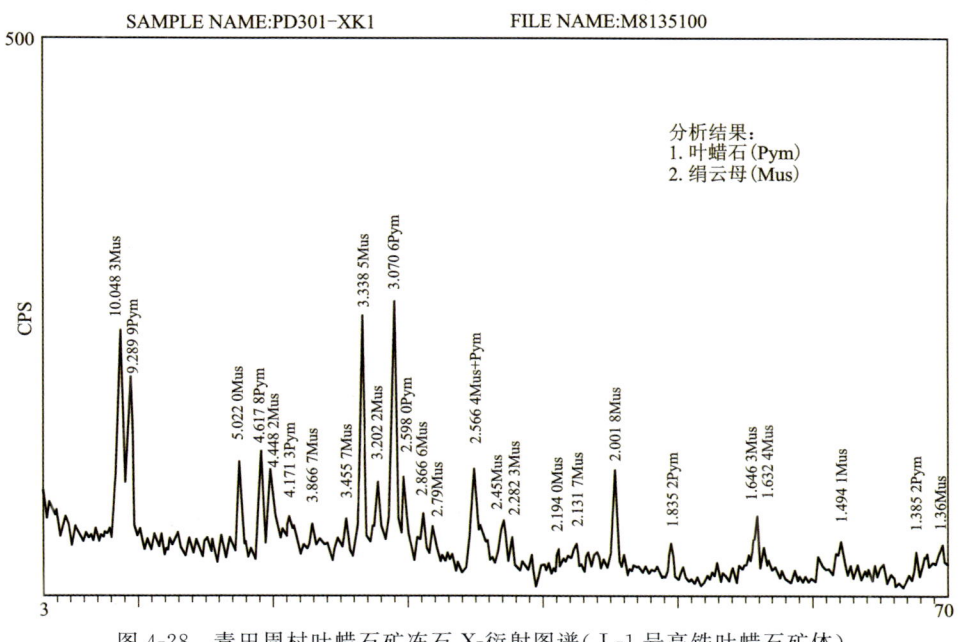

图 4-28　青田周村叶蜡石矿冻石 X-衍射图谱（Ⅰ-1 号高铁叶蜡石矿体）

非冻石：主要矿物成分为绢云母、叶蜡石，产于三级品叶蜡石、高铁叶蜡石矿体中，两者分别占40%、60%。非冻石主要呈紫褐色、紫灰色、灰褐色，局部显浅黄绿色、棕红色、褐黑色，略具蜡状光泽，硬度 2～3 级，密度 $2.68\sim2.78t/m^3$。区内叶蜡石矿体均含少量雕刻石，含矿率为 1.13%～1.24%，其中冻石(周村石)占 0.24%～0.75%。矿石呈显微鳞片变晶结构、变晶结构，角砾状、团块状、透镜状、条带状等构造。矿石自然类型为绢云母型(周村石)和绢云母-叶蜡石型(非冻石)，主要化学成分平均含量：Al_2O_3 32.70%(31.27%～35.02%)、SiO_2 52.75%(48.59%～55.93%)、Fe_2O_3 0.70%(0.53%～0.81%)、K_2O 5.62%(4.00%～6.54%)。

四、围岩蚀变

矿区围岩蚀变种类有叶蜡石化、绢云母化、硅化、黄铁矿化、绿帘石化、高岭土化等，矿区围岩蚀变水平分带不明显，在垂直方向上具有较明显的分带性。根据围岩蚀变种类、蚀变矿物的分布组合特征，垂向上可划分为 3 个蚀变相带：石英相带、绢云母-叶蜡石相带、叶蜡石-绢云母相带。

五、矿床成因

叶蜡石矿化带产于周村潜英安玢岩北西侧的外接触带凝灰岩中，潜火山岩侵入活动携带了大量的富 Al、K 等元素的热液，最终促成了区内绢云母-叶蜡石矿床的形成。

在叶蜡石矿体内，部分雕刻石的分布明显受节理裂隙的控制，说明冻石的成因之一是含矿热液充填而成，主要形成绢云母型冻石，呈透镜状、夹板状、条带状等。此外，在叶蜡石矿体内常见零星分布的雕刻石，主要形成绢云母-叶蜡石型冻石，呈不规则团块状、鸡蛋状、葡萄状等，说明冻石的另一成因属于不均匀交代而成。

矿区岩石普遍受中低温热液蚀变，且主要为面型蚀变，矿与非矿界线难以区分，故本矿床成因属火山热液蚀变型叶蜡石矿床，其中雕刻石(冻石)属充填、交代成因。

第九节　柯桥秦望山叶蜡石矿床

柯桥秦望山叶蜡石矿床位于绍兴市区 177°直距 13km 处，行政区划隶属于平水镇和平江乡管辖，矿区面积 $1.04km^2$。矿区地处秦望山南麓，属低山丘陵区，有公路与平水镇相通，交通较为便利。

一、区域地质背景

柯桥秦望山叶蜡石矿床位于浙东火山喷发区遂昌-上虞火山喷发带秦望山火山构造南缘。大地构造位置处于扬子克拉通江山-平水弧盆系平水洋内弧东北端，邻近江山-绍兴对接带。成矿区(带)位置属于玉山-杭州湾叶蜡石成矿带。

二、矿区地质特征

(一)地层

区内出露下青白口统平水组海相地层和下白垩统黄尖组陆相火山岩(图 4-29),两者呈断层接触。

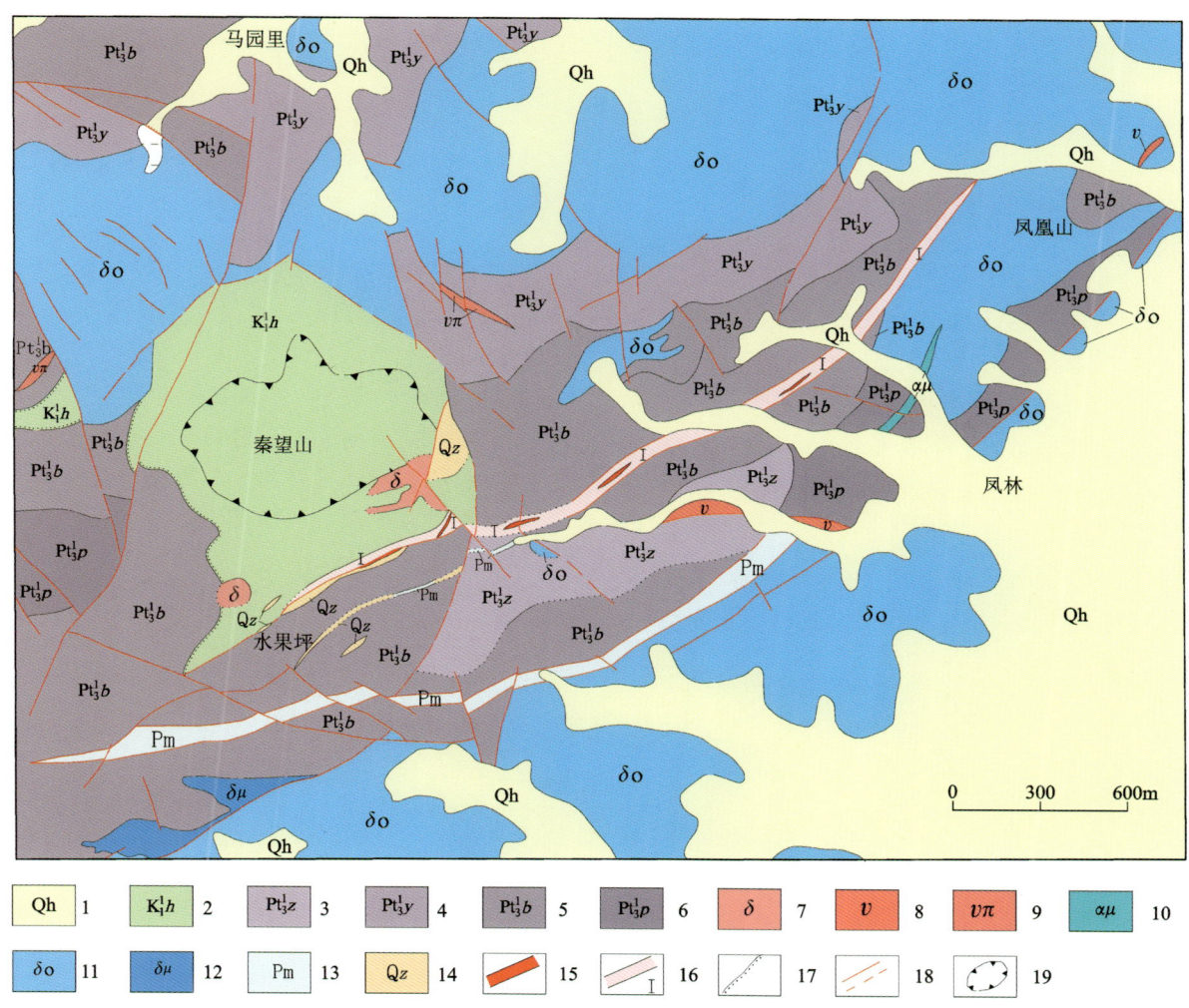

1.第四系;2.黄尖组;3.章村组;4.岩山组;5.北坞组;6.平水组;7.微晶闪长岩;8.霏细岩;9.霏细斑岩;10.安山(玢)岩;11.石英闪长岩;12.闪长玢岩;13.千糜岩;14.次生石英岩;15.叶蜡石矿体;16.叶蜡石矿化带及编号;17.实、推测地质界线;18.实、推测断层;19.火山通道。

图 4-29 绍兴秦望山叶蜡石矿区域地质略图(据陈贤坤等,1992 修改)

1. 双溪坞群

地层总体呈北东东向展布,倾向北西,倾角一般为 60°～70°,为一套岛弧前缘的火山岩建造,普遍受浅变质,根据火山沉积的旋回性、岩性组合及岩石化学、地球化学特征,可划分为 4 个岩性段,自下而上简述如下。

第一岩性段:下部为中性角砾凝灰岩、凝灰岩、角砾熔岩;中部为中酸性角砾熔岩、凝灰熔岩、角砾熔岩；上部为酸性岩屑凝灰岩、角砾熔岩、砂岩等。

第二岩性段：下部为中酸性凝灰岩、角砾凝灰岩；中部为数十米厚的页岩，往下为一套酸性凝灰岩，夹角砾凝灰岩；上部由砂砾岩、安山玢岩、酸性凝灰岩组成。

第三岩性段：下部以凝灰岩、含砾凝灰岩为主，中间夹安山玢岩；上部为角砾熔岩，往下角砾砾径变小，含量也随之减少而过渡为凝灰岩，中间夹安山玢岩。

第四岩性段：下部以中酸性凝灰熔岩及安山岩为主；上部由中酸性凝灰熔岩、沉凝灰岩、泥质粉砂岩等组成。

2. 黄尖组

黄尖组主要分布于秦望山火山机构周围，出露的岩性上部为含角砾玻屑（强）熔结凝灰岩，夹少量流纹岩；下部为集块角砾玻屑熔结凝灰岩、角砾玻屑熔结凝灰岩，夹玻屑熔结凝灰岩。

（二）构造

该矿床位于江山-绍兴深大断裂的北东端，岩石经受数次构造运动，故区内断裂构造较发育，早期发育形成的北东向、北北东向断裂及晚期发育形成的北西向、北西西向断裂组成本区主要构造格架，控制了本区次级断裂构造的发育。

燕山旋回早期，本区岩浆活动较强烈，火山活动较强，以中心式喷发形成秦望山火山机构。

矿区北东向赋矿构造具有多次活动的特征，总体表现为早期（成矿前期）以挤压作用为主，形成糜棱岩、千糜岩；中期（成矿期）断裂性质转变为张扭性，并产生热液蚀变，形成透镜状次生石英岩及叶蜡石矿体；晚期（成矿期后）断裂性质转为扭性的继承性活动，使断面上产生擦痕及矿体破碎。

（三）岩浆岩

区内岩浆活动极为频繁，根据活动时期的先后可划分为神功期、印支期及燕山期，神功期主要有石英闪长岩及闪长玢岩，呈岩体岩株状产出，印支期及燕山期侵入岩一般呈脉状产出，主要有花岗闪长岩、花岗斑岩、闪长（玢）岩、霏细岩等。

（四）火山机构

火山机构在平面上以秦望山主峰为中心呈椭圆形，地貌上表现为一个陡峻的锥状山峰，火山机构中心岩性为含角砾玻屑（强）熔结凝灰岩，周围岩性为角砾玻屑熔结凝灰岩及集块角砾玻屑熔结凝灰岩，地层环火山机构分布，产状内倾，倾角一般在 20°～40°之间，火山构造边部发育不完整的环形断裂（程飞等，2019）。

三、矿床地质特征

（一）矿化带特征

秦望山叶蜡石矿床位于秦望山火山通道的南东侧，Ⅰ、Ⅱ号两条矿化蚀变带受北东向断裂构造控制，叶蜡石矿体呈透镜状、脉状产出，成矿原岩主要为平水组玻屑凝灰岩和黄尖组第一层流纹质角砾玻屑熔结凝灰岩。

西矿化带（Ⅰ号矿化带）规模较大，垂向分带明显，由地表向深部依次为次生石英岩—次生石英叶蜡石—叶蜡石带；水平方向上矿化体分带现象也较为明显，由矿体顶板向底板为次生石英岩—次生石英叶蜡石—叶蜡石—叶蜡石化角砾玻屑凝灰岩，带与带之间呈渐变过渡关系。

东矿化带（Ⅱ号矿化带）规模较小，水平方向分带现象较为明显，矿体周围矿化蚀变带具有对称发育特点，以矿体为中心，向两侧分带为叶蜡石—叶蜡石化绢云母—绢云母化带，带与带之间呈渐变过渡关系，矿体周围矿化蚀变带在水平方向上较为明显，由矿体顶板向底板为高岭土化绢云母化玻屑凝灰岩—高岭土、叶蜡石绢云母—叶蜡石次生石英岩带。

（二）矿体特征

矿区在Ⅰ、Ⅱ号两条矿化蚀变带内共圈出 9 个大小不等的叶蜡石矿体，呈透镜状、脉状产出，严格受北东向 F_1、F_2 断层控制。具一定规模的矿体有 4 个，分别为产于Ⅰ号矿化带南西段的Ⅰp-1、Ⅰv-1 号矿体与北东段的Ⅰp-2、Ⅰv-2 号矿体；其余 5 个矿体规模较小。

Ⅰp-1 号矿体：呈脉状，产状 325°∠55°，顶板围岩为次生石英岩化角砾玻屑熔结凝灰岩，底板为次生石英岩。矿体长约 175m，延深 58m，厚 3.44m，矿石平均品位：Al_2O_3 17.45%、SiO_2 74.07%、TFe_2O_3 0.86%、TiO_2 0.78%、烧失量 3.47%。

Ⅰv-1 号矿体：呈透镜状，产状 280°∠78°，顶板围岩为黄铁矿化蚀变角砾玻屑熔结凝灰岩，底板为次生石英岩。矿体出露长 82m，延深 27m，厚 2.21~3.92m，平均 3.07m，矿石平均品位：Al_2O_3 19.40%、SiO_2 72.11%、TFe_2O_3 0.97%、TiO_2 0.78%、烧失量 3.92%。

Ⅰp-2 号矿体：呈透镜状，产状 10°∠43°，顶板围岩为构造蚀变岩，底板为矿化玻屑凝灰岩。矿体出露长约 188m，延深 63m，厚 5.10m，矿石平均品位：Al_2O_3 18.45%、SiO_2 67.80%、TFe_2O_3 0.62%、TiO_2 0.36%、烧失量 10.56%。

Ⅰv-2 号矿体：呈脉状，产状 320°∠70°，顶板围岩为构造蚀变岩，底板为矿化玻屑凝灰岩。矿体出露长约 196m，延深 65m，厚 5.48m，矿石平均品位：Al_2O_3 17.68%、SiO_2 76.39%、TFe_2O_3 0.53%、TiO_2 0.58%、烧失量 4.03%。

（三）矿石特征

矿石呈粒状鳞片变晶结构、隐晶—微粒鳞片变晶结构、糜棱结构，块状构造、片理状构造。由显微鳞片状叶蜡石、高岭土、鳞片状绢云母及微粒状次生石英组成，矿石类型根据矿石的结构构造可分为块状矿石和片理状矿石。

矿石矿物成分有叶蜡石、石英、绢云母、高岭石、地开石、伊利石、埃洛石。

矿石主要化学成分含量（主要矿体）：Al_2O_3 16.05%~25.36%、SiO_2 60.01%~78.94%、TFe_2O_3（Fe_2O_3+FeO）0.25%~2.77%、TiO_2 0.32%~0.96%、烧失量 3.37%~17.83%；其他化学组分含量（Ⅰv-1、Ⅰp-2 号矿体组合分析）：K_2O 0.08%~1.68%、Na_2O 0.52%~1.26%、CaO 0.13%~1.51%、MgO 0.28%~0.37%、MnO 0.01%、P_2O_5 0.05%~0.11%。

四、围岩蚀变

近矿围岩蚀变，主要有叶蜡石化、次生石英岩化、绢云母化、高岭土化、黄铁矿化等，其中以前 3 种围岩蚀变强烈而普遍，当叶蜡石化强烈且集中时，则形成矿体。

五、矿床成因

矿床位于秦望山火山构造南缘,矿体赋存于北东向张扭性断裂带内,呈脉状、透镜状产出,热液蚀变显著,有次生石英岩化、绢云母化、叶蜡石化、高岭土化、黄铁矿化,资料分析认为矿床的成矿作用在两次以上。早期断裂带两侧岩石由于受构造热液作用影响,原岩中矿物组分被绢云母、石英及长英质矿物交代,从而沿断层两侧形成宽度较大的浅色蚀变带;晚期由于火山活动带来的大量气水热液,沿构造带运移,进一步交代早期蚀变带,形成叶蜡石矿化,同时 SiO_2、Fe_2O_3 等成分进一步析离,在地表及断裂带内形成黄铁矿化次生石英岩,并在有利空间富集成矿,故矿床与早白垩世火山活动关系密切,成矿时代为燕山期,成因类型为火山热液充填交代型。

第五章 叶蜡石控矿地质因素

第一节 火山构造对成矿的控制

浙江省叶蜡石矿床受火山构造控制作用明显,特别是浙东沿海地区叶蜡石矿床集中分布于早白垩世火山构造边部或多个火山构造交接地带。叶蜡石矿石普遍具有变余凝灰结构、鳞片变晶结构及块状构造、交代残留构造等。这些结构构造特征表明,含矿火山岩建造岩石就是叶蜡石的成矿原岩。火山岩不仅为叶蜡石成矿提供了物质基础,而且十分有利于矿化蚀变作用的进行,并在酸性—弱酸性的成矿介质形成中起着关键性的作用。

火山构造是叶蜡石矿产重要的控矿因素,多数矿床的空间定位受控于火山构造。不同火山构造区(带)中各时期次级火山构造特征发育程度完全不同,不同级别、不同类型火山构造对叶蜡石成矿作用也存在显著差别,它们直接影响着全省叶蜡石矿床的分布与规模。与叶蜡石矿床成矿有关的中生代火山构造见表5-1。

表5-1 与叶蜡石矿床成矿有关的中生代火山构造统计表

级别	类型		主要火山构造及归属	矿床实例
Ⅲ级	火山构造隆起(正向)		K_1^1:清凉峰火山构造隆起 J_3-K_1^1:会稽山火山构造隆起、庆元-安仁火山构造隆起、住龙-高亭火山构造隆起、括苍山火山构造隆起	临安上溪叶蜡石矿
	火山构造洼地(负向)	火山沉积构造洼地	K_2:天台S型火山构造洼地、仙居S型火山构造洼地 K_1^2:诸暨S型火山构造洼地、寿昌S型火山构造洼地、新昌-镜岭S型火山构造洼地、碧湖S型火山构造洼地、松阳S型火山构造洼地、云和S型火山构造洼地、宁波S型火山构造洼地、宁海S型火山构造洼地、宁溪-三门S型火山构造洼地	云和寨下叶蜡石矿 宁海乌石头明矾石叶蜡石矿 乐清后山塘叶蜡石矿 温岭白山叶蜡石
		沉积火山构造洼地	K_2:雁荡山V型火山构造洼地 K_1^2:上张V型火山构造洼地、文成-泰顺-三门街V型火山构造洼地、矾山V型火山构造洼地 K_1^1:孙家山-夏履桥V型火山构造洼地	苍南南堡东山下叶蜡石矿 仙居大洪叶蜡石地开石矿 平阳雁山叶蜡石矿

续表 5-1

级别	类型		主要火山构造及归属	矿床实例
Ⅳ级	火山穹隆（岩穹）		K_2：大罗山火山穹隆 K_1^2：小将火山穹隆 K_1^1：香山火山穹隆、白菊花尖-九华山火山穹隆、白海顶火山穹隆 J_3-K_1^1：高亭火山穹隆、蛤湖火山穹隆	宁海深甽叶蜡石矿 泰顺龟湖叶蜡石矿 瑞安后坑叶蜡石高岭石矿 龙泉小岩叶蜡石矿
	破火山	塌陷型（无沉积）	K_1^2：沙坡塌陷型破火山 K_1^1：梁岙塌陷型破火山、芙蓉山塌陷型破火山、马屿塌陷型破火山	上虞梁岙叶蜡石矿 诸暨自居坪叶蜡石矿
		沉陷型（有火口湖盆沉积）	K_2：岩头沉陷型破火山、大箬岩沉陷型破火山 K_1^2：山门街沉陷型破火山、茶山沉陷型破火山 K_1^1：眠犬沉陷型破火山、宝华山沉陷型破火山、珠岙沉陷型破火山、浮亭沉陷型破火山、山口-北山沉陷型破火山、孙坑沉陷型破火山、曹娥沉陷型破火山、竹田头沉陷型破火山、东白山沉陷型破火山、荷地沉陷型破火山	宁海茶山叶蜡石矿 青田山口叶蜡石矿 青田岭头叶蜡石矿 青田茶园叶蜡石矿 景宁缪坑叶蜡石矿 三门珠岙叶蜡石矿
		复活型	K_2：长屿复活破火山 K_1^1：夏履桥破火山、括苍山复活破火山	仙居许山叶蜡石矿

不同级别、不同类型火山构造火山岩的发育状况、组合特征对叶蜡石矿分布及矿种具有一定的控制作用，火山喷发区（带）往往控制着叶蜡石二级成矿单元，火山构造洼地往往控制着叶蜡石矿田的区域分布，火山通道及次火山岩体等火山机构对叶蜡石矿体的分布、形态及矿石质量具有一定的控制作用。不同级别不同类型的中生代火山构造控矿特征如下。

一、火山喷发区对叶蜡石成矿的影响

不同火山喷发区火山岩的发育程度和叶蜡石矿的分布完全不同，直接影响叶蜡石成矿省的划分。如浙西火山喷发区，中生火山活动相对较弱，火山喷发活动时期集中在早白垩世早期，火山岩局限分布于清凉峰、天目山-莫干山、龙门山等几大火山构造隆起中，叶蜡石矿床分布稀少；而浙东火山喷发区，中生代火山活动强烈，所形成的火山岩覆盖整个浙东区域，火山活动持续时间长，自中侏罗世开始至晚白垩世早期均有强烈的火山喷发活动，从早到晚火山喷发活动中心自北西向南东不断迁移，形成了多个火山喷发构造带或亚带，同时相应地形成了不同的叶蜡石成矿带。

二、火山喷发带对叶蜡石成矿的影响

全省中生代火山喷发带可划分为顺溪-湖州、常山-桐庐、遂昌-上虞和温州-舟山等 4 个火山喷发带，其中常山-桐庐可进一步划分淳安-桐庐与寿昌-柯桥火山喷发亚带，温州-舟山可进一步划分景宁-天台与浙东沿海火山喷发亚带。不同火山喷发带或亚带中生代火山活动构造基底、活动阶段及次级火山构造类型、火山岩岩石系列存在着较大的差异，对叶蜡石矿床的分布和成矿亚带划分具有明显的控制作用（图 5-1）。

第五章 叶蜡石控矿地质因素

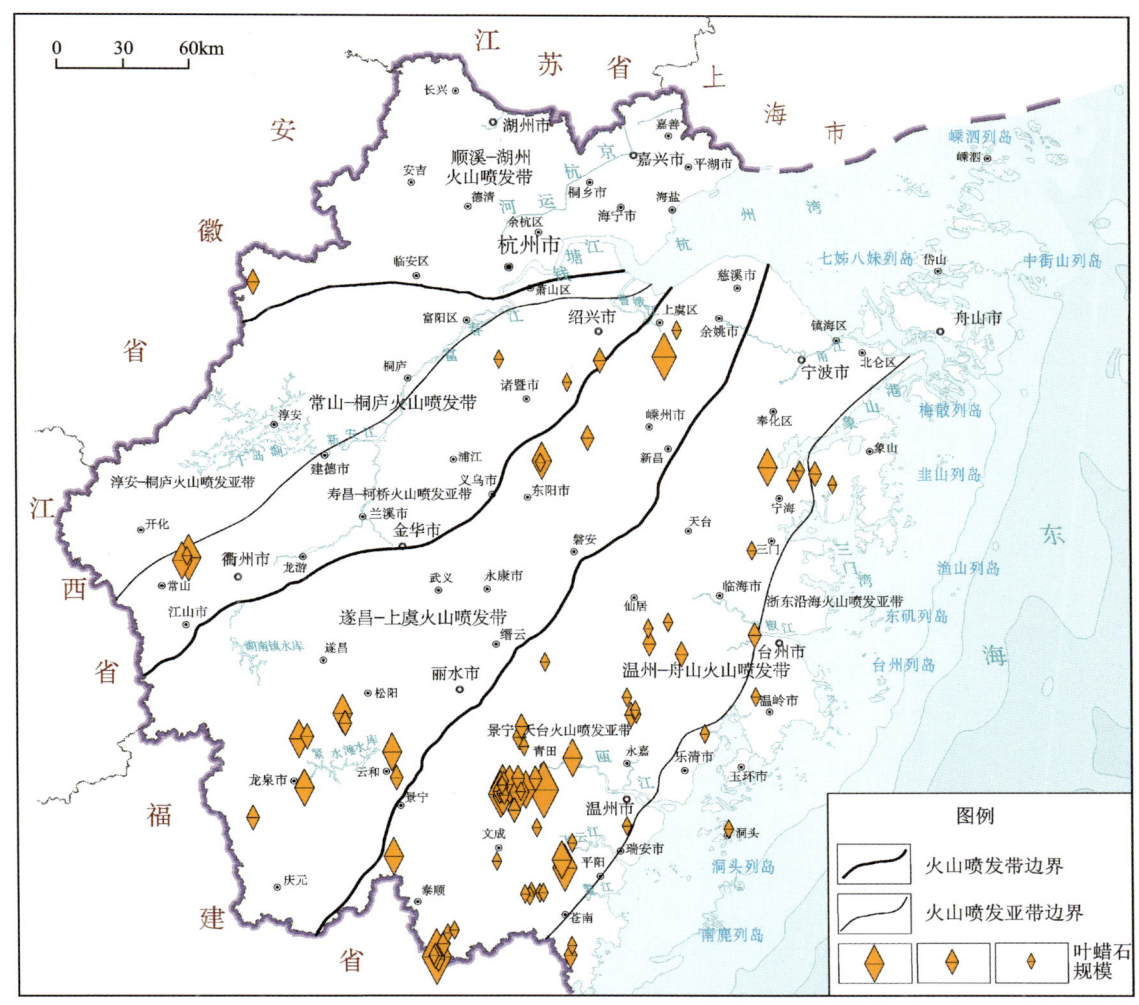

图 5-1 浙江省叶蜡石矿与火山喷发带空间关系图

顺溪-湖州火山喷发带位于昌化-杭州断裂带北侧,区内火山活动具多旋回演化特点,岩相变化复杂,多以喷发不整合接触。火山活动多表现为裂隙式—中心式喷发,早白垩世早期是火山活动鼎盛时期,伴随火山喷发,有多次岩浆的侵入。早白垩世早期Ⅲ级火山构造以火山构造隆起为主,早白垩世晚期Ⅲ级火山构造以V型火山构造洼地为主,晚白垩世火山构造Ⅲ级火山构造为S型火山构造洼地。火山构造空间展布受北东向、北西向两组断裂交叉点所制约。区内叶蜡石矿床(点)集中在火山喷发带的西侧,早白垩世早期清凉峰火山构造隆起内,已知叶蜡石矿床主要矿物组合为叶蜡石-地开石。矿床规模以中小型为主,如临安上溪叶蜡石(地开石)矿。

常山-桐庐火山喷发带之淳安-桐庐火山喷发亚带,位于昌化-普陀断裂和球川-萧山断裂带间,内火山喷发活动相对较弱,火山喷发活动时期为早白垩世。早白垩世早期以酸性火山喷发活动为主,早白垩世晚期火山活动日趋减弱。火山岩的分布主要受北东向区域断裂构造控制,尚未发现中生代叶蜡石矿点。

常山-桐庐火山喷发带之寿昌-柯桥火山喷发亚带,位于球川-萧山断裂带和江山-绍兴断裂带间,火山活动较强,始于早白垩世早期,至早白垩世晚期基本结束。火山喷发活动时期以早白垩世为主,晚白垩世早期火山喷发活动日趋衰弱。早白垩世早期火山构造以V型火山构造洼地为主,次为火山构造隆起,形成众多的破火山和火山穹隆。早白垩世晚期Ⅲ级火山构造以沉积岩为主的S型火山构造洼地。

叶蜡石矿床（点）集中在火山喷发带的两端，已知叶蜡石矿床主要矿物组合有叶蜡石、叶蜡石-明矾石、叶蜡石-地开石、叶蜡石-伊利石。

遂昌-上虞火山喷发带位于浙中变质基底隆起区，中生代火山喷发时期主要集中在晚侏罗世—早白垩世早期，后期叠加了早白垩世晚期火山喷发活动，酸性—中酸性火山岩以钙碱性系列为主，晚侏罗世—早白垩世早期Ⅲ级火山构造以火山构造隆起为主，早白垩世晚期Ⅲ级火山构造则以S型火山构造洼地为主，带内浅成、超浅成侵入岩发育，热液蚀变作用强烈，已知叶蜡石矿床主要矿物组合为叶蜡石-石英、叶蜡石-地开石（高岭石）。区内叶蜡石矿床（点）集中在火山喷发带的两缘，已知叶蜡石矿床主要矿物组合为叶蜡石、叶蜡石-石英、叶蜡石-地开石（高岭石）。矿床规模为大中型，如景宁缪坑叶蜡石矿、龙泉小岩叶蜡石矿、上虞梁岙叶蜡石矿等。

温州-舟山火山喷发带之景宁-天台火山喷发亚带，位于丽水-余姚断裂带和温州-镇海断裂带中间，中生代火山喷发时期主要集中在晚侏罗世—早白垩世早期和早白垩世晚期两个阶段，后期局部又叠加了晚白垩世火山喷发活动；晚侏罗世—早白垩世早期酸性—中酸性火山岩以钙碱性系列为主，早白垩世晚期与晚白垩世火山岩属"双峰式"岩石构造组合，其中早白垩世晚期为高钾钙碱性系火山岩，晚白垩世则以碱性火山岩为主；不同阶段Ⅲ级火山构造也不尽相同，早白垩世以火山构造隆起为主，早白垩世晚期与晚白垩世以火山构造洼地为主；已发现的叶蜡石矿床主要矿物组合为叶蜡石-石英，次为叶蜡石-伊利石，少量为叶蜡石-地开石。该喷发带内叶蜡石矿床（点）集中在火山喷发带的两缘，矿床（点）数量多，集中成片分布。代表性大型矿床有青田山口叶蜡石矿、泰顺龟湖叶蜡石矿、青田岭头叶蜡石矿等。

温州-舟山火山喷发带之浙东沿海火山喷发亚带，位于温州-镇海断裂带东侧，早白垩世早期磨石山群火山岩大多数被早白垩世晚期永康群火山岩和晚白垩世天台群及小雄组火山岩所覆盖，因此，该时期的火山构造大多被掩盖而出露不全。中生代火山早白垩世晚期与晚白垩世火山喷发活动强烈，以高钾钙碱性、碱性系列火山岩为主。早白垩世晚期，沿温州-镇海断裂带发育宁溪-三门和宁海构造盆地，而其他区域火山构造多以火山构造洼地产出；晚白垩世，在沿海地区发育了粗面流纹质火山岩带，火山构造以火山构造洼地和破火山为主。区内叶蜡石矿床（点）集中在火山喷发带的两缘，矿床（点）数量多，集中成片分布。代表性矿床有宁海深甽叶蜡石、苍南南堡东山下叶蜡石矿、临海杜岐高岭土叶蜡石矿等。

三、火山构造隆起、火山构造洼地对叶蜡石成矿的影响

火山构造隆起、火山构造洼地属Ⅲ级火山构造，其内发育破火山、火山穹隆等次级火山构造。不同类型火山构造决定着次级火山构造发育程度，火山构造隆起内破火山、火山穹隆等次级火山构造和浅成、超浅成岩较发育，热源丰富、蚀变作用强烈，有利于叶蜡石矿床的形成，已知叶蜡石矿床众多且分布密集。

（一）火山构造隆起的控矿作用

火山构造隆起主要分布于浙西火山喷发区和遂昌-上虞火山喷发带内，主要形成于晚侏罗世—早白垩世早期火山喷发活动时期，发育于变质岩系和古生界沉积岩系之上。叶蜡石矿床主要分布于火山构造隆起的边缘部位。矿床的形成取决于其内各类破火山与火山穹隆的发育状况，破火山与火山穹隆越发育，越有利于叶蜡石矿床的形成。如会稽山火山构造隆起控制了诸暨芙蓉山一带叶蜡石、地开石的分布；住龙-高亭火山构造隆起控制了松阳峰洞岩—龙泉小岩一带叶蜡石、地开石的分布；括苍山脉火山构造隆起控制了仙居—三门—临海一带叶蜡石矿床的分布。

第五章 叶蜡石控矿地质因素

(二)火山构造洼地的控矿作用

中生代火山构造洼地众多,与叶蜡石成矿作用关系密切的火山构造洼地见表5-2。火山构造洼地中次级火山穹隆、破火山构造欠发育,产于火山构造洼地内的火山热液交代型叶蜡石等矿床受火山构造洼地内的断裂构造、地层岩性共同控制。断裂构造为火山热液提供运移通道,地层岩性与火山热液发生交代置换,一般玻屑凝灰岩、角砾凝灰岩易发生火山热液交代蚀变作用。这类矿床矿体多顺层产出,矿体呈层状、似层状、透镜状。产于火山构造洼地中叶蜡石矿的矿种组合以明矾石-叶蜡石为主,次为明矾石-地开石组合。火山构造洼地叶蜡石矿的成矿时代以早白垩世晚期(永康期)和晚白垩世早期(天台期)为主。如苍南南堡东山下叶蜡石矿、昌禅中岙叶蜡石矿分别位于苍南矾山超大型明矾石矿床南北两侧,矾山V型火山构造洼地南西侧,受朝川组、小平田组火山岩、潜火山岩及断裂构造联合控制。

表5-2 浙东沿海主要火山构造洼地控矿特征表

火山构造洼地	火山构造洼地特征	控矿特征	主要矿产
宁海S型火山构造洼地(K_1^2)	由北东向断裂控制,呈北北东向长条形,充填永康群火山-沉积地层组成,中部发育北西向断裂,对洼地起切割破坏作用。洼地南部出露英安玢岩	仅4处矿产地,分布于洼地南东侧边界,叶蜡石、地开石为小型矿床,明矾石为矿点	叶蜡石、地开石、明矾石
上张V型火山构造洼地(K_1^2)	呈北东向半圆形。北西侧受仙居火山构造洼地切割,北东段受北东向、北西向断裂控制。充填永康群火山-沉积地层,产状围绕洼地内倾	主要分布于构造洼地南部和北部,受北东向和北西向断裂控制,多为矿点	地开石
雁荡山V型火山构造洼地(K_2)	呈三角形,发育北东向控制断裂,后期发育北西向、近东西向断裂,对洼地具破坏作用。主要充填小平田组火山岩地层,西部充填有馆头组火山-沉积地层	矿床主要分布于构造洼地南西侧,控矿断裂为北西向和近东西向	叶蜡石、明矾石、高岭土
文成-泰顺-山门街V型火山构造洼地(K_1^2)	受北东向泰顺-黄岩断裂、北西向松阳-平阳断裂控制,形态不规则,洼地内发育北东向、北西向、近南北向断裂。洼地内主要充填永康群火山-沉积岩系,中部珊溪一带出露有磨石山群火山岩基底;东部和南部发育酸性、中酸性侵入岩、潜火山岩	主要分布于构造洼地东部,多为矿点和小型矿床,赋存于北东向、北西向断裂内	叶蜡石、高岭土
矾山V型火山构造洼地(K_1^2)	呈北东向椭圆形。受北东向断裂控制。主要充填小平田组火山地层,西部有少量馆头组沉积地层;发育花岗岩、潜流纹岩侵入体	分布于构造洼地南西侧,矿体主要产于北东向断裂内。著名的苍南超大型矾山明矾石矿产于本火山构造洼地南西侧	明矾石、叶蜡石

四、破火山和火山穹隆的控矿作用

破火山和火山穹隆等Ⅳ级火山构造是叶蜡石矿田的控制构造(图5-2),它直接控制了矿床定位、规模和矿体的形态、产状及矿石的质量等。

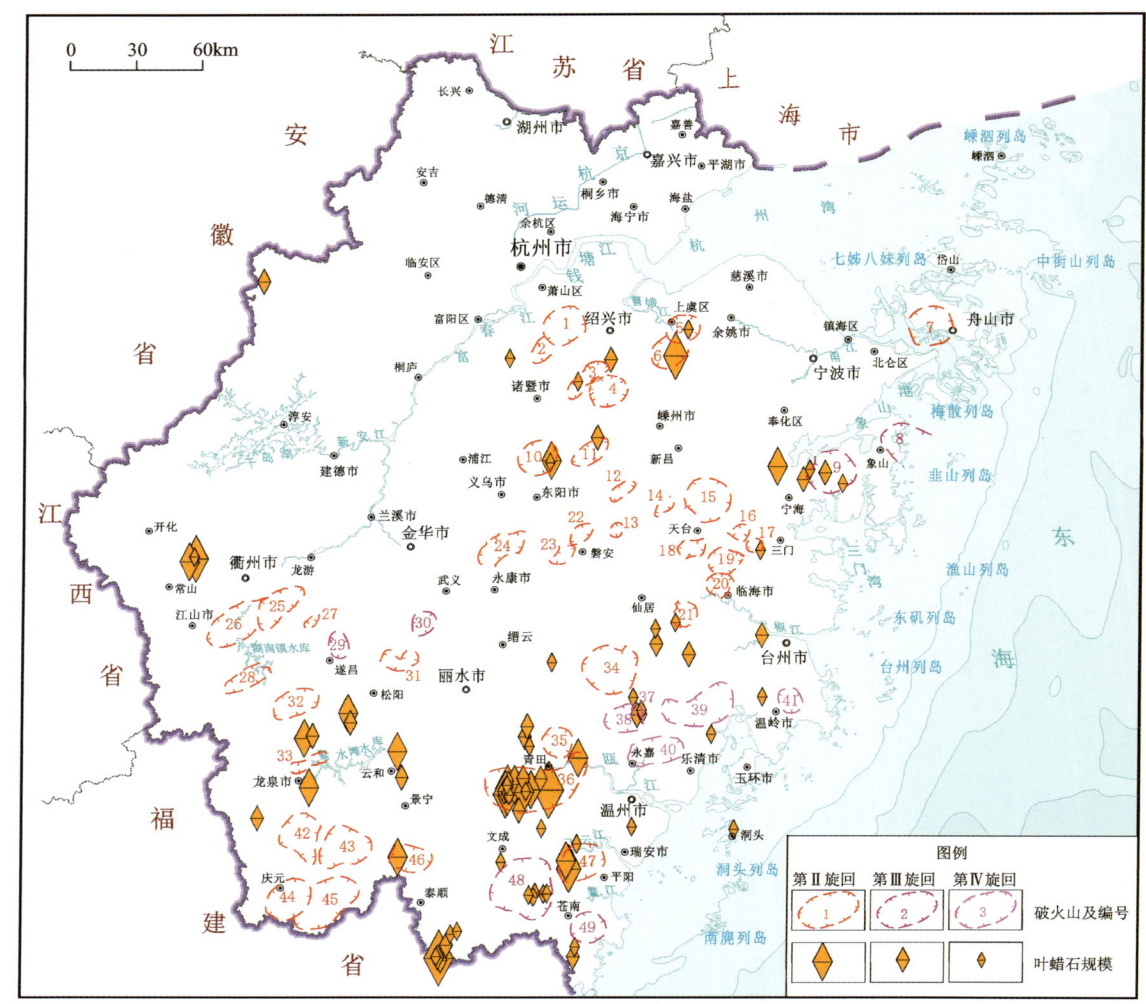

图 5-2 浙江省叶蜡石矿与破火山构造空间关系图

(一)破火山的控矿作用

破火山主要分布于浙东南地区,是经强烈火山喷发后岩浆房空虚而导致火山喷发沉积层顶部发生崩塌或沉陷后形成的圆形或近圆形大型凹地,它可进一步划分为沉陷型、塌陷型和复活动型 3 种类型。破火山对叶蜡石成矿的控制作用主要体现在以下几个方面:

(1)破火山在火山喷发活动后期往往发生崩塌或沉陷而形成大型凹地——水盆地,沉积了较厚的火山-沉积层且普遍发生水解作用,使长石斑晶、长石晶屑和玻屑、浆屑形成蒙脱石、埃洛石、高岭石等含水硅酸盐矿物层,有利于进一步发生叶蜡石化、伊利石化、地开石化、硅化等热液蚀变,在火山喷发过程中已形成叶蜡石矿的初始矿源层,从而构成矿层雏形。

(2)破火山边部往往发育环状断裂、放射状断裂,有利于火山热液运移。

(3)破火山在火山喷发活动后期往往再次发生火山喷发或岩浆侵入活动,发育中央侵入体和潜火山岩等浅成、超浅成侵入岩,为成矿作用提供了热源和大量热(气)水溶液以及 H_2S、CO_2 等矿化剂喷射,有利于火山喷发活动后期火山岩产生叶蜡石化、地开石化、伊利石化(绢云母化)、明矾石、硅化、黄铁矿化等低温热液蚀变而导致叶蜡石矿的形成。

浙江省内与叶蜡石矿成矿关系密切的破火山构造主要有上虞梁岙塌陷型破火山、义乌芙蓉山塌陷

第五章　叶蜡石控矿地质因素

型破火山、宁海茶山沉陷型破火山、瑞安马屿塌陷型破火山、平阳山门街沉陷型破火山等。主要破火山控矿特征见表5-3。

表5-3　主要破火山与控矿特征表

破火山名称	破火山地特征	控矿特征	矿种
上虞梁岙塌陷型破火山（K_1^j）	北东呈椭圆形，边界受北东向和北西向断裂控制，沿边界断裂有石英正长岩、花岗岩、流纹岩、流纹斑岩、石英霏细斑岩等侵入。破火山内发育西山头组，地层产状总体向南东倾斜；破火山西部多被第四系覆盖	受破火山内的北东向和北西向断裂控制，矿体呈似层状、层状、脉状	叶蜡石矿
义乌芙蓉山塌陷型破火山（K_1^j）	近圆形，直径约16km。发育环状断裂、放射状断裂，沿环形断裂断续发育霏细斑岩岩墙，并有火山角砾岩、碎裂岩和硅化破碎带。破火山内发育西山头组，产状围斜内倾	矿床沿破火山边部的环状断裂产出，已知叶蜡石矿点3处	叶蜡石矿
宁海茶山沉陷型破火山（K_1^j）	呈巨环形、正地形。破火山内发育环状、放射状断裂；主要出露西山头组、茶湾组、九里坪组和馆头组，岩层产状总体围斜内倾。侵入体有闪长岩、花岗斑岩、流纹斑岩、英安玢岩、石英霏细斑岩等，另发育各种方向的脉岩	产于破火山机构内的环状断裂和北东向断裂内。矿体呈脉状或透镜状	叶蜡石矿、地开石矿
瑞安马屿塌陷型破火山（K_1^j）	呈近圆形，直径约16km。破火山内主要发育北西向和东西向两组断裂。火山机构中心有闪长玢岩侵入，东缘发育花岗斑岩。出露地层为高坞组、西山头组，地层产状微斜内倾	中型明矾石矿1处，叶蜡石矿点1处，均处于破火山西部，铅锌矿主要受破火山内的北西向断裂控制，矿体多呈脉状；明矾石主要受西山头组岩性控制，矿体顺层产出	叶蜡石矿、高岭石矿、明矾石矿
平阳山门街沉陷型破火山（K_1^2）	近呈圆形，直径约28km。受北东向、北西向断裂的控制。沿破火山边部出露酸性、中酸性和碱性侵入岩、潜火山岩；出露地层为小平田组	明石矿、叶蜡石主要受地层岩性控制，矿体呈层状、似层状，铜、铅锌等主要受北东向、北西向断裂及潜火山岩控制，矿体多呈脉状	叶蜡石矿、明矾石矿

实例一：青田北山-山口沉陷型破火山成矿特征

青田北山-山口沉陷型破火山位于青田县南西部，构造位置处于浙东火山喷发区温州-舟山火山喷发带之景宁-天台火山喷发亚带南部，区内早白垩世火山沉积地层出露较全，分布有大爽组、高坞组、西山头组、茶湾组、九里坪组，组成的岩相岩性复杂而多变，构造运动强烈，其中圈定了4个相对独立的次级火山构造（图5-3）：八龙山火山机构、龙隐洞火山机构、黄龙大山火山机构、山口火山机构。

4个次一级火山构造并列式分布，火山产物既相对独立又有交叉重叠，显示了同期多火山机构并发的特点。区内叶蜡石、伊利石、地开石矿体或矿化蚀变体分布在火山机构中心或边缘，局部如山口、岭头等地形成特大型的叶蜡石矿床。所有叶蜡石类矿区或矿床点附近，均有潜火山岩体出露。破火山塌陷复活阶段伴随岩浆侵位，岩浆沿地壳薄弱地带（如火山机构边缘）和空虚部位（火山通道中心）上侵就位。岩浆携带大量的火山热液，上侵运移过程中交代围岩形成面形蚀变或大范围的硅化、绢云母化、叶蜡石化、伊利石化、高岭石化、地开石化、黄铁矿化等蚀变，使围岩成分发生变化，化学组分定向转移，形成叶蜡石、伊利石、地开石矿体或矿化蚀变体。

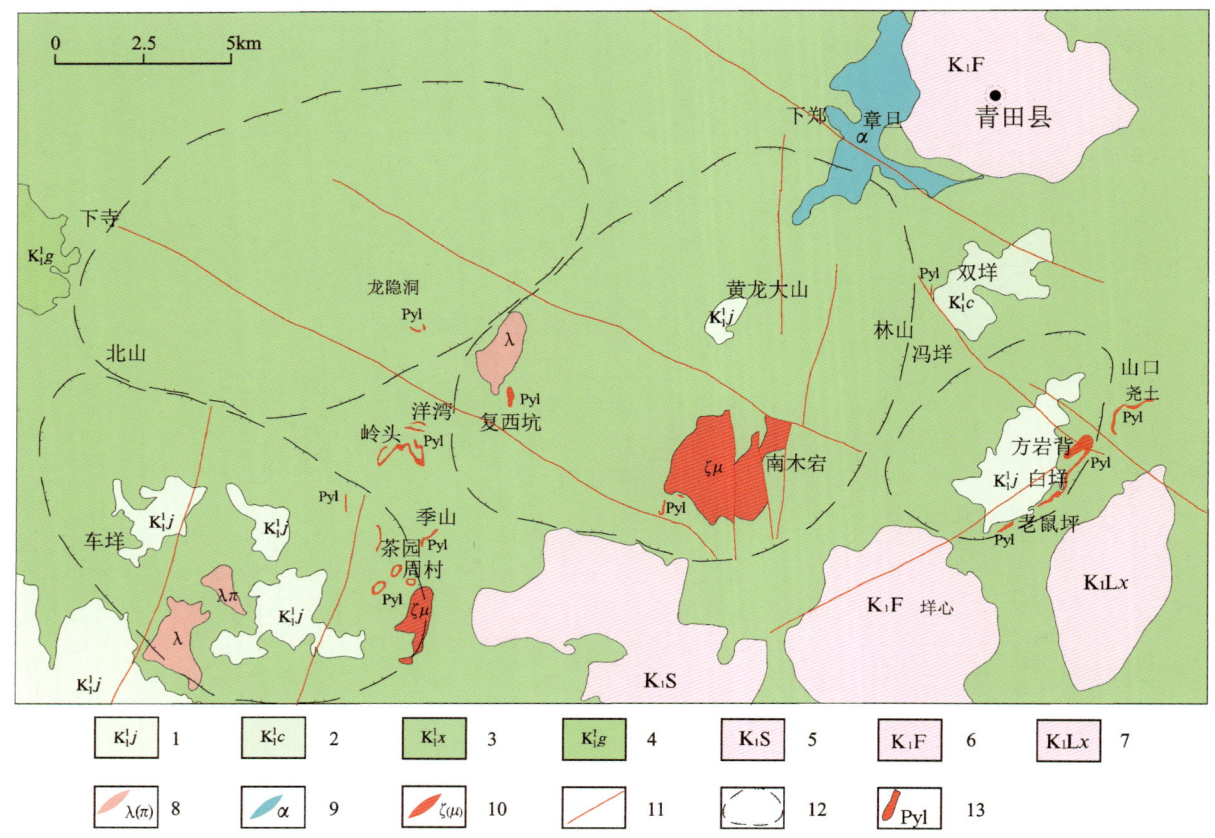

1.九里坪组;2.茶湾组;3.西山头组;4.高坞组;5.山炮单元(细粒钾长花岗岩);6.枫岭单元(中粒黑云母二长花岗岩);7.龙现单元(花岗闪长岩);8.流纹(斑)岩;9.安山(玢)岩;10.英安(玢)岩;11.断裂;12.破火山;13.叶蜡石矿化带及矿床。

图5-3 青田山口-北山叶蜡石矿田地质略图

叶蜡石矿(床)主要位于火山机构东部和南部,矿体多呈层状、似层状;其中洋湾叶蜡石矿位于龙隐洞火山机构南部边缘;上处原叶蜡石矿、金降寨叶蜡石矿位于黄龙大山火山机构西部;岭头叶蜡石矿位于八龙山火山机构东北部、龙隐洞火山机构南部、黄龙大山火山机构西部;双垟叶蜡石矿、南木宕叶蜡石矿、塘古叶蜡石矿、孙山叶蜡石矿位于黄龙大山火山机构东部和南部边缘;小岭叶蜡石矿、茶园叶蜡石矿、外寮叶蜡石矿、周村叶蜡石矿、季山叶蜡石矿均位于八龙山火山机构东部边缘;青田县山口叶蜡石矿位于山口火山机构东部。

围岩蚀变较为发育,依据分布、产出位置及蚀变矿物特征分为两个类型。①火山热液蚀变:主要包括叶蜡石化、伊利石化、绢云母化、地开石化、硅化、次生石英岩化、高岭土化、黄铁矿化,其次有硬水铝石化、刚玉化、绿泥石化、蓝线石化等;②接触交代蚀变:主要有硅化、角岩化、云英岩化等,分布于中—酸性岩体的接触带,局部形成红柱石等矿点。

实例二:义乌芙蓉山塌陷型破火山成矿特征

芙蓉山塌陷型破火山位于义乌市北东约20km处,构造位置处于遂昌-上虞火山喷发区北西侧边,江山-绍兴深断裂带内。破火山地貌上为正地形,平面形态呈近圆形,面积约200km²,边界发育环状断裂,其北西部断面内倾,倾角40°~70°,东南部断裂面扭曲状,倾向北西或南东,倾角70°~80°;沿环形断裂断续发育霏细斑岩岩墙,同时还有火山角砾岩、碎裂岩和硅化破碎带。岩墙长数百米到5km不等,宽达数米至数百米,平面上呈弧形,剖面上则呈直立或陡倾的不规则形态(图5-4)。破火山内主要出露西山头组,地层产状围斜内倾,下部地层为空落相凝灰岩和喷发-沉积相,主要分布于破火山中部;上部地层为火山碎屑流相熔结凝灰岩,广泛分布于南部和西部。破火山内发育火山通道和潜火山岩体,火山通

第五章 叶蜡石控矿地质因素

道直径在数百米左右,多数分布于西南部,大致与环状断裂平行。叶蜡石矿点主要分布于芙蓉山塌陷型破火山东南部,矿体多呈脉状,围岩蚀变以硅化、黄铁矿化为主,其次有绢云母化、绿泥石化、高岭土化。

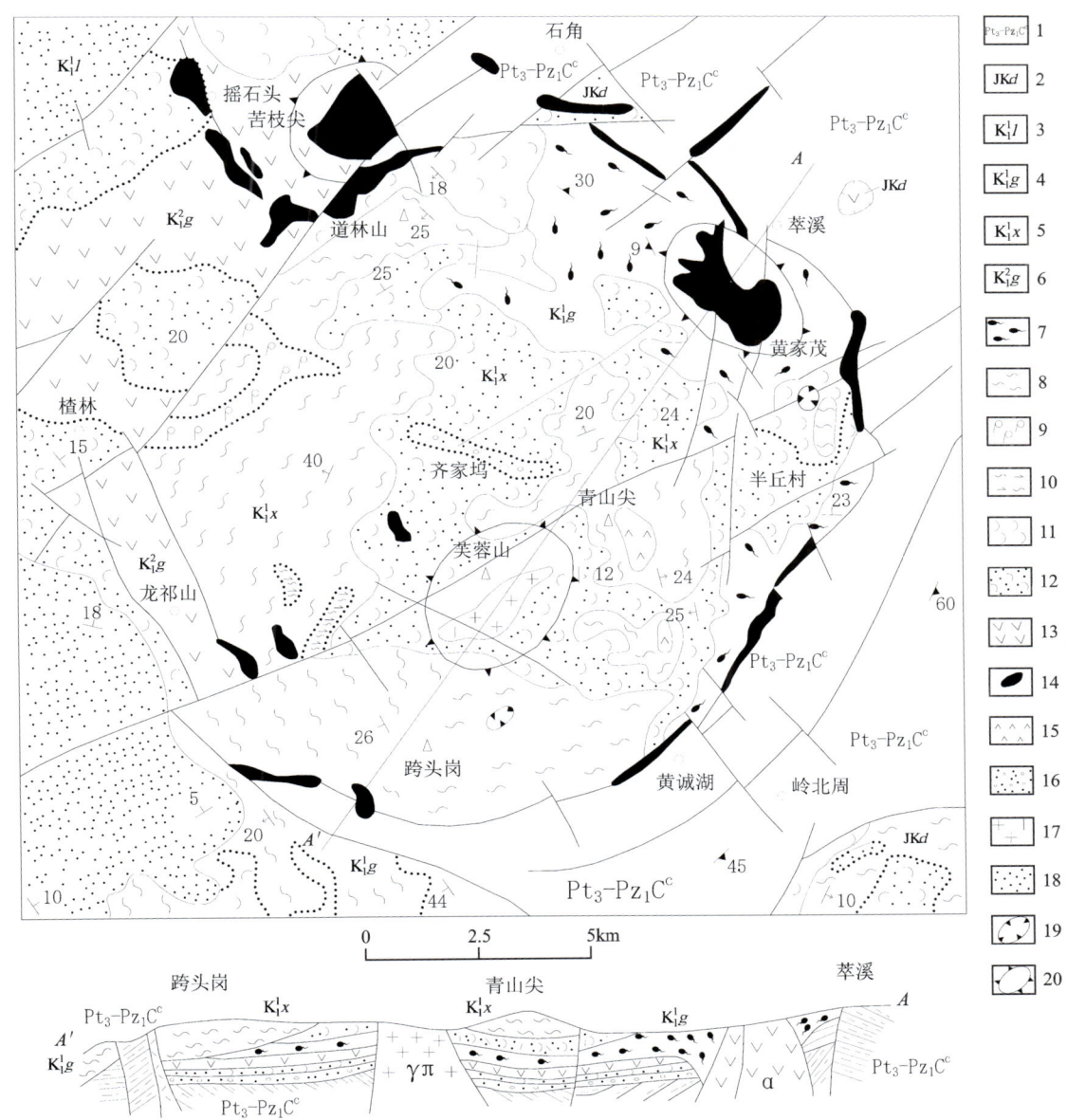

1.沸溢相;2.灰流相;3.灰云相;4.涌流相;5.空落相;6.喷发-沉积相;7.溢流相;8.次火山相;9.侵出相;10.火山泥流角砾岩相;11.火山侵入相;12.沉积相;13.火山通道;14.火山穹隆;15.陈蔡俯冲增生杂岩;16.大爽组;17.劳村组;18.高坞组;19.西山头组;20.馆头组。

图 5-4 芙蓉山破火山构造岩相图(据俞云文等,1991 和陶奎元等,1994 修改)

(二)火山穹隆的控矿作用

火山穹隆构造是岩浆物质向地表运动或向外喷溢时的大型穹隆状隆起构造,是由中心式火山喷发使周围邻侧的地层拱起或者由于喷发物堆积火山口呈隆起状而形成。火山穹隆顶部火山岩层较厚且产状平缓,而周围特别是边缘地带火山岩层厚度较薄且产状向外倾斜,部分火山穹隆边部也会形成小型水盆地。火山穹隆对叶蜡石矿的控矿机理与破火山相似,首先,在岩浆上拱或火山喷发过程中,穹隆边部水盆地中的火山-沉积层沉积作用往往发生水解作用而形成叶蜡石矿的初始矿源层;其次,岩浆上拱过程中在火山穹隆中产生放射状断裂,有利于热液上升和运移;最后,火山穹隆在火山活动后期发育流纹岩、英安岩、石英正长斑岩、安山岩等次火山岩和花岗斑岩、石英正长斑岩等中央侵入体,为后期成矿作用提供丰富的热源和热液,导致火山沉积岩系发生叶蜡石、地开石、伊利石等蚀变而形成叶蜡石矿床(点),它们在穹隆边部地带分布较为密集,往往形成矿田或矿集区(图5-5)。

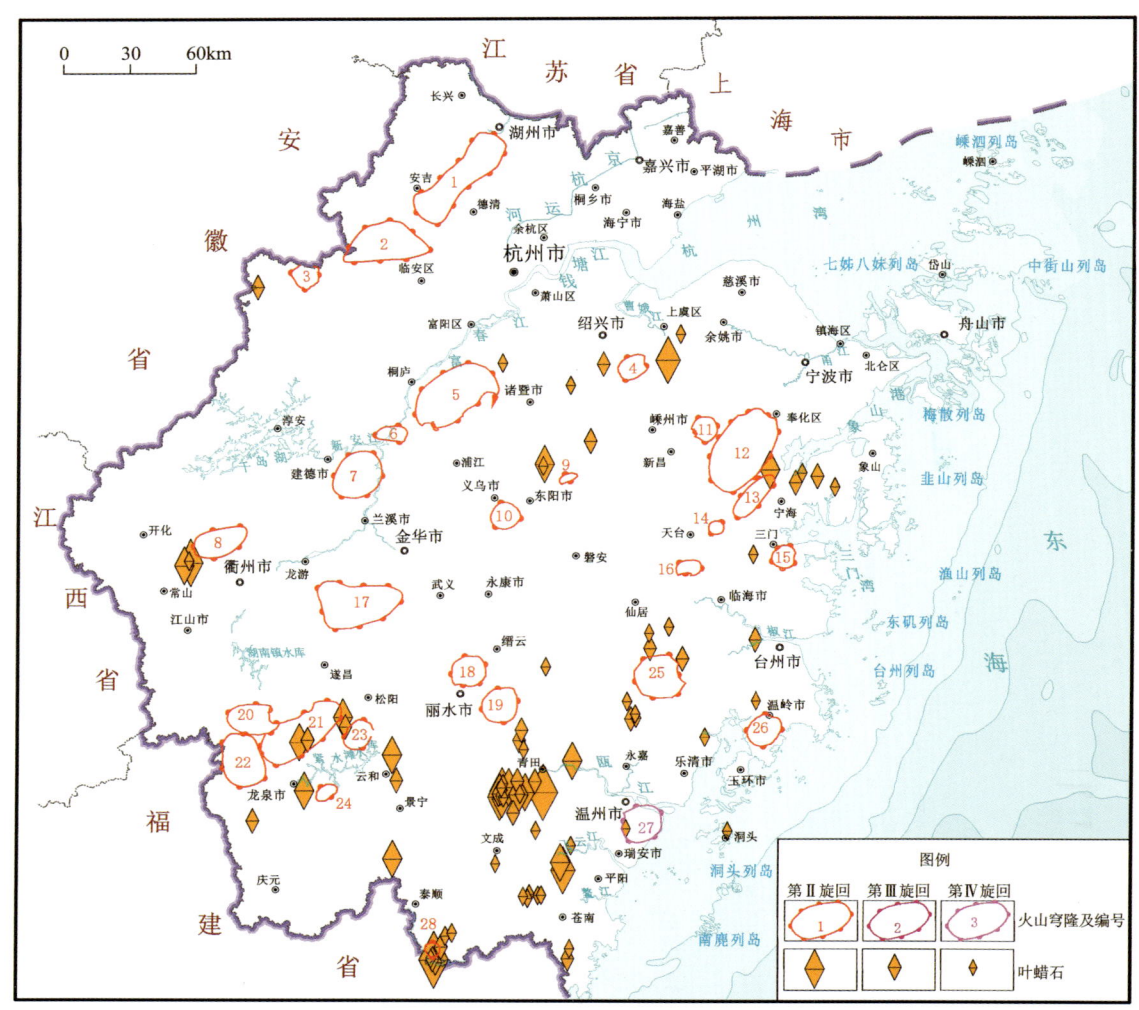

图 5-5　浙江省叶蜡石矿与火山穹隆构造空间关系图

实例:泰顺白海顶火山穹隆成矿特征

泰顺白海顶火山穹隆位于泰顺县南东约21km处,构造位置处于浙东火山喷发区温州-舟山火山喷发带之景宁-天台火山喷发亚带南端。地貌上为正地形,平面上呈近圆形,面积约35km²,白海顶岩穹,平面上呈不规则形,熔岩产状50°～65°。岩性为流纹(斑)岩。火山构造内断裂构造发育,性质以压性为主,较杂乱,隐约呈放射状,从火山构造剖面可见(图5-6),火山构造中心部位产出侵出相的流纹岩熔岩穹丘,围岩具围斜外倾的特征。火山穹隆内主要出露西山头组,岩层在火山构造北、西、东侧均表现出围斜外倾的特征,在S侧产状则比较杂乱。火山穹隆东西两侧边缘地带发育潜火山岩体。

叶蜡石矿点集中分布于白海顶火山穹隆南缘和南西缘,矿体呈层状、似层状产出,围岩蚀变以叶蜡石化、绢云母化、地开石化、明矾石化、黄铁矿化为主,蚀变具有明显的垂直分带性。

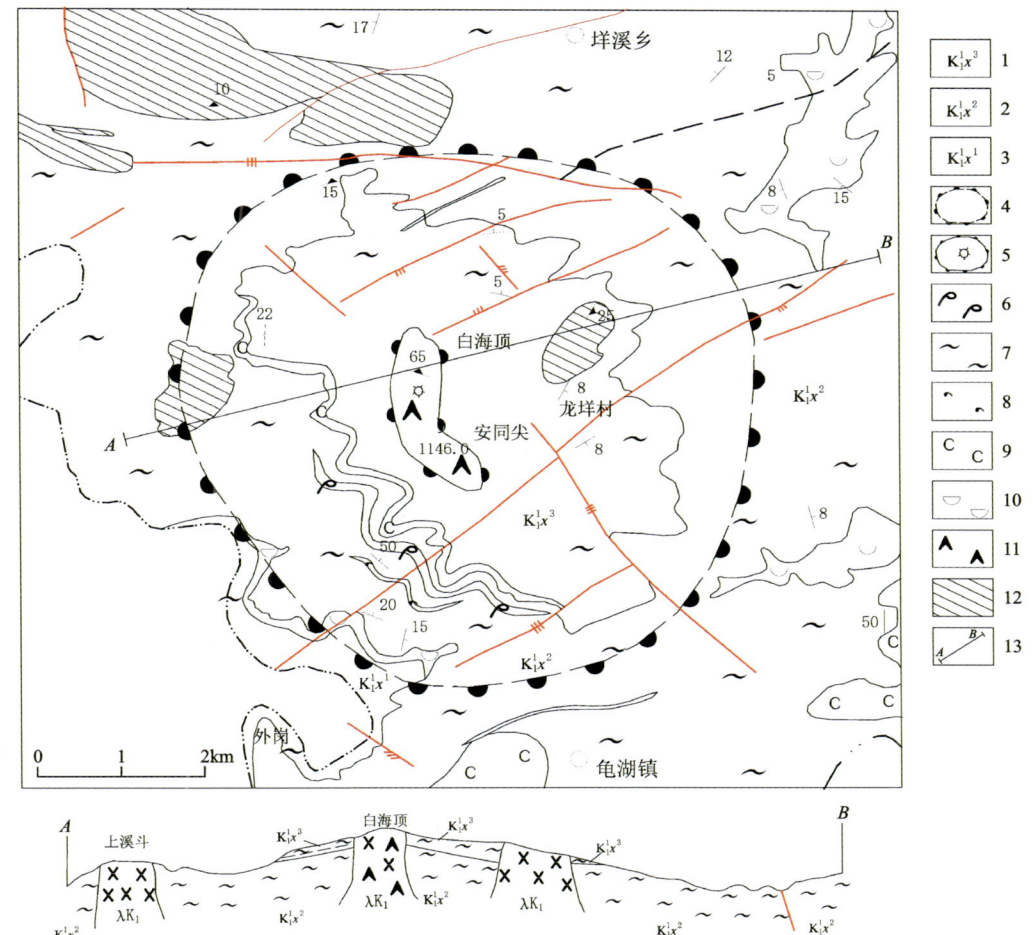

1.西山头组三段；2.西山头组二段；3.西山头组一段；4.火山穹隆；5.岩穹及火山口；6.灰云亚相；7.碎屑流亚相；8.涌流亚相；9.空落相；10.喷发-沉积相；11.侵出相；12.潜火山岩相；13.剖面位置。

图 5-6　白海顶火山穹隆岩相构造图

五、火山通道对成矿的控制

中心式火山通道对叶蜡石矿的矿体定位、形态、规模、产状及矿石质量等方面均有不同程度的控制，有的叶蜡石矿体直接赋存于火山通道中随热液的时期和性质的不同而不同。如瑞安下山火山通道，火山热液沿火山通道上升运移，并与通道及周围火山岩石进行交代蚀变，局部形成叶蜡石矿床。经对下山一带火山热液蚀变作用的剖析，热液作用大致可分两个阶段，早期酸性热液（H_2S 包括 S^{2-} 及 SO_4^{2-}）蚀变作用阶段和晚期弱酸性热液（H_2O、CO_2）蚀变作用阶段，两个阶段的蚀度作用，造成许多火山通道控制的叶蜡石矿床在纵向或横向上产生分带现象。如后坑叶蜡石高岭石矿在纵向上具分带现象，下部为（黄铁矿）、明矾石带，中部和上部缺失；又如鄞县凤凰山高岭石叶蜡石矿在纵向上可分为下部黄铁矿、明矾石带，中部叶蜡石或地开石（高岭石）带，上部硅化带，而横向上自中心向外侧可划分为黄铁矿、明矾石带和外缘叶蜡石或地开石（高岭石）带；如泰顺龟湖及仙居大洪火山通道控制的矿床，在纵向上可分为下部黄铁矿、明矾石带，中部刚玉、硬水铝石带，上部叶蜡石或地开石带，横向自中心向外依次可分为黄铁矿、明矾石带，刚玉、硬水铝石带和叶蜡石或地开石带。

实例：茶山沉陷型破火山构造

茶山沉陷型破火山构造为一火山爆发作用和沉陷活动形成的大型近圆形凹地。直径约 4km，破火山口内岩层由西山头组、茶湾组、九里坪组、祝村组、朝川组组成。岩性为火山碎屑岩、火山沉积岩及火山熔岩等。第三系嵊县群玄武岩零星分布于原火山口附近。

茶山沉陷型破火山构造岩浆活动强烈，火山通道和潜火山岩体发育，放射状和环状断裂明显，茶山叶蜡石矿位于该火山机构的中心部位。由于火山喷发活动和岩浆的侵入作用，带来大量的热（气）水溶液，为成矿提供了介质和热源。

第二节 火山喷发沉积环境

一、成矿物质来源

据陈鹤年等（1988）对瑞安仙岩明矾石-叶蜡石矿床硫矿物（明矾石、硬石膏、黄铁矿）中 $\delta^{34}S$ 同位素测试的分析，认为硫来源于地壳深部或上地幔。除硫以外，一般都不需要溶液从深部带来成矿物质组分，而主要依赖于火山气液对原岩的蚀变改造作用。

叶蜡石矿成矿物质主要来源于成岩物质，即火山碎屑空落入火山湖盆水体内或火山灰流入湖盆水体中经水介脱玻及蚀变作用（含长石晶屑的蚀变）而成。但要构成矿床则必须是火山碎屑物质要超过冷水沉积碎屑物质的含量，即热火山碎屑物质含量要大于50%，在岩石学界定上必须是沉火山碎屑岩，而凝灰质碎屑岩（含砂岩、粉砂岩、粉砂质泥岩等）只能达到矿化，而构不成工业矿石。此外，从落入（或流入）湖盆的火山碎屑结构构造，如塑性外形的玻屑、浆屑、撕裂状玻屑、鸡骨状、枝丫状玻屑等大多数均保存较完好的外形，证明火山碎屑是从空中或火山灰中流入湖盆，很少经水的搬运和迁移。

浙江省叶蜡石矿床（以陆相火山岩型为主）成矿作用基本上可以分为两期：第一期是火山沉积成矿作用（早期，即成岩与成矿同期）；第二期是火山热液成矿作用（晚期，即成矿晚于成岩）。

早期火山喷发在底部形成了大量的火山碎屑沉积岩，随着大量的火山喷出物在火山口周围堆积，形成火山锥。又由于火山体下部的岩浆大量喷出，地下空虚，火山口周围崩塌下陷形成塌陷破火山口。在火山通道中心部位堆积大量的熔结凝灰岩、凝灰熔岩，在塌陷火山口边缘堆积了大量的火山角砾（集块）岩、火山角砾凝灰岩。在火山口塌落过程中，形成环状、放射状断裂，甚至还出现阶梯状断裂，由于能量的释放，也表现为层间破碎带。前期的断裂及其后来的继承复合断裂均为成矿热液不断流入提供了容（储）矿的空间。

火山作用后期，残余的火山或潜火山气液与地表水（大气降水成因的）、地下水混合形成循环成矿热液沿环状断裂上升时，在层间破碎带最有利于交代，SiO_2 向上、下迁移，K、Na 元素逐渐淋失，Al 元素相对增加，为叶蜡石矿的形成提供了条件。

早期火山沉积成矿作用是形成主体层状矿产的主要时期，早期成矿作用与成岩作用几乎同时进行，形成了矿体厚度大、变化小，矿体呈层状、似层状产出，组成了矿床主体的矿石矿体；晚期火山热液成矿作用，是改造早期矿石形成富集的或纯净的矿体，呈脉体、透镜体、囊状体或似层状矿体等重叠在早期矿体之上，是形成富矿和扩大矿床规模的重要时期（李广有，2005a，2005b，2006）。

二、物理化学变化

（一）物理变化

由于火山碎屑进入水体后，由高温状态而被常温状态的水解质所淬冷，因而造成以下情况。

(1)晶屑的碎裂:以石英最为显著,可炸裂成两瓣或多瓣似大蒜瓣状;长石晶屑也同样,只是沿解理处更易分裂,从而加快其蚀变交代。

(2)玻屑:塑性玻屑(似浆屑)呈撕裂状、火焰状、焰舌状或破布条状;粒径较小的玻屑则进一步炸裂成鸡骨状、弧面棱角状、枝丫状等,与陆上堆积的火山碎屑岩中的玻屑情况近似,只是浮岩气孔状结构构造在水中堆积的较少见到。

(3)熔岩(含火山灰流的强熔结凝灰岩)溢流入水,则可见到球泡构造的流纹岩;还有球团状构造,一般大小似马铃薯状、卵石状等,类似基性熔岩流入海中易形成较大的枕状构造,这是因为基性岩的黏稠度较低,易形成较大的枕状块体,而酸性岩的黏稠度大,故形成稍小的球团状块体;此外,由于淬冷而生成火山玻璃及珍珠状构造等。

(二)化学变化

酸性火山碎屑物质和熔岩(主要是长英质的含碱金属和碱土金属的铝硅酸盐)的分解形成硅胶$(SiO_4)^{4-}$、铝胶$(AlO_4)^{5-}$以及碱金属和碱土金属的阳离子或氧化物等,主要由于pH值(即酸碱度)环境的不同,形成硅胶、铝胶以及碱金属和碱土金属离子或氧化物的不同组合,即形成了叶蜡石、高岭石、伊利石、明矾石、蒙脱石等不同类型的组合或部分的混合(即共生组合)。

(三)成矿机理

由于酸性火山碎屑岩或熔岩的SiO_2含量多数在70%~75%之间,而上述叶蜡石矿物的SiO_2含量均在70%以下,如高岭石、伊利石则为46.5%~47%,因而在水解脱玻和蚀变交代矿化过程中,多余的SiO_2被排出,它可富集在矿体顶部呈硅化帽或硅化壳(含SiO_2在80%~95%以上),即构成次生石英岩,如在地开石型高岭石、叶蜡石、伊利石等矿床中可见;也可成夹石或夹层存在(图5-7)。

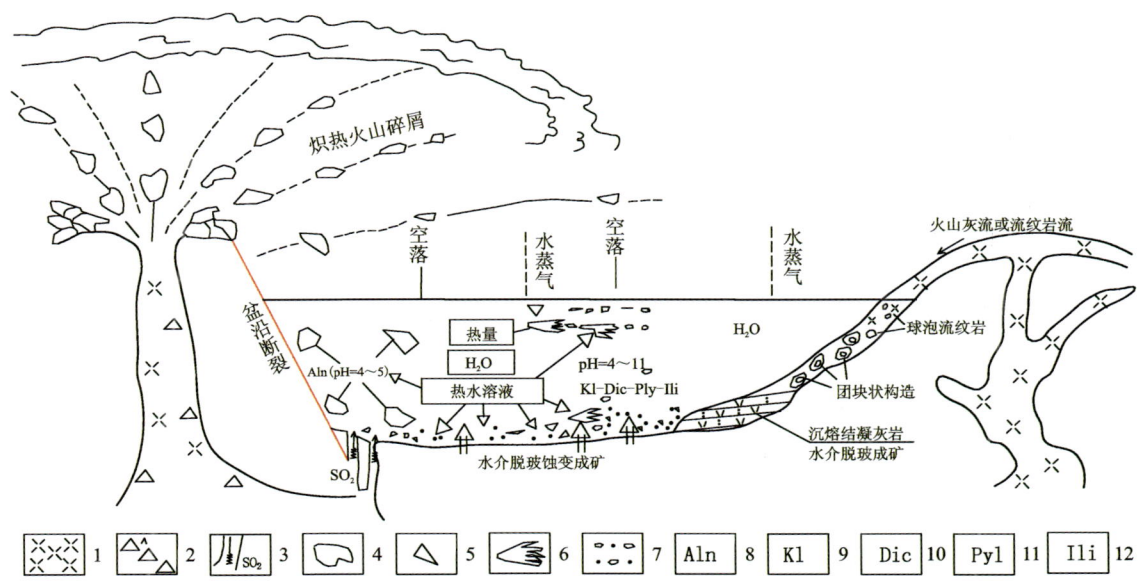

1.流纹岩;2.角砾岩;3.含硫火山热液;4.集块(浆屑、岩屑);5.角砾;6.撕裂状玻屑;7.凝灰质(玻屑、尘屑);8.明矾石;9.高岭土;10.地开石;11.叶蜡石;12.伊利石。

图5-7 火山喷发沉积环境中叶蜡石矿床成矿机理示意图(据李广有,2006)

三、成矿温压关系

杨文宗等（1990）通过对典型叶蜡石矿床的石英包体的均一法测定的形成温度和由其换算所得的压力，均较低，特别是压力（表5-4）。按照静岩压力地质法推算，大部分矿床的静压力似亦仅在几十大气压至一百大气压间，这反映当时矿体上覆岩层厚度一般仅有百余米。因为成矿过程温度及压力与时间呈负相关关系，因此在漫长的地质年代中，即使温度及压力较低，叶蜡石成矿作用也可以发生。

表 5-4　矿床温度测定和压力换算结果表

矿床名称	均一温度/℃	气液比/%	换算压力（大气压）
瑞安仙岩明矾石（叶蜡石）矿	明矾石＞300	—	＞86
青田山口叶蜡石矿	叶蜡石中的石英包体228～258	5～20	28～46
青田山口叶蜡石矿	次生石英岩中的石英包体225～230	10	25～28
泰顺龟湖叶蜡石矿	叶蜡石中的石英包体207～335	10～20	19～137

第三节　火山热液

浙江省历经多期次构造运动叠加，岩浆活动频繁，主要发生于新元古代青白口纪、中生代侏罗纪—白垩纪、新生代新近纪，以中生代白垩纪火山活动最为强烈，分布最为广泛。尤其是中生代以来，在太平洋板块的持续俯冲下，省内陆域发生了阶段性大规模岩浆活动，岩浆活动带来的大量热液导致类型复杂多样的气液蚀变岩石的形成。酸性—弱酸性火山气（热）液是形成叶蜡石矿床的重要因素。尤其以浙东南一带的叶蜡石矿床与火山热液关系更为密切，是燕山晚期火山热液与围岩交代或热液充填的产物。由于大气降水与地下水上升的气水溶液深循环，为叶蜡石成矿提供了热源、水源和矿源的条件。在形成中偏酸性的介质条件下，热液交代富铝质的围岩形成各种层状铝硅酸盐黏土矿物（包括叶蜡石、高岭石等）。

一、火山热液来源

火山热液来源主要为炽热的火山碎屑或熔岩进入水体后将热量传导给水体因而转化成50～100℃上下的热水溶液，反过来又作用于火山碎屑物质，形成火山玻璃物质的水介脱玻及蚀变矿化作用（含长石晶屑及少量黑云母等暗色矿物晶屑的蚀变矿化）。火山碎屑物质本身是炽热状态物质，在落水后完全可能与水解质瞬间接触和反应成气化热液状态，其局部温度可达100℃以上，可生成较高温度的叶蜡石、地开石等矿物。

二、火山热液作用

强烈的火山喷发过程中,由深部沿构造断裂运移上升的酸性气液(H_2S),首先与围岩氢交代作用。由于氢离子加入于围岩的矿物内,相应的碱金属阳离子则被释放到气液中,因此气液呈碱性。进而碱性的气液继续作用于围岩,使矿物发生分解和离子交换,届时大量的SiO_2、Al_2O_3、H_2O及少量的Fe移入气液,又使气液变为酸性。这种由氢交代作用而引起的碱性交代和酸性淋滤,即成矿过程极为重要的化学反应(图5-8)。

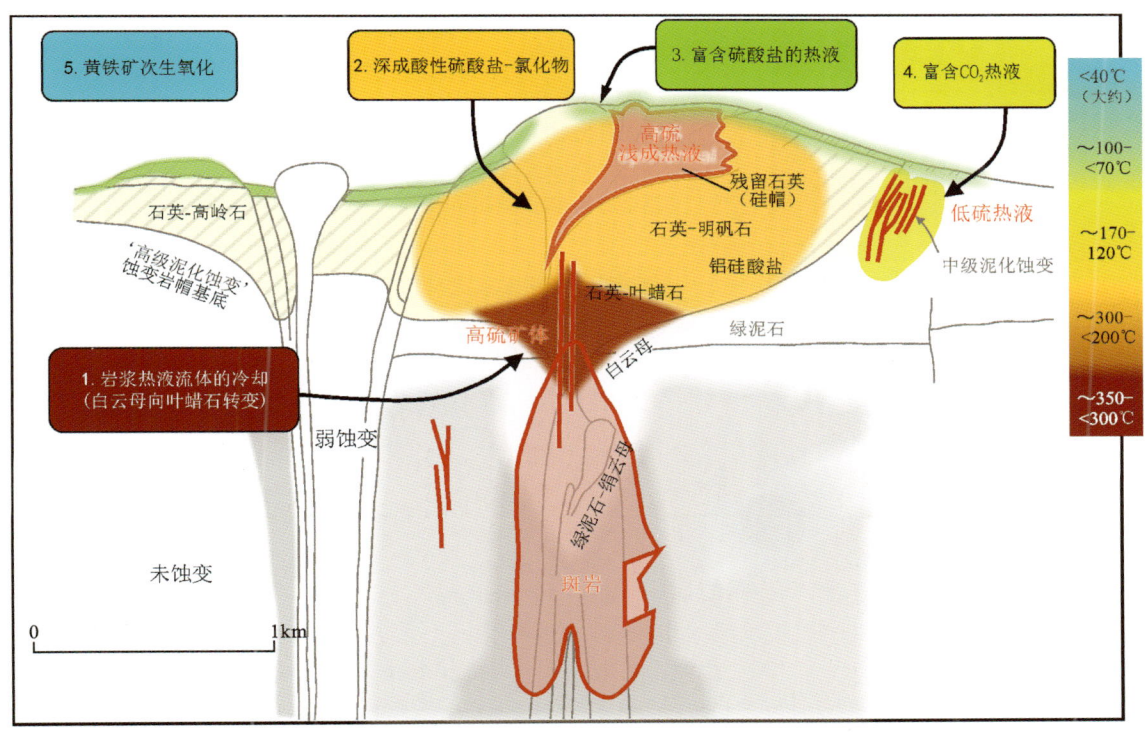

图5-8 火山热液作用蚀变形成环境示意图(据Sillitoe,2010;Hedenquist,2021,修改)

成矿热液是含碱富硫的酸性气水溶液,其在深部还原环境中,当S^{2-}与围岩内析出的Fe^{2+}结合,即形成黄铁矿;在浅部氧化环境中,因硫多以SO_4^{2-}形式出现,可与围岩内的长石类矿物结合形成明矾石。一旦受到下降地下水(即大气降水)的兼浸,成矿溶液由酸性向弱酸性(弱碱性)转化,适时与围岩内的Al_2O_3、SiO_2(和K_2O)结合,则形成地开石(含高岭石)、叶蜡石(及伊利石)(杨文宗等,1990,汪灵,1997)(表5-5)。

因此,依据酸碱度的不同,自下而上从火山喷发沉积成因酸度最大往上依次为明矾石→地开石(含高岭石)(早期贫矿)→叶蜡石(早期贫矿)→伊利石→(pH偏碱性)蒙脱石型膨润土,而伊利石则处于中性介质附近。pH值相近的矿物可以共生,如蒙脱石-伊利石、叶蜡石-地开石(含高岭石)、叶蜡石-地开石(含高岭石)-明矾石等,但在pH值改变的情况下也可有不同类型的矿物共生(李广有,2006)。

根据Browne等(1978)对热液矿床中矿物稳定温度的观测数据(图5-9),随着热液系统中酸碱度的变化,影响系统中矿物的形成。图5-9中虚线表示矿物在更宽温度范围内的存在,通常较低温度。沸点深度是指低CO_2系统中饱和水蒸气压力下的静水条件。高CO_2浓度的系统在相同温度下的沸点深度更深。裂谷中的浅成热液矿床的形成深度比火山弧中的要浅(Hedenquist,2021)。

表 5-5 中国东南沿海火山热液型叶蜡石矿床 3 个亚类地质特征

矿床亚类	富硫火山热液蚀变交代型	贫硫火山热液蚀变交代型	火山热液蚀变充填型
成矿大地构造背景	在空间上主要分布在浙东南火山活动带;在时间上形成地洼激烈期,是地洼阶段构造-岩浆-火山作用的产物,因而矿床赋存于地洼结构层中		
含矿火山岩建造的地层层位	浙东主要为磨石山群西山头组、大爽组,其次为高坞组和朝川组		
成矿原岩岩性	酸性—中酸性火山碎屑岩类,包括流纹质的晶玻屑凝灰岩、玻屑凝灰岩、含火山泥球晶玻屑凝灰岩、含火山角砾晶玻屑凝灰岩、熔结凝灰岩和球泡流纹岩等		
控矿构造	火山洼地中的火山机构所形成的环形或放射状断裂及其破碎带	火山洼地中与火山机构有一定关系的断裂及其破碎带,特别是断裂及破碎带的交会部位	火山洼地中的火山机构或断裂结构形成的次级断裂或裂隙构造
物化条件及成矿作用	偏酸性中低温富硫火山气液蚀变-交代作用	偏酸性中低温贫硫火山气液蚀变-交代作用	中低温火山气液蚀变-充填作用
矿体形态及产状	似层状为主,也有不规则透镜状和团块状,向下呈分枝丫状和鸡骨状,产状变化较大	似层状为主,也有透镜状和团块状,产状比较平缓、稳定,往往形成单斜构造	脉状为主,也有透镜状和团块状,产伏复杂,一般倾角较陡
蚀变分带（垂向剖面）	单项式不对称分带: ①简单次生石英岩带; ②石英-叶蜡石带; ③明矾石-硬水铝带; ④明矾石-叶蜡石-石英带; ⑤刚玉-红柱石-叶蜡石带; ⑥硅化黄铁矿化绢云母蚀变原岩带	中心对称式分带: ①简单次生石英岩带; ②石英-叶蜡石带; ③明矾石-硬水铝带(含刚玉、红柱石等); ④石英-叶蜡石带; ⑤硅化黄铁矿化绢云母蚀变原岩带	一般无明显蚀变分带现象
矿石类型	叶蜡石、含石英叶蜡石和石英叶蜡石等硅铝质大类矿石为主,也有硬水铝石叶蜡石等水铝质大类矿石,常见明矾石及明矾石叶蜡石	叶蜡石、含石英叶蜡石和石英叶蜡石等硅铝质大类矿石为主,也有硬水铝石叶蜡石等水铝质大类矿石	以地开石叶蜡石等水铝质大类矿石为主,常见地开石
矿石结构构造	变余晶玻屑凝灰岩结构,鳞片变晶结构,微粒变晶结构,交代假象结构;致密块状、条带状、角砾状和杏仁状构造等		一般不与气液蚀变交代成矿作用有关的结构
矿床实例	泰顺龟湖	青田山口、上虞梁岙	临安上溪

注:据汪灵,1997.

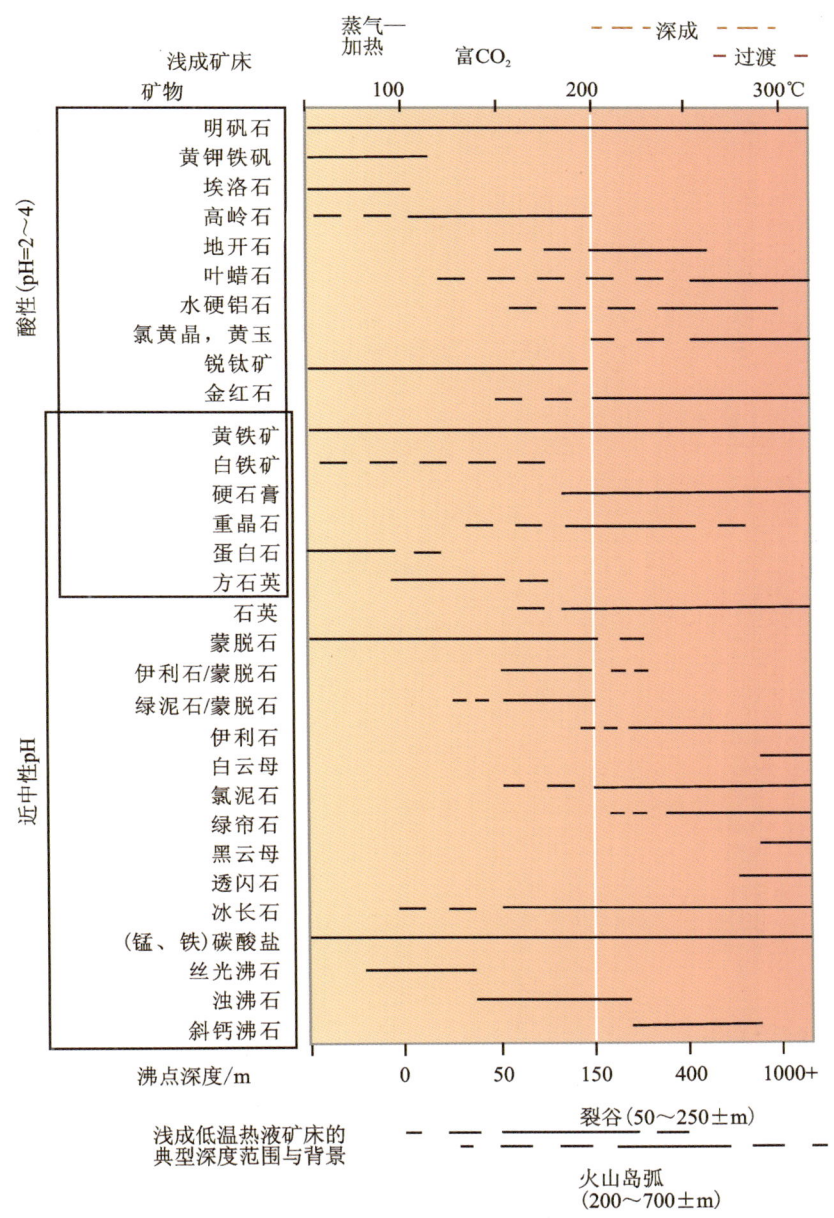

图 5-9 典型热液矿床中矿物的稳定温度（据 Hedenquist,2021 修改）

根据 Hemley 等（1980）对 Al_2O_3-SiO_2-H_2O 体系的实验结果及得出的温压曲线图（图 5-10）可知，热液系统在冷却过程中，红柱石经过热液蚀变，分别在温度在约 320℃ 和约 260℃ 及以下时，转变成为的叶蜡石或地开石（图 5-10 中红色箭头方向），表明叶蜡石可以在较低温度下与高岭石族矿物共存。

在 100MPa 的水压下，有以下矿物共生组合：高岭石-叶蜡石-石英组合形成温度为 273±10℃；高岭石-叶蜡石-硬水铝石组合形成温度为 300±10℃；叶蜡石-硬水铝石-红柱石组合形成温度为 337±10℃；叶蜡石-红柱石-石英组合形成温度为 366±10℃；硬水铝石-刚玉组合形成温度为 394±10℃。

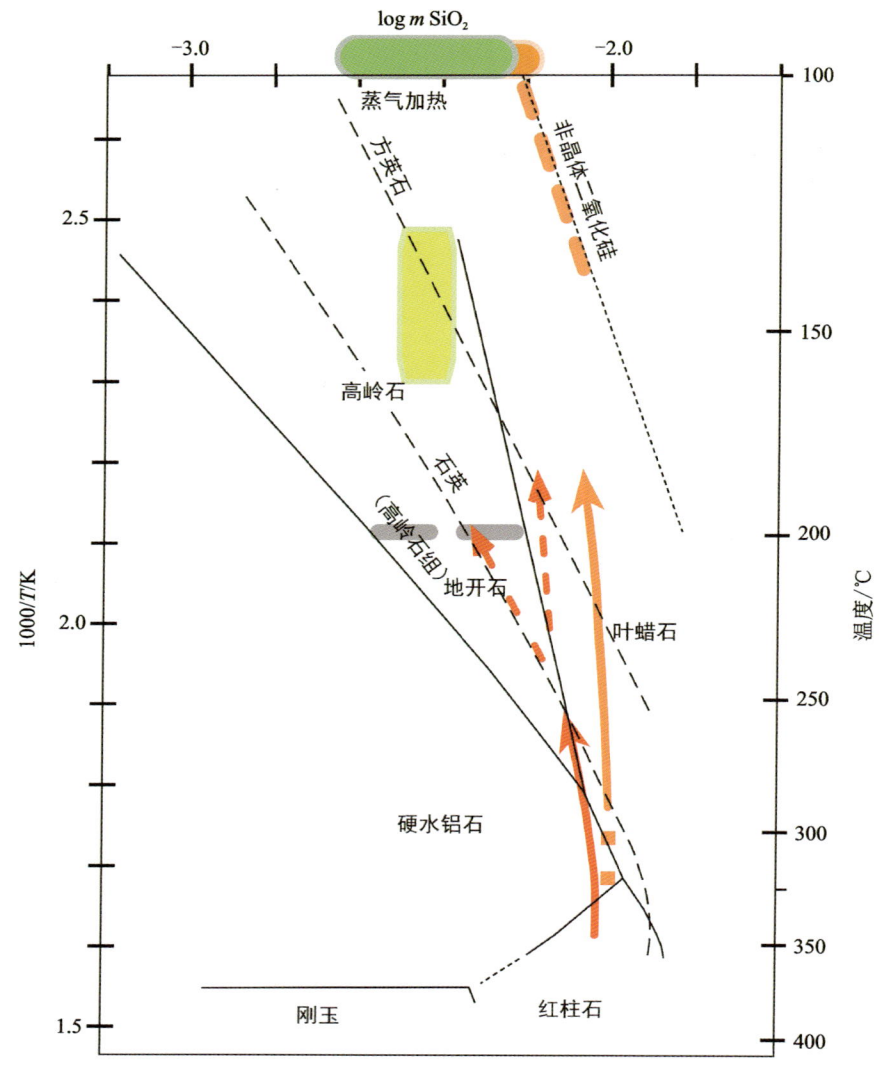

图 5-10 饱和液体蒸气压力下 Al_2O_3-SiO_2-H_2O 体系的稳定关系图（据 Hemley et al.，1980；Hedenquist，2021 修改）

第四节 断裂构造

一、区域断裂构造

区域构造一般具有多期活动特征，早期活动控制了成矿地质体的分布，形成构造盆地、构造岩浆带、火山岩浆带，在其后期控制了区域成矿带，不同级别的构造控制了矿田、矿床、矿体，有的发育了强烈的成矿后构造，同一个构造旋回的同一个构造阶段中控岩构造略早于成矿构造（叶天竺等，2014）。

省内的火山喷发沉积作用主要发生在白垩纪。早白垩世火山构造洼地受北北东向断裂控制，个别受多组断裂联合控制，沉积盆地的形成、发展以及沉积作用的发生均与北北东向断裂有关。

第五章　叶蜡石控矿地质因素

早白垩世早期,由于区域的引张作用,北北东向断裂转化为张性或张扭性走滑拉张,由于这些断裂的差异性滑动,造成塌陷或凹陷,剖面上形成地堑式(部分为箕状)的洼地构造,这些洼地的走向与断裂方向基本一致。初始时,由于洼地较小,在其底部往往堆积一套粗屑沉积物。随着断裂活动加强,断裂下切深度增大,洼地的范围也不断扩大,形成了一套内陆河湖相沉积物,局部湖水较深,沉积一套浅—深湖相的产物。

早白垩世晚期,一些洼地范围仍在扩展,而有些洼地则出现火山喷发。成岩期由于区域应力又转化为北东-南西向以挤压作用为主,造成地块抬升,多数洼地已处于封闭萎缩,少数仍接受一些山间冲积扇相堆积。早白垩世火山构造洼地大多呈长条状,构造洼地的长轴走向与断裂走向基本一致,洼地内沉积岩的走向大多与断裂走向一致,呈北北东向展布,反映了断裂对沉积作用的控制。少数火山构造洼地(Ⅴ型)受火山构造控制,平面上呈近圆形,洼地内沉积岩呈环状展布,这些洼地内的沉积作用与断裂构造虽无直接关系,但也存在间接的控制作用。

晚白垩世火山构造洼地的形成与断裂构造关系较为密切,主要受北东向、北西向和东西向断裂联合控制,形成的洼地的展布形式与控制它的断裂构造有关,有的呈北东东向反"S"形展布,有的呈"人"字形展布,有的夹持在两条断裂间呈长条状展布,常叠加在早白垩世盆地之上。由于强烈的断陷作用造成地块差异性升降而形成的洼地,常呈"单断"式,沉积中心靠近断裂一侧,形成一套以粗碎屑为主的沉积物,洼地内沉积岩的产状变化较大。

二、区域断裂对火山构造的控制

浙东沿海一带火山岩发育,尤其是中生代火山岩及火山构造受区域构造控制明显。由于受温州-镇海及丽水-余姚两深断裂的控制及影响较强,本区火山岩及火山构造宏观上的展布特征明确,如在两深断裂之间,从南至北分布有呈北北东向展布的泰顺-平阳火山喷发区、括苍山火山喷发区及四明山火山喷发区。不同时期断裂对火山岩及火山构造的控制作用不尽相同,晚侏罗世火山活动受基底北东向断裂控制,火山活动以多口中心式喷发为主,火山岩大面积分布,火山岩总体呈北东向分带展布,火山构造呈串珠状带状排列,形成清晰的火山喷发带,喷发带展布方向与构造线一致。例如,在鹤溪-奉化北东向断裂的旁侧,火山岩产状整体呈北东向延伸,茶山破火山、石岩头破火山、括苍山破火山、上井破火山、半山火山穹隆及孙坑破火山等总体呈北东向展布。

早白垩世火山活动主要受北北东向断裂控制,火山活动呈明显的区带性,以火山构造洼地为主的火山构造和火山岩的分布与区域构造走向基本一致,火山岩相以火山碎屑流相和火山喷发沉积相为主。如温州-镇海断裂带旁火山岩产状为北北东向展布,受其控制及影响的宁波、宁海、宁溪等火山构造则呈北北东向展布。

晚白垩世火山活动受北东向、北西向及东西向多组断裂控制,火山活动限制在少数的几个火山构造洼地内,主要岩相为火山空落相、火山碎屑流相、喷发沉积相和喷溢相。如天台、仙居火山构造洼地受北东向及北西向断裂联合控制,形成的火山构造呈"人"字形展布。基底构造对火山喷发区具有控制作用,区域深大断裂则往往控制Ⅱ级火山构造的发育,而一般断裂则对Ⅲ级火山构造及潜火山岩等起控制作用。

三、断裂构造与成矿

断裂构造活动强度,直接影响矿体规模及矿床贫富。

断裂构造在成矿作用中主要通过充填作用机制控制矿体的形态、规模、产状等基本特征。成矿流体充填于岩石空隙、裂隙中，如果无沟通机制则无法形成充填成矿作用。此类沟通机制就是渠道化效应，其发生的动力源还是断裂构造活动。因此，无论成矿前已经形成的或者成矿作用发生时形成的断裂构造，只有在成矿流体作用范围和时间内活动才能发生成矿作用。

浙江属环太平洋火山岩带，处于欧亚板块和太平洋板块的交会处，发育新元古代—古生代和中生代裂谷。白垩纪时期，区域上形成了若干规模较大的北东向条带状断陷盆地。区内以北东向、北东东向、北西向断裂为主。自北向南主要有球川-萧山断裂、江山-绍兴断裂、松阳-平阳断裂、丽水-余姚断裂、温州-镇海断裂等。

叶蜡石矿床的形成与区域性深大断裂关系密切，尤其是中型以上的叶蜡石矿床，如上虞梁岙叶蜡石、云和县寨下叶蜡石、景宁县缪坑叶蜡石矿位于丽水-余姚断裂带两侧，泰顺龟湖叶蜡石、瑞安仙岩明矾石叶蜡石、宁海深甽叶蜡石等矿床位于温州-镇海深断裂两侧，常山芳村叶蜡石矿、萧山岩山叶蜡石矿位于球川-萧山断裂两侧。断裂构造的活动有利于热液流通，为成矿流体的运移提供了合适的通道，有利于形成较大规模的矿床。

断裂构造是热液运移的重要通道，也是重要的容矿空间，尤其是热液充填型叶蜡石矿床，其矿体的分布、形态、产状严格受容矿断裂构造控制，断裂构造性质与构造特征也影响矿石质量。矿体呈脉状、透镜状，成矿明显受断裂构造的控制，具体如下。

绍兴秦望山叶蜡石矿的矿化蚀变带发育于秦望山火山通道东南侧的北东向断裂带内，矿体呈脉状、透镜状赋存于蚀变带内，矿体产状与断裂产状基本一致。对蚀变岩型叶蜡石矿也有较强的影响。

永嘉岩头叶蜡石矿的形成受九里坪组流纹岩与断裂构造双重控制，矿体发育于赋矿层与近东西向断裂构造的交会处，在断裂破碎带及两侧附近蚀变较强，矿石质量较好，而远离断裂构造蚀变作用减弱，难以成矿。

仙居大洪叶蜡石地开石矿的矿化蚀变带位于北东向断裂带内，呈透镜状、豆荚状产出，具形态复杂、铁质含量高、规模小的特点。在不同节理、断裂面常有不同程度矿化或小矿脉出现。含矿地层下白垩统九里坪组含球泡流纹岩、流纹斑岩夹球泡流纹岩，岩石中的硅铝矿物在热水溶液沿断裂破碎带运移、交代蚀变作用下，在断层破碎带及附近蚀变中酸性火山岩中形成叶蜡石、地开石、次生石英、绢云母等蚀变矿物。

第五节　区域变质

一、区域变质作用

区域变质作用是指在板块运动过程中，由于存在规模巨大的构造应力作用并伴随不同程度的构造热流异常和深部岩浆的上侵活动，在高温、高压以及岩浆活动的联合作用下，地壳中原来的岩石（包括矿床）将发生大面积的强烈改组和改造（翟裕生等，2011）。它的特点是，变质区域范围大，温度可从低温至高温。它的成矿作用除了重结晶作用和重组合作用外，往往还有变质交代作用，即变质热液在变质过程中交代了含矿原岩建造，使成矿物质发生活化、迁移、富集。区域变质作用和成矿的关系，主要表现为由温度、压力、溶液（变质热液）等因素的变化而使原有矿床改造或使原岩中的成矿元素迁移富集而成矿。与区域变质作用有关的矿床主要有两种成矿作用。

变质作用之前，由沉积作用、火山作用或与岩浆侵入有关的成矿作用所形成的矿床，在区域变质作用过程中,受到各种方式的改造和变化。首先是它们和围岩一起经受变质重结晶和重组合作用,引起矿石和脉石的矿物成分和组构的变化,从而形成新的矿石组构。在另一些情况下,变质热液的作用(如交代作用、充填作用等)可使原矿石中成矿元素溶解活化、迁移和重新富集,从而导致原有矿床发生矿石类型、矿物成分及组合、结构构造的变化,促使矿石的进一步富集(或贫化)。大多情况下,区域变质作用对先存矿床的改造是有限的,决定这类矿床工业意义的主要因素仍然是变质前先存矿床的控矿条件和地质特征。

有些变质前的原岩建造中某些元素的含量稍高或较高,但远未达到工业矿床的要求,或根本没有形成有用矿物,它们或在变质结晶和重结晶过程中形成矿床,或由于与变质作用及混合岩化作用有关的热液作用,使围岩中的有用元素在各种特定条件下,进一步迁移富集而成工业矿体,对这类矿床来讲,原岩建造的含矿性是其形成的物质基础,而区域变质作用和混合岩化作用是其富集成矿的主要动力因素。

二、区域变质作用与成矿

浙江省区域变质作用主要发生于古元古代、新元古代、早古生代晚期—晚古生代早期、晚古生代晚期—早中生代4个时期。太古宙末期—古元古代早中期,是浙江原始陆块形成的重要时期,古元古代末期,受哥伦比亚全球超大陆汇聚与裂解作用影响,构成浙江省原始陆块的武夷地块和东南地块发生了强烈的变质作用,相应形成八都岩群、鹤溪岩组等区域变质岩系,与此同时,在构造有利部位形成了一些与区域变质作用有关的铁、金、银、铅、锌等矿产。新元古代受双溪坞岛弧与扬子克拉通弧陆碰撞影响,发生大面积的低绿片岩相的变质,主要形成铜、金、叶蜡石等矿产(表5-6)。早古生代晚期—晚古生代早期,是浙江陆壳生长的重要时期,伴随华南洋的俯冲与消减,使形成于古元古代时期的武夷地块、东南地块最终与扬子克拉通发生碰撞拼合,形成了华南统一大陆。这次的造山作用主要沿着各地块之间的俯冲增生杂岩带发生,因此区域变质作用也局限在溪口-陈蔡俯冲增生杂岩带和龙泉-上虞俯冲增生杂岩带之中。晚古生代晚期—早中生代,受控于古太平洋板块的俯冲或中国东部多板块汇聚作用的影响,浙江陆壳发生了明显的差异变质作用,该时期区域变质作用主要叠加发育于古元古代变质地体之上,此外浙东沿海一带在晚古生代接受沉积的一套陆表海沉积物也相应地发生了区域变质作用,而于早古生代晚期—晚古生代早期形成的一套变质岩系基本未发生变质。浙江新元古代区域变质作用形成的一套浅变质岩系主要发育于浙西北地区的江南变质区开化-平水变质地带,分别由平水组、双溪坞群、蒙山组、陈塘坞组、河上镇群及相应侵入岩组成,是浙江新元古代开化-平水弧盆系的重要组成部分。

浙江新元古代区域变质作用与叶蜡石成矿关系最为密切,由于新元古代早期双溪坞岛弧与扬子克拉通弧陆碰撞并未造成地壳的大规模缩短,亦未发生大规模的地壳物质变质和重熔,因此碰撞使得洋内弧物质发生强烈的变形,普遍发生韧脆性变形,形成大量的碎裂岩、糜棱岩、超糜棱岩,甚至糜棱片岩等。晚期进入后造山阶段,该时期造山带发生垮塌、下地壳拆沉、地幔上涌和地壳伸展,形成了一系列具"双峰式"特征的岩浆岩,包括上墅组中的流纹质火山岩和玄武岩以及道林山花岗岩和次坞辉绿岩等。该时期形成的河上镇群虹赤村组、上墅组等火山-沉积岩呈角度不整合超覆于下部的弧盆系地层之上,构成广泛分布的区域构造面。火山-沉积岩成岩后经受多期构造作用而发生低绿片岩相变质形成绢云母、高岭石、埃洛石等含水次生矿物,有利于同期受热液作用发生蚀变而形成叶蜡石矿床。

区域变质不仅对成矿具有影响,而且对矿石结构构造与质量也有一定的影响,赋存于双溪坞群岩山组和河上镇群上墅组中的叶蜡石矿石往往具 Al_2O_3 等有用组分含量高和片状构造的特点。

表 5-6 浙江省新元古代区域变质作用与成矿

变质单元	地层岩石单位		岩石构造组合	岩性描述	原岩建造	变形作用特点	变质相系	变质时代	构造环境	代表性矿产
龙门山变质地带	河上镇群	上墅组	中基性火山岩-酸性火山岩组合	下部为中基性熔岩和中基性火山碎屑岩；上部为酸性熔岩及火山碎屑岩	"双峰式"火山岩建造	部分地段变形强烈，但构造置换并不彻底，露头上常能识别层理，镜下能见到残余层理构造，如层状、带状构造等	中低压、低绿片岩相	新元古代	后造山	Cu、Au、叶蜡石
		虹赤村组	砂岩-泥岩组合	灰绿色、灰紫色、浅红色块状含砾长石岩屑砂岩、杂砂岩夹少量基性火山岩	陆源碎屑岩建造					
		骆家门组	砂岩-粉砂岩-泥岩组合	底部为砾岩；下部为含砾砂岩夹酸性火山岩；中上部为砂岩、粉砂岩、泥岩、硅质泥岩组成韵律层	复理石建造					
	双溪坞群	章村组	岛弧英安-流纹质火山岩组合	片理化流纹-英安质含角砾晶屑玻屑熔结凝灰岩、晶屑玻屑熔结凝灰岩及玻屑熔结凝灰岩，局部夹凝灰质砂岩、沉凝灰岩	中酸性—酸性火山岩建造				岛弧	
		岩山组	凝灰质砂岩-沉凝灰岩组合	片理化凝灰质砂岩、粉砂岩、粉砂质泥岩、砂砾岩、沉凝灰岩夹少量英安质火山碎屑岩	火山沉积岩建造					明矾石
		北坞组	岛弧安山-英安-流纹质火山岩组合	片理化流纹-英安质含角砾玻屑凝灰岩，下部为蚀变安山质含角砾玻屑凝灰岩夹凝灰质粉砂质泥岩、安山质沉凝灰岩	中性—中酸性—酸性火山岩建造					
	平水群		洋内弧富铌玄武岩-角斑岩-石英角斑岩组合	下部为细碧角斑岩夹深水-斜坡相的泥质岩、硅质岩、含砾砂岩等，上部为角斑质玻屑凝灰岩	细碧角斑岩建造	韧性剪切变形、脆性破碎			洋内弧	Cu、Au、S
	侵入岩		洋内弧富铌辉长岩-高镁闪长岩-TTG组合	橄榄辉石岩、橄榄辉长岩、辉长辉绿岩、斜长岩、闪长岩、石英闪长岩、石英二长闪长岩、花岗闪长岩、斜长花岗岩、二长花岗岩、正长花岗岩	基性—超基性侵入岩建造、中性—中酸性—酸性侵入岩建造					Fe、Au

第六章　浙江叶蜡石矿时空分布规律

第一节　叶蜡石矿的时间分布规律

一、成矿时代

成矿时代是指在一个成矿区域内,矿化集中地发生在某个或某些地质时期(翟裕生等,2011)。述及叶蜡石成矿时代,一般资料中往往将成岩时代当作成矿时代。从时间线上看,中国的叶蜡石矿主要可以分为3个成矿期:第一期为晋宁期,主要受晋宁期构造运动影响,分布于"扬子地块"活动带边缘,成矿原岩为中酸性火山岩,在受到强烈的区域构造应力下,矿物质发生溶蚀,并顺构造裂隙侵入形成充填型叶蜡石矿体。后期受区域构造运动的持续影响,以及次火山活动的影响,存在多期次成矿现象。第二期为加里东期—印支期,该期的运动主要表现在中朝准地台与西伯利亚板块碰撞,新疆—内蒙古—大兴安岭一带一系列的古海盆闭合,中朝准地台持续抬升。随着古亚洲洋的闭合,中朝准地台北部从塔里木至东北诸多区域的构造环境从海相、滨海相转为陆相构造环境,此期间在西伯利亚板块与塔里木-华北(中朝)板块的接触带(伊林哈别尔尕-西拉木伦板块结合带)周边发育一系列中—酸性滨海相火山岩沉积,受到区域构造影响蚀变成叶蜡石矿。第三期为燕山期,该期运动主要表现在太平洋板块和中国大陆主体的相互作用,在中国东部形成了宏大的燕山造山带及强烈的火山-深成岩浆活动。中生代的火山活动在蒙东—浙江—福建—粤东形成了大量的中酸性火山岩沉积,为叶蜡石成矿提供了物质来源,同时持续的火山(次火山)活动为成矿提供了动力条件。中国叶蜡石矿成矿时期主要集中在侏罗纪和白垩纪,此外还有青白口纪、震旦纪、石炭纪、二叠纪、三叠纪。

对于火山热液蚀变型和热液充填型叶蜡石矿而言,成岩和成矿几乎开始于同一时期,矿化与火山活动具有同期性,但很多叶蜡石矿存在多期次的成矿活动。而对于变质型矿床的成矿时代与实际是存在差异的(张少颖,2017)。变质型叶蜡石矿床往往由于后期构造叠加成矿,而后期构造的具体时期难以确定,故统计叶蜡石矿床时将成岩时代作为成矿时代。

新元古界双溪坞群锆石U-Pb定年表明其形成于926～855Ma之间,属青白口纪早期(Li et al.,2009;周效华等,2014a);河上镇群的地质时限在860～780Ma之间,属青白口纪晚期(韩瑶,2013;唐增才等,2018)。锆石U-Pb定年表明,磨石山群(大爽组、高坞组、西山头组、九里坪组)火山岩形成于154.9～129Ma(Liu et al.,2012;Li et al.,2013;王加恩等,2015;廖圣兵等,2019)。地质时代属晚侏罗世—早白垩世早期;建德群下亚群(劳村组、黄尖组)火山岩形成于136～127Ma(Liu et al.,2012;2014),地质时代属晚侏罗世—早白垩世早期;永康群(馆头组、朝川组、小平田组)火山岩形成于122～111Ma(Liu et al.,2012;Li et al.,2014;唐增才等,2018),地质时代属早白垩世晚期。

浙江省叶蜡石矿成矿时代可划分为中生代和新元古代两大时期。中生代叶蜡石矿成矿可进一步分为晚侏罗世—早白垩世早期(磨石山群与建德群下亚群)、早白垩世晚期(永康群与建德群上亚群)和晚白垩世(天台群、衢江群)3个阶段。其中晚侏罗世—早白垩世早期矿化作用最为强烈,已知矿产地数量最多,已发现矿床(点)数量为 67 处(中型以上矿床 19 处),占浙江省总数的 82.71%,其次为早白垩世晚期,矿床(点)数量为 10 处,占浙江省总数的 12.35%,而晚白垩世叶蜡石类成矿作用较弱,主要发育明矾石矿,叶蜡石矿化蚀变程度弱,尚未发现含有叶蜡石矿点。新元古代叶蜡石矿成矿时代可进一步细分为青白口纪早期(双溪坞群)和青白口纪晚期(河上镇群)两个阶段,其中青白口纪早期已知矿床(点)数量 1 处,青白口纪晚期已知矿床(点)数量为 3 处(中型以上矿床 2 处),分别占浙江省总数的 1.24% 和 3.70%(表 6-1)。

表 6-1 浙江省叶蜡石矿成矿时代统计表　　　　　　　　　　　　　　单位:处

成矿时代		叶蜡石矿床(点)				合计
		大型	中型	小型	矿点	
中生代	晚侏罗世—早白垩世早期	6	13	21	27	77
	早白垩世晚期			2	8	
新元古代	青白口纪早期				1	4
	青白口纪晚期	1	1		1	

二、赋矿层位

浙江省叶蜡石矿床最老的层位是分布于浙江常山芳村的青白口系上墅组,成矿强度最大的赋矿层位为白垩纪地层。详见表 6-2。

表 6-2 浙江省叶蜡石矿床含矿层位表　　　　　　　　　　　　　　单位:处

序号	赋矿地层层位		叶蜡石矿床(点)				合计
			大型	中型	小型	矿点	
1	永康群	小平田组				1	1
2		朝川组			1	5	6
3		馆头组			1	2	3
4	建德群	黄尖组			1		1
5		劳村组				1	1
4	磨石山群	九里坪组	1		1	3	5
5		茶湾组			1		1
6		西山头组	5	9	12	21	47
7		高坞组			2	3	5
8		大爽组		4	3		7
9	河山镇群	上墅组	1	1		1	3
10	双溪坞群	岩山组				1	1

从表 6-2 中发现,浙江省叶蜡石变质型矿床赋矿层位零散,火山热液型矿床赋矿层位集中于白垩纪地层,其中,赋存于新元古代青白口纪火山岩内的矿床(点)数量为 4 处,占全省总数的 4.94%,中生代白垩纪火山岩内矿床(点)数量为 77 处,占全省总数的 95.06%。赋矿层位岩性特征及叶蜡石矿发育状况如下:

第六章 浙江叶蜡石矿时空分布规律

(1)双溪坞群岩山组,发育于成熟岛弧环境,岩性为片理化沉凝灰岩、凝灰质粉砂质泥岩、凝灰质砂岩和沉凝灰角砾岩,局部夹少量英安质火山碎屑岩。赋矿岩石为流纹岩、沉凝灰角砾岩、沉凝灰岩,属火山岩-沉积碎屑岩组合。

(2)河上镇群上墅组,形成于裂谷构造环境,为一套双峰式火山岩建造,下部为中基性熔岩和中基性火山碎屑岩,上部为酸性熔岩、酸性火山碎屑岩。赋矿地层主要岩石类型为角砾凝灰岩、熔结凝灰岩、英安-流纹岩,岩石组合多为火山岩-沉积碎屑岩组合,如常山芳村叶蜡石矿岩石组合为凝灰岩-流纹岩-沉凝灰岩组合。

(3)磨石山群大爽组,为一套酸—中酸性火山碎屑岩夹中、酸性熔岩和火山碎屑沉积岩,火山活动相对较弱,以间歇性喷发为特征。赋矿地层主要岩石类型为流纹质晶屑玻屑(熔结)凝灰岩、流纹质玻屑凝灰岩及流纹岩等。矿床(点)数量为7处,占全省总数的8.64%。

(4)磨石山群高坞组,主要为一套中酸性、酸性火山碎屑熔结凝灰岩,火山活动强度增大,常常形成火山穹隆构造,赋矿地层主要岩石类型为流纹质晶屑玻屑凝灰岩、流纹质(熔结)凝灰岩等。

(5)磨石山群西山头组,为一套酸性火山碎屑岩夹火山碎屑沉积岩,局部夹喷溢相流纹岩,火山活动非常强烈,常形成规模较大的破火山。赋矿地层为第一岩性段中下部及第二岩性段的流纹质晶屑玻屑(熔结)凝灰岩、流纹质含角砾晶屑玻屑(熔结)凝灰岩、流纹质玻屑凝灰岩及流纹岩等。矿床(点)数量为47处,占全省总数的57.67%。

(6)磨石山群茶湾组,为酸性火山碎屑岩与沉积岩互层,局部夹中性、中基性熔岩,火山活动较弱,常分布于塌陷破火山和火山构造洼地中,赋矿地层岩石类型为流纹质含角砾玻屑凝灰岩、熔结凝灰岩等。

(7)磨石山群九里坪组,以酸性熔岩为主,赋矿地层主要岩石类型为流纹岩、流纹质熔结凝灰岩。

(8)建德群(下亚群)劳村组,下部为块状砾岩、细砂粉砂岩夹薄层凝灰岩,上部为流纹质凝灰岩夹熔结凝灰岩、沉凝灰岩及不稳定凝灰质砂岩、粉砂岩,赋矿地层主要岩石类型为流纹质晶屑玻屑凝灰岩、流纹质(晶屑)玻屑熔结凝灰岩。

(9)建德群(下亚群)黄尖组,为英安质熔结凝灰岩、凝灰熔岩、局部为流纹质熔结凝灰岩和凝灰质砂岩。赋矿地层主要岩石类型为流纹质(晶)玻屑凝灰岩、(含)角砾玻屑凝灰岩。

(10)永康群馆头组,为一套双峰式火山岩建造,夹有河湖相沉积岩,赋矿地层岩石类型为流纹质晶屑熔结凝灰岩、流纹岩。

(11)永康群朝川组,为中酸性、酸性火山碎屑岩与火山碎屑岩沉积岩互层,赋矿地层岩石类型为流纹质玻屑凝灰岩、熔结凝灰岩、角砾凝灰岩。

(12)永康群小平田组,以中酸性、酸性火山碎屑岩、酸性熔岩为主,夹少量沉积碎屑岩、中性熔岩,火山活动较强烈,赋矿地层岩石类型为流纹质晶屑凝灰岩、流纹质玻屑熔结凝灰岩。

浙东南地区的磨石山群大爽组、高坞组、西山头组、茶湾组、九里坪组矿床(点)集中分布,永康群馆头组、朝川组、小平田组零星分布少量矿床(点);浙西北地区仅在建德群下亚群劳村组、黄尖组有零星分布,而上亚群寿昌组和横山组尚未发现含有叶蜡石的矿点。

第二节 叶蜡石矿的空间分布规律

一、叶蜡石分带性特征

从区域上看,中国的叶蜡石矿绝大部分(95%以上)分布于滨太平洋成矿域,极少量分布于古亚洲洋成矿域。根据中国主要叶蜡石床矿产区域成矿地质背景和区域成矿规律,矿区集中分布在以下全国重要成矿省的成矿区带内：突泉-翁牛特叶蜡石成矿带、玉山-杭州湾叶蜡石成矿带、武功山-北武夷山叶蜡石成矿带、浙中-武夷山（隆起）叶蜡石成矿带和浙闽粤沿海叶蜡石成矿带等5个成矿区（带）（徐志刚等，2008）。其中尤以火山热液型为主，火山热液型叶蜡石矿床主要受中生代火山机构控制，如火山盆地、火山机构周边的环状或放射状断裂构造。变质型叶蜡石矿床主要受燕山期前的区域构造运动控制，大多分布于区域构造带边缘的中酸性变质火山岩中。因此，火山热液型叶蜡石矿床在Ⅱ级成矿带的中部或边缘都有分布，主要依据火山机构的赋存位置，而变质型叶蜡石矿床主要位于Ⅱ级或Ⅲ级成矿带的边缘位置，主要受区域构造带的影响。

依据浙江省成矿地质背景特征及矿产分布情况，在Ⅲ级成矿带内进一步划分出临安-昌化、常山-诸暨、龙泉-上虞、景宁-天台、苍南-象山5个Ⅳ级叶蜡石成矿亚带（表6-3）。临安-昌化叶蜡石成矿亚带矿种主要为叶蜡石、地开石，常山-诸暨叶蜡石成矿亚带矿种主要为叶蜡石、地开石、伊利石，龙泉-上虞叶蜡石成矿亚带矿种主要为叶蜡石，景宁-天台叶蜡石成矿亚带矿种主要为叶蜡石、伊利石、地开石（高岭石），苍南-象山成矿亚带矿种主要叶蜡石、地开石（高岭石）和明矾石。

表6-3 浙江省叶蜡石成矿区带特征表

成矿省		Ⅲ级成矿区（带）		Ⅳ级成矿亚带		主要矿产地
编号	名称	编号	名称	编号	名称	
Ⅱ-15	下扬子成矿省	Ⅲ-1	玉山-杭州湾叶蜡石成矿带	Ⅳ-1	临安-昌化叶蜡石成矿亚带	临安上溪
				Ⅳ-2	常山-诸暨叶蜡石成矿亚带	常山芳村、绍兴秦望山
Ⅱ-16	华南成矿省	Ⅲ-2	浙中-武夷山（隆起）叶蜡石成矿带	Ⅳ-3	龙泉-上虞叶蜡石成矿亚带	上虞梁岙、龙泉小岩、龙泉兰头、松阳宏远、松阳松玉
		Ⅲ-3	浙闽粤沿海叶蜡石成矿带	Ⅳ-4	景宁-天台叶蜡石成矿亚带	景宁缪坑、青田山口、泰顺龟湖
				Ⅳ-5	苍南-象山叶蜡石成矿亚带	苍南下堡、宁海茶山

浙江省内90%以上的叶蜡石矿床（点），尤其是大中型矿床，受中生代火山构造带控制，并且以丽水-余姚断裂带为界，集中分布于温州-舟山火山喷发带，次为遂昌-上虞火山喷发带的东北缘和南西缘，此外尚有零星矿床（点）分布于常山-桐庐火山喷发带和顺溪-湖州火山喷发带西侧。

浙江省北西侧顺溪-湖州火山喷发带中，叶蜡石矿产仅见于临安上溪，成矿与劳村组火山岩发生热液蚀变作用有关，形成时代为早白垩世。

浙江省中部江山-绍兴断裂西侧常山-桐庐火山喷发带中，叶蜡石矿床中主要矿物组合为高岭石-地开石-叶蜡石，主要矿床有诸暨赵家高岭土矿、萧山区山叶蜡石矿、常山芳村叶蜡石矿等，青白口纪矿产仅见于萧山岩山和常山芳村一带，矿床分别赋存于双溪坞群岩山组和河上镇群上墅组火山岩中；白垩纪矿产明显受一定的火山构造控制，如破火山、火山构造洼地、火山穹隆等，矿点、矿化点较多。

位于江山-绍兴断裂和丽水-余姚断裂带间的遂昌-上虞火山喷发带中，叶蜡石矿床中主要矿物组合叶蜡石-地开石（高岭石），主要矿床有上虞梁岙叶蜡石矿、松阳峰洞岩地开石矿等，成矿时代均为晚侏罗世—早白垩世早期。

浙江省东部丽水-余姚断裂带南东侧隶属温州-舟山火山喷发带中，成矿与白垩纪大规模火山活动有关，矿床均产在特定的火山构造中，叶蜡石矿床中主要矿物有叶蜡石-石英组明矾石-叶蜡石、地开石（高岭石）-叶蜡石等，主要矿床有青田山口、泰顺龟湖、瑞安后坑、宁海茶山等。成矿时间与火山喷发同时或稍晚，一般早白垩世晚期—晚白垩世居多。

二、矿床垂直分带规律

蚀变成矿作用主要表现为火山气液对中酸性火山岩系的改造作用；蚀变矿物相分带序列及相应矿

第六章 浙江叶蜡石矿时空分布规律

体的形成,主要是火山岩系的原岩组分在温度梯度和pH值梯度影响下迁移、调整以及淋失碱金属、碱土金属元素的结果。

叶蜡石成矿是在酸性条件下热液交代富含铝质、硅铝质火山岩的过程,在形成叶蜡石的同时,在其上部形成次生石英岩化带,常呈面型展布全区,形成顶帽。叶蜡石矿产的形成实际上是一个蚀变矿化系统中的分带(相)过程,整个成矿蚀变带包括硅化、黄铁矿化、明矾石化、叶蜡石化、地开石化、伊利石化、硬水铝石化、红柱石化、赤铁矿化等。

浙江省中生代叶蜡石矿都是火山热液交代(充填)型,在火山热液反复的交代、充填作用下形成了一系列的蚀变矿物带。省内几个主要大型叶蜡石矿床都具有明显的蚀变垂直分带性(表6-4)。自上而下垂直分带一般有3个相带,即石英相带(硅帽)、叶蜡石-石英相带、绢云母-黄铁矿-石英相带。

表6-4 大型叶蜡石矿床蚀变相带及蚀变矿物组合

矿床名称	泰顺龟湖叶蜡石	青田山口叶蜡石	青田岭头叶蜡石	上虞梁岙叶蜡石
从上至下垂直分带	石英相带 ↓ 叶蜡石、明矾石、石英相带 ↓ 黄铁矿、绢云母、石英相带 ↓ 方解石、石英相带	石英相带 ↓ 叶蜡石、石英相带 ↓ 绢云母、石英相带 ↓ 黄铁矿、石英相带	石英相带(局部) ↓ 叶蜡石、石英相带 ↓ 叶蜡石、绢云母、黄铁矿相带 ↓ 绢云母、绿泥石、绿帘石、方解石相带 ↓ 绿帘石、黄铁矿、方解石相带	石英相带 ↓ 叶蜡石、石英相带 ↓ 黄铁矿、绢云母、石英相带

在上述垂直分带中,上部的石英相带中,硅帽普遍发育,规模大小不一,如山口、龟湖叶蜡石矿分布面积达$0.5km^2$以上,厚数米至数十米。叶蜡石矿体产于叶蜡石石英相带中,其矿体规模大小与石英相带和叶蜡石、石英相带规模有密切关系,石英相带(硅帽)、叶蜡石-石英相带发育完全,则叶蜡石矿体规模亦大。该两带发育完全,规模大,说明火山热液活动强烈,活动周期长,对围岩蚀变交代充分,硅质及杂质迁移析出多,因此,叶蜡石矿体亦相对规模大,矿石质量好。

对叶蜡石类典型矿床蚀变相带及蚀变矿物组合进行了更为详细的研究和划分,其中可以将青田山口叶蜡石矿床蚀变相带自上而下详细划分为5个相带,泰顺龟湖叶蜡石矿床蚀变相带自上而下详细划分为8个相带,分别见表6-5、表6-6和图6-1、图6-2。

表6-5 青田山口叶蜡石矿床蚀变相带及蚀变矿物组合 单位:%

蚀变相带	蚀变矿物成分及含量			
	主要矿物(含量)	特征矿物	少量矿物	微量矿物
富石英相带	石英(70~90) 绢云母(5~20)	石英	绿泥石、叶蜡石	蒙脱石
刚玉、硬水铝石、叶蜡石相带	叶蜡石(75~85) 刚玉和硬水铝石(5~20)	刚玉、硬水铝石	绿泥石、高岭石、绢云母、蓝线石、红柱石、地开石、绿泥间蜡石、勃姆石、黄玉	白钛矿、镜铁矿、磷铝锶矿、磷铝铈矿、绿泥间蛭石
叶蜡石、石英相带	叶蜡石(30~65) 石英(30~65)	叶蜡石	绢云母、高岭石、蒙脱石、绿泥石	勃姆石、白钛矿、黄玉

续表 6-5

蚀变相带	蚀变矿物成分及含量			
	主要矿物（含量）	特征矿物	少量矿物	微量矿物
绢云母、石英相带	绢云母（20～50） 石英（20～50）	绢云母	叶蜡石、高岭石、蒙脱石、绿泥石、黄铁矿、方解石	
黄铁矿、绢云母、石英相带	石英（20～50） 绢云母（10～20） 黄铁矿（2～5）	黄铁矿	绿泥石、叶蜡石、高岭石、方解石	

表 6-6　泰顺龟湖叶蜡石矿床蚀变相带及蚀变矿物组合　　　　单位：%

蚀变相带	蚀变矿物成分及含量			
	主要矿物（含量）	特征矿物	少量矿物	微量矿物
富石英相带	石英（90～95）	石英	绢云母	
绢云母、石英相带	石英（40～50） 叶蜡石（40～50）	绢云母	叶蜡石、绿泥石、黄铁矿、方解石	高岭石
叶蜡石、硬水铝石、叶蜡石相带	石英（35～50） 叶蜡石（45～60）	叶蜡石	高岭石、伊利石、伊利石-蒙脱石混层、地开石、硬水铝石、黄玉	绿泥石、蒙脱石、金红石、黄铁矿、白云母
刚玉、硬水铝石、叶蜡石相带	叶蜡石（50～65） 硬水铝石（10～35） 刚玉高岭石（10～15）	硬水铝石、刚玉	地开石、伊利石-蒙脱石混层、黄玉、明矾石、白云母、红柱石	水铝英石、伊利石、金红石、黑钨矿
明矾石、石英相带	石英（35～40） 明矾石（30～35） 高岭石（15～20） 叶蜡石（10～15）	明矾石	伊利石-蒙脱石混层、黄铁矿、黄玉	伊利石、金红石
叶蜡石、石英相带	石英（35～50） 叶蜡石（45～60）	叶蜡石	高岭石、伊利石、伊利石-蒙脱石混层、地开石、黄铁矿、绿泥石	蒙脱石、白云母
绢云母、石英相带	石英（40～50） 绢云母（40～50）	绢云母	伊利石-蒙脱石混层、绿泥石、叶蜡石、黄铁矿、方解石	高岭石
黄铁矿、绢云母、石英相带	石英（30～40） 绢云母（25～30） 黄铁矿（3～6）	黄铁矿	绿泥石、伊利石-蒙脱石混层、方解石	叶蜡石

第六章 浙江叶蜡石矿时空分布规律

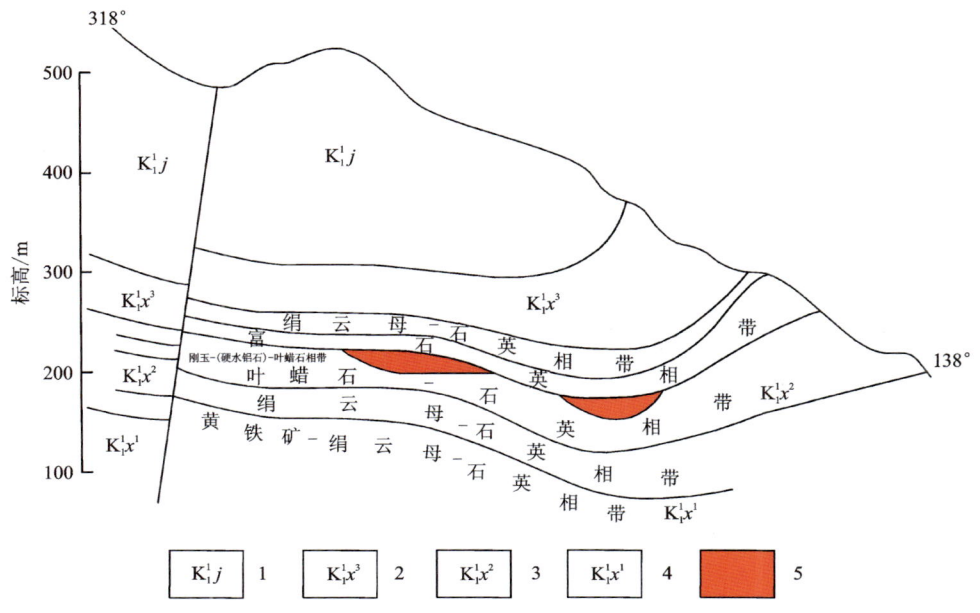

1.九里坪组第一岩性段；2.西山头组第三岩性段；3.西山头组第二岩性段；4.西山头组第一岩性段；5.叶蜡石矿体。

图 6-1 青田山口叶蜡石矿床蚀变矿物相垂直分带图（据雷永坚等，1988）

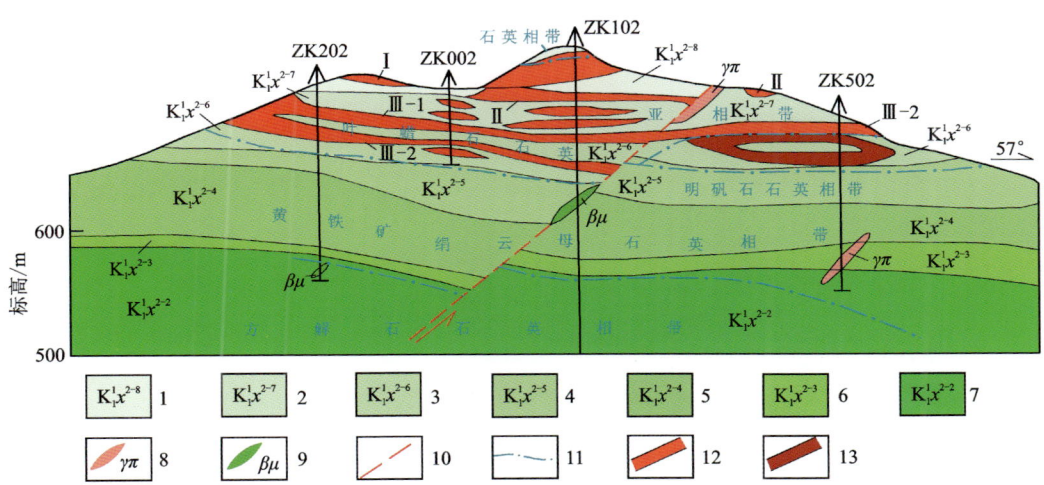

1.西山头组二段第八亚段；2.西山头组二段第七亚段；3.西山头组二段第六亚段；4.西山头组二段第五亚段；5.西山头组二段第四亚段；6.西山头组二段第三亚段；7.西山头组二段第二亚段；8.花岗斑岩；9.辉绿玢岩；10.断裂；11.相带界限；12.叶蜡石矿体；13.明矾石矿体。

图 6-2 泰顺龟湖叶蜡石矿区垂向蚀变分带图（据苏三俊，2007）

综上所述，火山热液型叶蜡石矿床大多具有垂直蚀变分带，其蚀变相带大多都是由明矾石相带、叶蜡石相带、黄铁矿相带、绢云母相带、石英相带、地开石相带等一种或几种矿物的组合相带组成。

第七章　浙江叶蜡石矿成矿模式和找矿方向

第一节　叶蜡石矿床的成矿模式

一、典型叶蜡石矿床成矿模式

(一)泰顺龟湖叶蜡石矿

泰顺龟湖叶蜡石矿分布于下白垩统西山头组中,并受 $K_1^1x^{2-6}\sim K_1^1x^{2-8}$ 岩性段控制,成矿原岩为流纹质晶玻屑凝灰岩、流纹质晶玻屑含角砾凝灰岩。北东向、北西向断裂构造相当发育,北部白海顶火山穹隆和西部王百下破火山,为矿床形成提供了充足的热源和丰富的物质条件。

早期为火山喷发-喷溢的沉积期,早期的成矿作用与成岩作用几乎是同时进行的,形成矿体呈似层状产出,厚度大且变化小,构成了矿区内主体的矿体和矿石,即晚期成矿作用为后期火山热液重新溶蚀早期矿石而富集,形成较纯的透镜脉状矿体,质量高的角砾状矿石可形成宝玉石级的"冻石"。泰顺龟湖叶蜡石矿床成矿模式如图7-1所示。

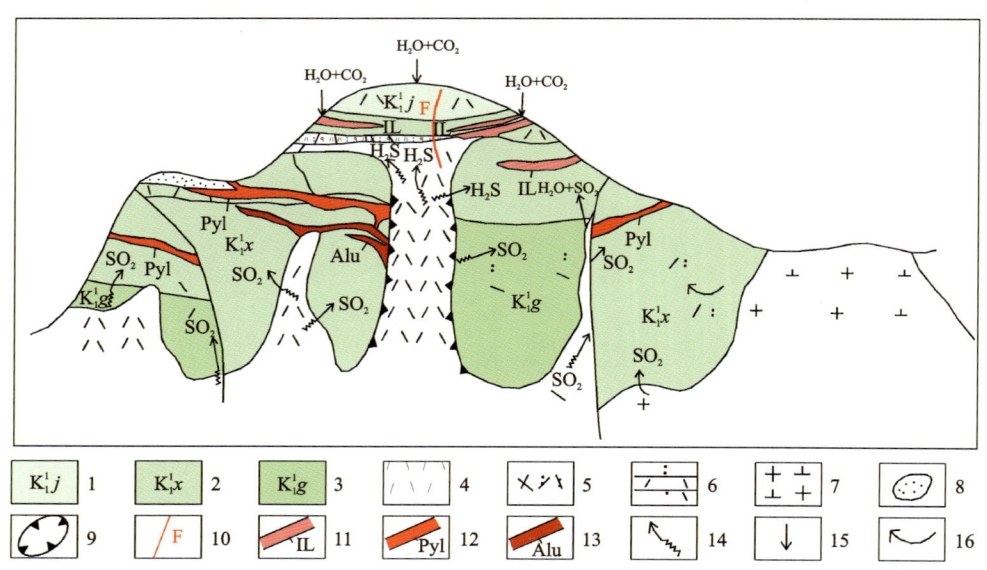

1.九里坪组;2.西山头组;3.高坞组;4.流纹岩;5.凝灰岩;6.沉凝灰岩;7.花岗闪长岩;8.硅化帽;9.火山通道;10.断裂;11.绢云母矿;12.叶蜡石矿;13.明矾石矿;14.火山热液;15.大气降水;16.混合热液。

图7-1　泰顺龟湖叶蜡石矿床成矿模式图

第七章 浙江叶蜡石矿成矿模式和找矿方向

(二) 青田山口叶蜡石矿

青田山口叶蜡石矿矿体赋存在下白垩统西山头组二段地层中,成矿原岩为流纹质晶玻屑凝灰岩、流纹斑岩等,山口火山机构为矿体的形成提供丰富的成矿物质和热液运移通道。

早白垩世成岩背破火山口在山口-油竹南北向断裂带与老鼠坪北东东向断裂带交会处火山活动十分活跃,尤其在断裂破碎带交接点上,可能存在被掩盖的火山通道。在近火山口的高温条件下,岩浆中的残余气液交代岩石形成红柱石、夕线石、刚玉等高温硅铝矿物。由于大气降水的不断补给,通过聚水盆地向下渗透,加速了成矿活动的进程。随着酸度的降低,次生石英与叶蜡石晶出,形成次生石英岩和矿化带(矿体)。主要成矿阶段结束后,另一次大规模的火山喷发活动掩埋了次生石英岩和矿体,形成一个未蚀变的流纹质晶屑熔结凝灰岩盖层。

矿床既有呈水平的似层状交代型矿体,又有倾角较陡,甚至近于直立的脉状、囊状和小透镜状裂隙充填矿体,成矿受断裂和层间构造的双重控制,早期成矿阶段以交代作用为主,而晚期则以充填作用为主要成矿方式。青田山口叶蜡石矿床成矿模式如图7-2所示。

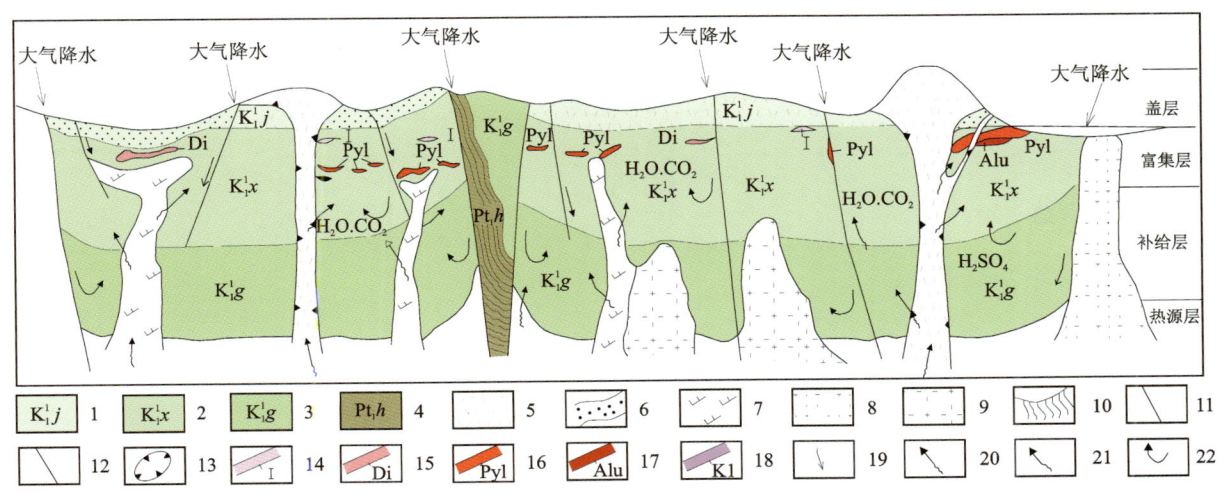

1.九里坪组;2.西山头组;3.高坞组;4.鹤溪群;5.流纹岩;6.硅帽;7.潜火山岩;8.花岗闪长岩;9.花岗岩;10.变质岩;11.区域断裂;12.火山裂隙;13.火山通道;14.伊利石;15.地开石;16.叶蜡石矿;17.明矾石矿;18.高岭石矿;19.大气降水;20.火山热液;21.潜火山热液;22.混合热液。

图 7-2 青田山口叶蜡石矿床成矿模式图

(三) 常山芳村叶蜡石矿

常山芳村叶蜡石矿体赋存于上墅组第二岩性段($Pt_3^1s^2$),原岩是一套由陆相火山喷发和喷溢作用形成的酸性火山碎屑岩和熔岩类,在强烈的蚀变作用下,多已形成各种蚀变岩石。因此,常山芳村叶蜡石矿床是区域变质热液交代型矿床。

矿床所在区域的构造变迁可划分出3个阶段。第一阶段是前震旦期,上墅组的陆相火山碎屑岩建造普遍遭受了千枚岩化变质作用,代表了当时存在着循北东方向展布的古火山弧及与其相间的弧间盆地;第二阶段是早古生代沉积了巨厚的浅海相沉积物,加里东运动后形成了北东向的褶皱系;第三阶段是中生代以来本区进入了大陆边缘活动带的发展阶段,主要表现为沿北东向、北北东向形成一系列断陷盆地,同时火山活动十分活跃,并伴有中—酸性岩浆岩(岩株、岩墙)侵入。

矿区构造以断裂构造为主,褶皱构造简单,为一倒转的单斜构造。断裂构造具有多期次、多方向和继承性再次活动的特点。特别以走向北东和北北东两组为本区主干断裂构造,规模较大,控制叶蜡石矿的分布。部分叶蜡石矿体多沿断裂两侧产出,其他断裂有的为该两组派生的次级构造,一般规模较小,晚期断裂同位叠加再次活动并破坏叶蜡石矿体的完整性。

常山芳村叶蜡石矿床成矿模式如图7-3所示。

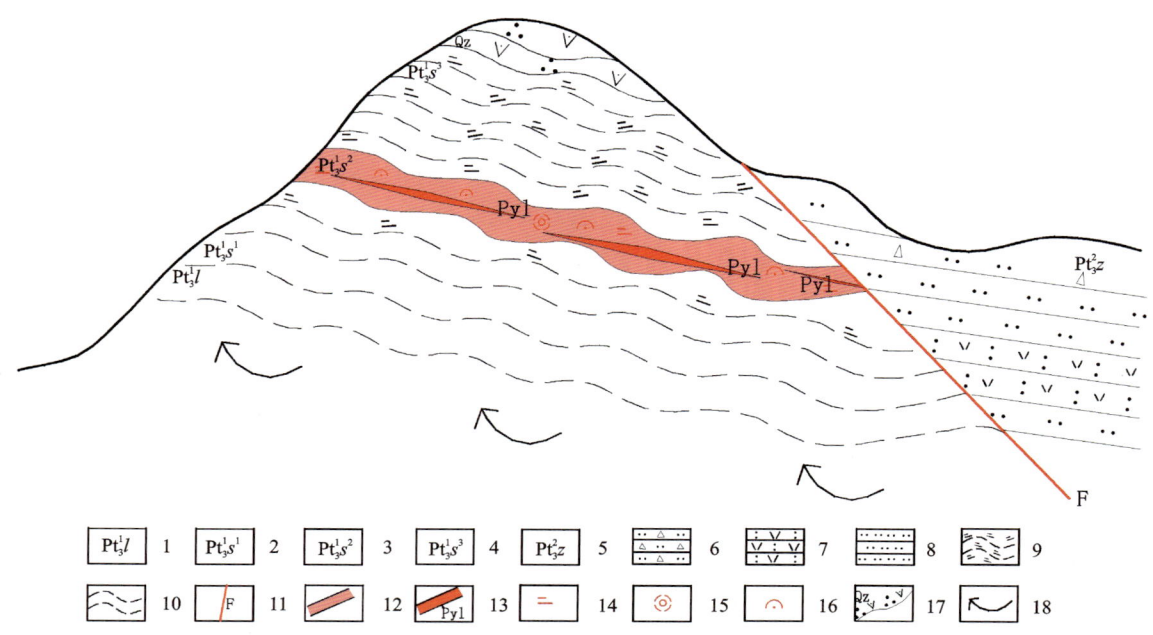

1.骆家门组;2.上墅组第一岩性段;3.上墅组第二岩性段;4.上墅组第三岩性段;5.志棠组;6.含砾砂岩;7.砂岩;8.沉凝灰岩;9.绢云千枚岩;10.千枚岩;11.断裂;12.矿化蚀变带;13.叶蜡石矿;14.绢云母化;15.硅化;16.叶蜡石化;17.次生石英岩化(硅帽);18.变质热液流体。

图7-3 常山芳村叶蜡石矿床成矿模式图

(四)萧山岩山叶蜡石矿

萧山岩山叶蜡石矿体主要赋存于岩山组(Pt_3^1y)沉积-火山岩中,岩性为片理化石英绢云母岩-绢云母石英岩、流纹岩、片理化安山质疑灰岩、凝灰质粉砂岩-细砂岩、凝灰岩,次生石英岩为主岩性,成矿原岩为流纹岩。

早青白口世晚期火山喷发形成中酸性火山岩组合,随后区域构造活动运动使得区内北东向断裂构造发育,多期次的火山活动使得富硫热液沿断裂构造上升与围岩发生水-岩反应,形成了富含Si-Al的绢云母石英片岩带,带内形成了透镜状、似层状的叶蜡石矿体,且与片理产状一致。围岩发生了广泛的次生石英岩化、绢云母化、叶蜡石化、明矾石化、黄铁矿化、绿泥石化、碳酸盐化等蚀变。由于叶蜡石矿形成时,SiO_2大量地析出,并在矿体顶底板及附近形成次生石英岩带。

萧山岩山叶蜡石矿床成矿模式如图7-4所示。

二、火山热液型叶蜡石成矿模式

浙江省火山热液型叶蜡石矿主要是与早白垩世陆相火山作用的破火山、火山构造洼地有关的成矿系列,该成矿系列是浙江省陆相火山岩型矿床最重要的一个非金属矿床成矿系列,主要分布于遂昌-上虞火山喷发带、温州-舟山火山喷发带。

第七章 浙江叶蜡石矿成矿模式和找矿方向

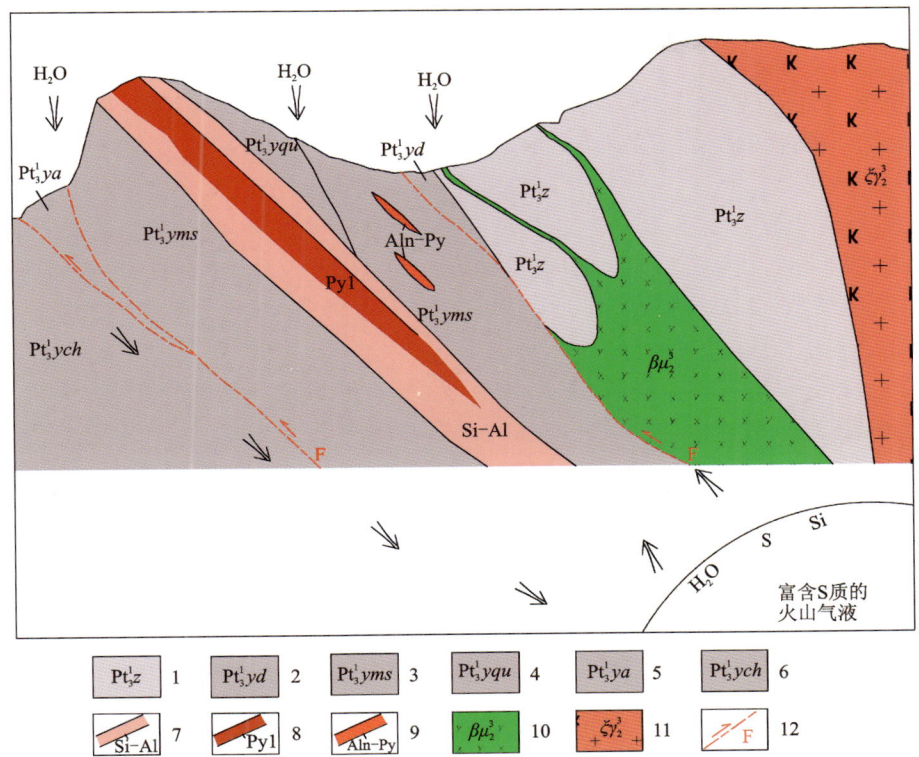

1. 中元古界章村组熔结凝灰岩；2. 中元古界岩山组含砾千枚岩；3. 中元古界岩山组绢云母石英岩；4. 中元古界岩山组次生石英岩；5. 中元古界岩山组安山质凝灰岩；6. 中元古界岩山组灰绿色石英绢云母岩；7. 硅铝蚀变带；8. 叶蜡石矿体；9. 黄铁矿-明矾石化；10. 辉绿玢岩；11. 钾长花岗岩；12. 断层及编号。

图 7-4　萧山岩山叶蜡石（明矾石）矿床成矿模式图（据刘道荣等，2012修改）

（一）成矿要素

1. 成矿构造背景

该类型矿床主要分布在浙东南沿海地区。该区中生代以来受北北东向断裂控制，形成一系列断陷盆地。晚侏罗世该区处于压性环境，发生了强烈的钙碱性火山喷发。而白垩纪晚期该区转为张性环境，并伴有碱性岩浆活动及非金属成矿作用。

2. 产出地质环境

主要控矿构造：火山活动带控制着火山岩及其叶蜡石-明矾石成矿带的分布，以及火山盆地内断裂构造、火山机构（破火山口、火山通道、火山穹隆等）及其环状、放射状断裂系统。

赋矿岩石：主要为流纹岩、流纹质火山岩、火山角砾岩、晶屑凝灰岩、沉凝灰岩以及次生石英岩等。不同火山喷发带内主要赋矿层位有一定的区别，其中，遂昌-上虞火山喷发带内，南部主要含矿地层为上侏罗统—下白垩统磨石山群大爽组，北部主要含矿地层为上侏罗统—下白垩统磨石山群西山头组，下白垩统建德群黄尖组；温州-舟山火山喷发带内主要含矿地层为上侏罗统—下白垩统磨石山群西山头组、九里坪组，下白垩统永康群馆头组、朝川组，其中景宁-天台火山喷发亚带内主要含矿地层为上侏罗统—下白垩统磨石山群西山头组、九里坪组，浙东沿海火山喷发亚带内主要为下白垩统永康群馆头组、朝川组。综上所述，自西往东，叶蜡石类矿床赋矿层位具有上升的趋势。

成岩成矿时代：以晚侏罗世—早白垩世早期为主。

3. 矿床地质特征

矿体基本特征：矿体多呈层状、似层状、透镜状与囊状。层状、似层状矿体与围岩呈渐变关系，长度大，最长可达数千米，厚数米至数十米，产状与围岩一致。脉状、囊状矿体与围岩有明显界线，规模相对小。

矿石矿物组合：矿石矿物主要为叶蜡石、高岭石（地开石）、伊利石，脉石矿物主要为石英，其次有绢云母、明矾石（钾明矾石和钠明矾石）以及少量黄铁矿、红柱石、水铝石、刚玉等。叶蜡石矿床中最常见的矿物组合是石英-叶蜡石，其次为水铝石-叶蜡石和叶蜡石-高岭石组合；与明矾石共生的叶蜡石矿床中最常见的矿物组合是明矾石-叶蜡石组合。

矿石结构构造：矿石主要结构有鳞片变晶结构、交代残余结构、各种变余凝灰结构。常见构造有块状构造、角砾状构造、条带状构造、浸染状构造和结核状构造等。

围岩蚀变：主要有叶蜡石化、硅化、次生石英岩化、明矾石化，其次有绢云母化、黄铁矿化、高岭石化和地开石化，具面型蚀变特点。

矿床空间分带：通常由蚀变中心向外，叶蜡石矿床偏外或偏上，明矾石矿床偏内或偏下，最外的往往是次生石英岩或硅化带。黄铁矿化黄铁矿体多偏近于蚀变中心。绢云母化带与高岭石化带多于硅化带之下。

（二）成矿模式

成矿时空演化：成矿作用发生于火山喷发及火山机构形成之后。通常在火山机构中心部分，热水循环范围广、深度大，能形成面型蚀变，具有明显的蚀变分带，并且硫质喷气作用强，可形成富硫矿物黄铁矿、明矾石，并富集成矿体。在火山机构外侧环状裂隙及边缘断裂中，热水环流范围局限，深度浅，多形成线性不对称蚀变，并且硫质多呈气态形式散逸，很难形成大量富硫矿物，而多形成中低温或低温叶蜡石、地开石、高岭石等富铝黏土矿物。

成矿主要机制：火山管道、环状断裂等为大气降水渗透提供了通道。早期（220~350℃）火山喷气提供的硫与水作用，形成 pH 值为 4~5.5 的酸性热水，对火山岩进行交代淋滤，在 ΔEh 为 150~60mV 条件下，形成明矾石等富硫矿物。其后热水环流不断向围岩扩散热量，温度降至 100~250℃，经消耗 H^+ 后，pH 值升高至 5.5~7.5，转化为弱酸性。当其对围岩淋滤，不断带出 K^+、Na^+、Ca^{2+} 等组分，在 ΔEh 为 60~10mV 时形成叶蜡石、高岭石、地开石等富铝黏土矿物。热水溶液在顶部反复淋滤的结果为使其形成"硅帽"。总之，可概略表示为明矾石/黄铁矿→高岭石/地开石→叶蜡石→伊利石，是热水溶液 pH 值递增、Eh 值递减的降温序列。

火山热液型叶蜡石成矿与火山活动有密切关系，其中以火山热液交代（蚀变）型为主。成矿过程即是热水溶液对火山岩系的改造过程。这个过程是通过大气降水与上升的岩浆水所构成的热水循环体系来实现的。围岩蚀变过程中，热液流体沿断裂通道运移，与中酸性围岩发生水岩交代反应，使长英质矿物分解，导致大量的硅、铝等组分进入热液流体。围岩中的活性组分（如 K、Na）被淋滤，硅被部分淋滤，稳定性组分（如 Al）残留在岩石中，中酸性火山岩的钾长石、云母等逐渐转变为叶蜡石。持续的热液流体供给使蚀变程度增强，蚀变产物的铝含量升高，硅含量降低，叶蜡石等矿物含量增加，从而形成具有经济价值的叶蜡石矿床。成矿过程的多期次、多阶段性可引起叶蜡石化学成分和矿石矿物组合的差异（图 7-5）。

在此过程中，由于热水溶液在火山机构中流经的部位不同，引起热水溶液性质的变化及其对火山岩系的物质组分淋失、迁移、调整的程度与性质产生差异，从而使新生成的叶蜡石、地开石、高岭石、明矾石等富铝矿物在不同部位富集，形成了明显的蚀变分带与矿化分带。

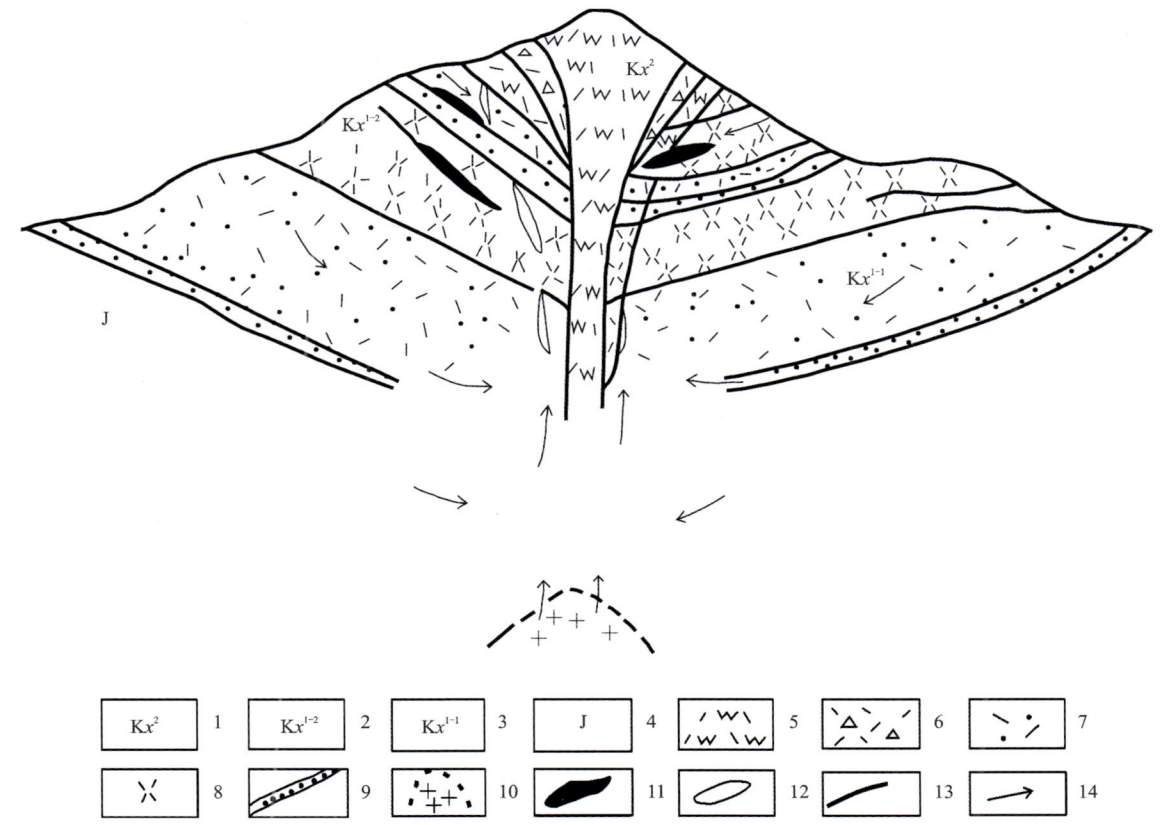

1.白垩系西山头组上段;2.白垩系西山头组下段上部;3.白垩系西山头组下段下部;4.侏罗系;5.熔结凝灰岩;6.火山角砾岩;7.凝灰岩;8.流纹岩;9.粉砂岩;10.潜火山岩;11.交代叶蜡石;12.充填型叶蜡石矿脉;13.环状断裂;14.热水、地表水运移方向。

图 7-5 叶蜡石矿床成矿模式图

三、区域变质型叶蜡石成矿模式

浙江省区域变质型叶蜡石矿主要是青白口纪叶蜡石矿床成矿亚系列,该系列的赋矿建造为新元古界青白口系双溪坞群岩山组和河上镇群上墅组陆相火山岩建造。

(一)成矿要素

1. 成矿构造背景

晚青白口世,双溪坞岛弧与扬子克拉通发生弧陆碰撞,在约 800Ma 达到峰期,该时期造山带发生垮塌、下地壳拆沉、地幔上涌和地壳伸展,形成了一系列具双峰式特征的岩浆岩,包括上墅组中的流纹质火山岩和玄武岩以及道林山花岗岩和次坞辉绿岩等。该时期形成的河上镇群(虹赤村组、上墅组)火山-沉积岩呈角度不整合超覆于下部的弧盆系地层之上,构成区域广泛分布的构造面。

2. 产出地质环境

主要控矿构造:成矿前发育的断裂构造和古火山机构,成为火山热液活动的良好通道,为热液交代和充填提供先决条件。火山热液上升后一般都选择性顺层交代,因而多形成似层状和透镜状的叶蜡石矿床,显示"层控"的特征。

赋矿岩石：中酸性火山碎屑岩、熔岩的发育是成矿的物质基础，特别是各种凝灰岩、珍珠岩、英安流纹岩最易被交代而形成叶蜡石矿体。

成岩成矿时代：新元古代青白口纪。

3. 矿床地质特征

矿体基本特征：矿体产状与围岩片理方向一致，矿体呈透镜状、似层状产出，一般由1～3个透镜状、似层状矿体叠加组成。沿矿体走向及倾向方向具尖灭再现不连续现象。

矿石矿物组合：矿石的矿物成分以叶蜡石为主，次为绢云母、石英、高岭石、地开石、水云母和少量滑石、水铝石等。含铁钛矿物有黄铁矿、白钛石、锆石、钛磁铁矿、菱铁矿、赤铁矿等。

矿石结构构造：矿石结构主要有显微鳞片变晶结构和显微鳞片花岗变晶结构两种，前者叶蜡石矿物占90％以上，呈显微鳞片状，大小一般在0.05mm以下，紧密堆积，沿一定方向排列，其内常残余有被叶蜡石交代后的玻屑、晶屑等碎屑假象。显微鳞片花岗变晶结构，矿物成分以叶蜡石为主，次为石英，占30％，石英呈他形粒状，大小一般在0.01～0.3mm之间，叶蜡石呈鳞片状集合体不均匀分布。矿石构造主要为片理或叶片状构造，次为变余含砾构造和致密块状构造。片理或叶片状构造叶蜡石呈鳞片状定向排列，由于叠加后期区域变质作用使矿石片理发育，矿石常具贝壳状断口，叶蜡石呈叶片状，可层层剥落。变余含砾构造矿石内含有大小不等的眼球状、肾状、棒状的次生石英砾呈定向排列，长轴与片理方向一致，这种矿石断口粗糙，质量较差。致密块状构造仅见于少数质优和充填于裂隙中的小透镜状矿体内，叶蜡石或绢云母呈细小粒状密集分布，结构致密，矿石呈米黄色、淡黄色，蜡状光泽强，稍带半透明，可供雕刻用。

围岩蚀变：以硅化、叶蜡石化、绢云母化为主，次有高岭石化、碳酸盐化、滑石化、黄铁矿化、赤铁矿化和褐铁矿化等。

（二）成矿模式

成矿物质来源：围岩提供成矿所需的硅、铝质来源。在构造运动初期，物质来源有可能是富铝的黏土质岩石或中酸性火山岩等，成矿之后，含矿地层一般由各类正副变质岩组成，有片麻岩类岩石、片岩类岩石、结晶灰岩、白云岩、变质石英砂岩、凝灰质砂岩、页岩及变质中酸性火山岩等。

区域变质成矿作用：地台中部或边缘的台褶带、褶皱带为成矿有利环境，区域性的褶皱、断裂构造为成矿提供了热动力条件，地层一般由元古宙、古生代各类正副变质岩组成。在区域构造运动中，富铝的黏土质岩石或中酸性火山岩遭受不同程度的变质作用，成矿有用组分进行了富集、重结晶等作用（图7-6）。扬子地台东段南部与新元古代火山—沉积变质成矿作用形成叶蜡石矿床，该类成矿作用形成有工业价值的矿床较少，目前浙江省内仅发现常山芳村叶蜡石矿床、常山邵家叶蜡石矿。

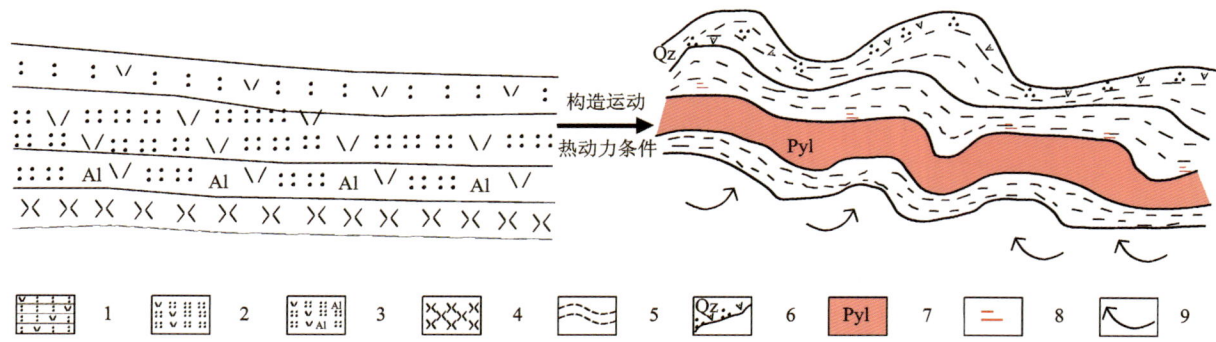

1.沉凝灰岩；2.火山碎屑岩；3.富铝火山岩；4.流纹岩；5.千枚岩；6.次生石英岩；7.叶蜡石矿体；8.绢云母化；9.变质热液流体。

图7-6 区域变质型叶蜡石成矿模式图

第七章　浙江叶蜡石矿成矿模式和找矿方向

第二节　找矿方向

一、找矿远景区

根据浙江省叶蜡石矿产区域成矿地质背景、成矿规律,从地质数据中提取各基础要素信息,结合地质背景、典型矿床特征和最新找矿成果,进行找矿远景区圈定。

(一)找矿远景区圈定原则

(1)在同一成矿区带(亚带)内,处于相同大地地质背景,相似的构造环境内。
(2)控矿因素基本或大体相一致,以有利的成矿地质条件和良好矿化蚀变信息为基础,划分成矿远景区。
(3)以叶蜡石为主攻矿种,兼顾高岭土、伊利石等与叶蜡石具有相似特征的矿产。
(4)找矿远景区的大小一般在几百平方千米,不宜过大,也不宜过小。

(二)找矿远景区圈定依据

1. 区域变质型叶蜡石找矿远景区圈定依据

赋矿层位:以相邻两个以上(含两个)叶蜡石类矿床共同的赋矿层位为依据。以青白口系主要含矿层位为双溪坞群岩山组和河上镇群上墅组。

构造特征:以大中型以上叶蜡石类矿床的典型控矿构造为依据。以北东—北北东向为主的区域构造带,具有区域变质作用,发育低绿片岩相。

围岩蚀变:以相邻两个以上(含两个)叶蜡石类矿床共同的围岩蚀变特征为依据。主要蚀变类型叶蜡石化、地开石化、绢云母化普遍发育。

已知矿产地:具有两个以上区域变质型叶蜡石类矿床的地区。

2. 火山热液型叶蜡石找矿远景区圈定依据

赋矿层位:以相邻两个以上(含两个)叶蜡石类矿床共同的赋矿层位为依据。中生代火山热液型叶蜡石主要赋矿层位有大爽组、西山头组、九里坪组、馆头组、朝川组、黄尖组。不同火山喷发带内主要赋矿层位有一定的区别,其中,遂昌-上虞火山喷发带内,南部主要含矿地层为上侏罗统—下白垩统磨石山群大爽组,北部主要含矿地层为上侏罗统—下白垩统磨石山群西山头组,下白垩统建德群黄尖组;温州-舟山火山喷发带内主要含矿地层为上侏罗统—下白垩统磨石山群西山头组、九里坪组,下白垩统永康群馆头组、朝川组,其中景宁-天台火山喷发亚带内主要含矿地层为上侏罗统—下白垩统磨石山群西山头组、九里坪组,浙东沿海火山喷发亚带内主要为下白垩统永康群馆头组、朝川组。综上所述,自西往东,叶蜡石类矿床赋矿层位具有上升的趋势。

构造特征:以大中型以上叶蜡石类矿床的典型控矿构造为依据。中生代火山构造发育的地带,尤其以Ⅳ级构造最为重要,其中又以破火山、火山穹隆与叶蜡石类矿产成矿关系密切。

围岩蚀变:以相邻两个及以上叶蜡石类矿床共同的围岩蚀变特征为依据。硅化、次生石英岩化、叶蜡石化、地开石化、绢云母化普遍发育。

已知矿产地:具有两个以上火山热流型叶蜡石类矿床的地区。

(三)找矿远景区分类

找矿远景区分类的原则是综合考察成矿条件有利程度、预测依据是否充分、矿化强度、成矿信息浓缩程度、资源潜力大小等因素(表7-1),有些地区还应考虑自然地理条件。通过优选,将找矿远景区分A、B、C共3类。

表7-1　找矿远景区分类准则

成矿有利程度标志	A类远景区	B类远景区	C类远景区
区域成矿地质背景	现有地球化学、地球物理测量结果和遥感图像解译以及地质分析均能说明远景区处于十分有利的区域成矿地质背景中	现有地球化学、地球物理测量结果和遥感图像解译以及地质分析能说明远景区处于有利的区域成矿地质背景中	现有地球化学、地球物理测量结果和遥感图像解译及地质分析尚难以充分说明远景区处于有利的区域成矿地质背景中
远景区内控矿因素的组合	远景区内存在多种有利的控矿因素,而且这些因素在时间和空间上达到最佳的配置	远景区内存在多种有利的控矿因素,但部分因素不足以说明在空间或时间上与其他因素协调一致	远景区内只存在一种有利控矿因素;或者存在多种有利因素,但难以说明它们之间内在的有机联系
远景区内直接矿化信息	远景区内已有大量矿点(床)分布	远景区内存在多种有利的控矿因素,但部分因素不足以说明在空间或时间上与其他因素协调一致	远景区内有少量矿点分布
远景区内间接矿化信息	①显著的蚀变晕,并具明显分带性;②存在与矿化有关的标志层;③区域地球物理场和局部异常的推断及解释提供了较好的成矿信息;④地球化学异常的深度和规模都很显著,元素组合特征与已知矿床异常相近,且异常所在部位为成矿有利部位或与多种异常叠加	①发育较强的围岩蚀变,但分带性不显著;②存在与矿化有关的标志层;③区域地球物理场可信,局部异常属可能的矿致异常,但具有多解性;④地球化学异常具有一定的强度和规模,元素组合与已知矿床异常具有可比性	①发育围岩蚀变,无分带现象;②地球物理异常具多解性;③地球化学异常较弱,且元素组合单一
标志组合	远景区内至少存在任意两种上述间接矿化信息	远景区内至少存在任意两种上述间接矿化信息	

第七章 浙江叶蜡石矿成矿模式和找矿方向

A 类远景区：成矿条件十分有利，与已知矿床找矿模型表达的预测准则的吻合程度较高，预测依据充分，资源潜力大或较大，地表可见矿化露头或隐伏（盲）矿床存在可能性很大，可优先安排矿产普查的地区。

B 类远景区：成矿条件有利，与已知找矿模型的预测准则有较好的相似程度，预测依据较可行，成矿信息集中，有一定资源潜力，可考虑安排地质踏勘工作的地区。

C 类远景区：具有成矿条件，与找矿模型的预测标志和已知区类比，有可能发现资源，又根据现有资料（或成矿信息）推断具有一定资源潜力的地区。

（四）找矿远景区圈定结果

根据上述原则和依据，共圈定找矿远景区 15 个，其中 A 类 8 个，B 类 3 个，C 类 4 个，扬子成矿省（Ⅱ-15）4 个，华南成矿省（Ⅱ-16）11 个（图 7-7）。各找矿远景区地质特征详见表 7-2。

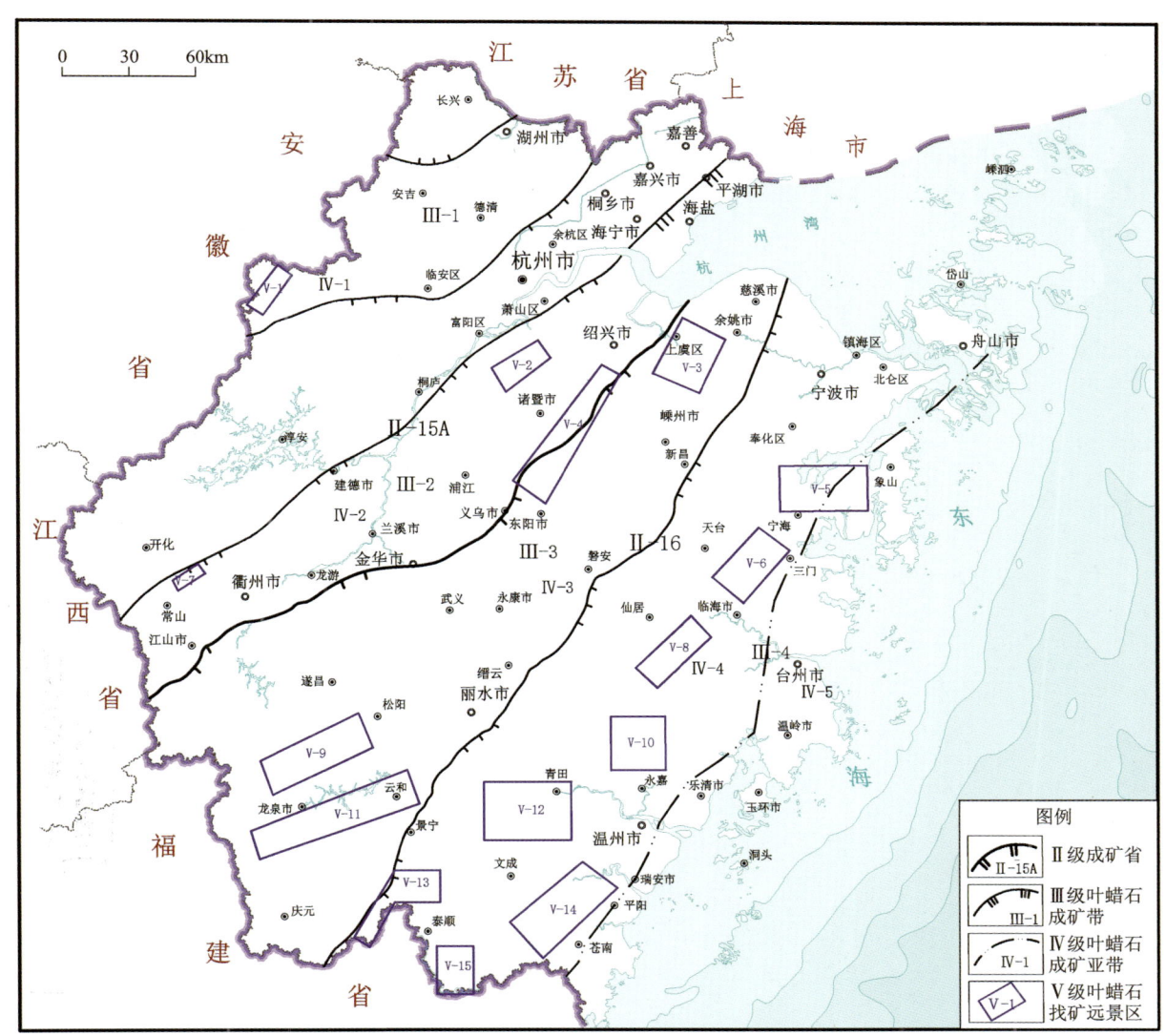

图 7-7 浙江省叶蜡石矿产资源找矿远景区分布图

表 7-2　浙江省叶蜡石找矿远景一览表

Ⅱ级成矿省	Ⅲ级成矿带	Ⅳ级成矿亚带	Ⅴ找矿远景区	找矿远景区类别	面积/km²	依据	已知主要矿产地	累计查明资源量
Ⅱ-15 扬子成矿省	Ⅲ-1 浙北高岭土叶蜡石成矿带	Ⅳ-1 天目山成矿亚带	临安昌化叶蜡石（高岭土）找矿远景区	C级	187	(1)建德群劳村组地层发育,成矿原岩岩性为中酸性火山凝灰岩；(2)清凉峰火山构造隆起；(3)火山热液交代成矿作用明显；(4)"昌化鸡血石"的产地	临安区上溪叶蜡石开石地	高岭土950.442万t
Ⅱ-15 扬子成矿省	Ⅲ-1 浙北高岭土叶蜡石成矿带		萧山岩山叶蜡石高岭土找矿远景区	B级	285	(1)双溪坞群岩山组陆相火山碎屑岩发育,并遭受千枚岩化变质作用；(2)区域型构造运动强烈；(3)区域变质交代成矿作用明显	萧山区大桥伊利石矿	伊利石145.86万t
Ⅱ-15 扬子成矿省	Ⅲ-2 浙西叶蜡石成矿带	Ⅳ-2 常山-诸暨成矿亚带	诸暨赵家-芙蓉山一带叶蜡石高岭土找矿远景区	A级	937	(1)劳村组、西山头组等中生代中酸性火山岩建造发育；(2)火山机构有赵家-诸暨康复活动破火山,芙蓉山塌陷型破火山等,北东向、北西向断裂构造发育；(3)火山热液交代成矿作用强烈	诸暨市大梧地开石矿；诸暨市赵家高岭土矿；诸暨市上京地开石矿；诸暨市自居坪高岭土矿	叶蜡石2.26万t；伊利石834.08万t；高岭土605.5万t
Ⅱ-15 扬子成矿省	Ⅲ-2 浙西叶蜡石成矿带		常山芳村叶蜡石找矿远景区	A级	75	(1)河上镇群上墅组陆相火山碎屑岩发育,并遭受千枚岩化变质作用；(2)区域型构造运动强烈；(3)区域变质交代成矿作用明显	常山县芳村叶蜡石矿；常山县部家村叶蜡石矿	叶蜡石545.34万t
Ⅱ-16 华南成矿省	Ⅲ-3 浙中叶蜡石成矿带	Ⅳ-3 龙泉-上虞叶蜡石成矿亚带	上虞梁盃叶蜡石找矿远景区	A级	635	(1)磨石山群西山头组中酸性破火山口构造：梁盃火山构造；(2)火山陷型破火山,曹娥破沉陷型火山；(3)北东向、北西向断裂构造发育；(4)火山热液交代成矿作用明显；(5)围岩硅化蚀变带强烈	上虞区黄家埠叶蜡石矿；上虞区梁盃叶蜡石矿	叶蜡石468.225万t
Ⅱ-16 华南成矿省	Ⅲ-3 浙中叶蜡石成矿带		松阳峰洞岩-龙泉小岩叶蜡石高岭土找矿远景区	A级	835	(1)中生代中酸性火山岩建造发育；(2)控矿火山机构有高亭火山弓隆、鹤湖火山弓隆；(3)火山热液交代充填成矿作用明显	松阳县峰洞岩地开石矿；龙泉市小岩叶蜡石矿	叶蜡石189.083万t；高岭土619.375万t

第七章 浙江叶蜡石矿成矿模式和找矿方向

续表 7-2

II级成矿省	III级成矿带	IV级成矿亚带	V找矿远景区	找矿远景区类别	面积/km²	依据	已知主要产地	累计查明资源量
II-16 华南成矿省	III-3 浙中叶蜡石成矿带	IV-3 龙泉-上虞叶蜡石成矿亚带	云和寨下-龙泉兰头叶蜡石找矿远景区	B级	1148	(1)大面积的侏罗系-白垩系中酸性火山岩建造；(2)北北东向、北东向的张扭性断裂构造发育，次生石英岩化、硅化、叶蜡石化、高岭石化和黄铁矿化等围岩蚀变发育；(3)火山热液交代充填成矿作用明显	云和县寨下叶蜡石矿；云和县岗头庵叶蜡石、石英石脉矿；龙泉市八宝山叶蜡石矿；龙泉市兰头叶蜡石矿	叶蜡石 285.979 万 t；高岭土 9.153 万 t
		IV-5 苍南-象山叶蜡石成矿亚带	宁海茶山叶蜡石找矿远景区	B级	842	(1)早垩世中酸性火山岩建造发育；(2)火山构造有宁海茶山S型火山构造洼地、茶山沉陷型破火山、河头断裂型破火山等；(3)火山热液交代成矿作用明显	宁海县茶山叶蜡石矿；宁海县深圳叶蜡石矿；宁海县史家叶蜡石矿	叶蜡石 80.973 万 t；高岭土 2.1 万 t
	III-4 浙东沿海叶蜡石成矿带		天台盆地叶蜡石高岭土找矿远景区	C级	570	(1)中生代中酸性火山岩建造发育；(2)火山机构有宝华山沉陷型破火山、珠岙沉陷型破火山、石岩头断陷型破火塌陷型复活破火山等；(3)火山热液交代成矿作用明显	天台县宝华山地开石（高岭土）矿	高岭土 143.43 万 t
		IV-4 景宁-天台叶蜡石成矿亚带	仙居盆地叶蜡石高岭土找矿远景区	C级	460	(1)大面积出露中生代中酸性火山岩建造；(2)火山构造：上张V型火山构造洼地、望州山沉陷型破火山，括苍山复活破火山等；(3)控矿构造为北东向断裂构造；(4)火山热液交代充填成矿作用明显	仙居县石门坑叶蜡石（地开石）矿；仙居县双庙乡许山叶蜡石矿	高岭土 43.64 万 t
			永嘉岩头叶蜡石找矿远景区	A级	596	(1)大面积出露中生代中酸性火山岩建造；(2)火山构造：大箬岩沉陷型破火山；(3)火山热液交代充填成矿作用明显；(4)已发现多处叶蜡石、伊利石等矿床点	永嘉县白沙亭叶蜡石矿	叶蜡石 37.53 万 t

续表 7-2

Ⅱ级成矿省	Ⅲ级成矿带	Ⅳ级成矿亚带	Ⅴ找矿远景区	找矿远景区类别	面积/km²	依据	已知主要矿产地	累计查明资源量
Ⅱ-16 华南成矿省	Ⅲ-4 浙东沿海叶蜡石成矿带	Ⅳ-4 景宁-天台叶蜡石成矿亚带	青田北山-山口叶蜡石找矿远景区	A级	1053	(1)大面积出露中酸性火山岩建造；(2)火山机构成群出现,北东向构造发育；(3)火山热液交代充填成矿作用明显；(4)已发现青田山口等一批大中型叶蜡石矿床,叶蜡石资源储量占全省的50%	青田县岭头叶蜡石矿；青田县南木岙叶蜡石矿；青田县山口叶蜡石矿；青田县周村叶蜡石矿；青田县紫园叶蜡石矿；青田县金降寨叶蜡石矿；青田县塘古叶蜡石矿；青田县北山高岭石矿；青田县朱庵伊利石矿	叶蜡石3 555.597万t；伊利石(叶蜡石)17.82万t；高岭土(叶蜡石)588.594万t
			景宁浮亭叶蜡石找矿远景区	C级	538	(1)西山头组中酸性火山岩建造发育；(2)火山机构有浮亭破火山,北西向、北东向断裂构造发育；(3)火山热液充填成矿作用明显	景宁县缪坑叶蜡石矿	叶蜡石71.85万t
			平阳-瑞安叶蜡土高岭土找矿远景区	A级	933	(1)大面积出露西山头组中酸性火山岩建造；(2)火山机构成群出现,北东向构造发育,发育大笋岩破火山和岩头岩破火山；(3)火山热液交代充填成矿作用明显	瑞安市后坑高岭石叶蜡石矿；瑞安市东源叶蜡石矿	叶蜡石442.4万t
			泰顺龟湖叶蜡石找矿远景区	A级	365	(1)区内发育白海顶火山弯整矿构造；(2)出露下亚统西山头组、九里坪组,为该地区主要的含矿层位；(3)区内矿产地多分布于白海顶火山弯边部	泰顺县龟湖叶蜡石矿；泰顺县双临叶蜡石矿；泰顺县白岩叶蜡石矿	叶蜡石1 248.69万t

第七章　浙江叶蜡石矿成矿模式和找矿方向

(五)找矿远景区地质评价

1. 临安昌化高岭土(叶蜡石)C级找矿远景区

成矿环境：位于昌化-普陀断裂北侧，属东南沿海陆源火山岩浆弧，是濒西太平洋岩浆活动带的重要组成部分。中生代发生了强烈的火山喷发，形成了北东向展布的火山构造，同时与区域性的北东向和北西向构造复合叠加，组成多方向的断裂构造系统。该区中生代时期形成了大量中酸性火山岩、火山碎屑岩，在火山热液的影响下，含硅铝质火山岩发生蚀变、熔融、富集，形成热液交代型叶蜡石矿床。

构造特征：清凉峰火山构造隆起、金子岩火山穹隆火山构造，北西向、北东向断裂构造发育。

矿床特征：下白垩统劳村组陆源碎屑岩及火山碎屑岩系成矿作用明显。已发现临安区上溪、临安纤岭等大中型高岭石(叶蜡石类)矿床，矿体多呈层状、似层状顺岩层面方向产出，沿走向及倾向方向延伸较稳定。

找矿远景区评述：该区成矿地层为劳村组第四段中—酸性火山凝灰岩，特别是流纹质晶屑、玻屑凝灰岩。成矿地层分布较稳定，成矿地质条件优越，已发现2处大中型地开石-高岭石矿，具有较好的成矿潜力。可在已有探矿权和采矿权外围进一步开展地质调查。

该区是我国"四大名石"昌化石的产地。

2. 萧山岩山叶蜡石高岭土B级找矿远景区

成矿环境：为球川-萧山断裂带南侧，位于扬子克拉通江山-平水弧盆系双溪坞岛弧北东部，属陆缘变质环境。青白口系双溪坞群岩山组的陆相火山碎屑岩建造普遍遭受了变质作用，伴随构造运动的发生，局部地层发生强烈的热液蚀变，形成区域变质型叶蜡石矿。

构造特征：北西向、北东向断裂构造发育。

矿床特征：区内叶蜡石矿成矿作用明显。已知的有萧山岩山叶蜡石、萧山大桥伊利石等矿点。

找矿远景区评述：该区成矿地层为青白口系双溪坞群岩山组变质岩系地层，由区域变质交代作用成矿。该区岩山组地层分布较为广泛，地表硅化蚀变带分布面积大，"酸性岩帽"中的明矾石矿层附近的叶蜡石-高岭石矿层，可作为新的找矿方向，可选择萧山区岩山一带及外围开展调查评价及矿产勘查。

3. 诸暨赵家—芙蓉山一带叶蜡石高岭土A级找矿远景区

成矿环境：位于浙江-绍兴对接带北东部，东南沿海陆源火山岩浆弧，北部诸暨赵家一带属浙西火山喷发区常山-桐庐火山喷发带，南部芙蓉山属浙东喷发区遂昌-上虞火山喷发带。在中生代发生了强烈的火山喷发，形成了一系列的火山构造。同时与东西向、北东向、北西向构造复合叠加，组成多方向的断裂构造系统。该区中生代时期形成了大量的中酸性火山岩、火山碎屑岩，在火山热液的影响下，含硅铝质火山岩发生蚀变、熔融、富集，形成热液交代型或热液充填型叶蜡石矿床。

构造特征：中生代火山构造呈北东向发育赵家-滨康复活动破火山、芙蓉山塌陷型破火山，北东向、北北东向断裂构造发育。

矿床特征：下白垩统火山岩系成矿作用明显。如建德群劳村组、磨石山群西山头组。已发现诸暨市大梧、诸暨市赵家、诸暨市上京、诸暨市自居坪等一批大中型叶蜡石(地开石、高岭石、伊利石)矿床。

找矿远景区评述：该区成矿地层为劳村组、西山头组，为火山热液交代型成矿和火山热液充填型成矿。成矿地层分布面积大，成矿地质条件优越，已发现一批大中型叶蜡石矿床及数个叶蜡石矿点，具有巨大的成矿潜力，应注重在已知矿床外围、深部(探边摸底)及其他有利地段继续寻找叶蜡石、高岭石矿。

4. 常山芳村叶蜡石 A 级找矿远景区

成矿环境：位于扬子克拉通江山-平水弧盆系平水洋内弧中,属陆缘变质环境。前震旦系,河上镇群上墅组的陆相火山碎屑岩建造普遍遭受了千枚岩化变质作用,表明当时存在古火山弧及其相间的弧间盆地,加里东运动后形成了北东向的褶皱系。伴随构造运动的发生,局部地层发生强烈的热液蚀变,形成区域变质型叶蜡石矿。

构造特征：区内基底为元古宇—古生界组成的北东向褶皱系,为控矿主要构造,局部受北西向断裂切割。

矿床特征：区内叶蜡石矿成矿作用明显。已知的有常山芳村叶蜡石矿、常山邵家叶蜡石矿等矿床。

成矿远景评述：该区成矿地层为青白口系上墅组变质岩系地层,由区域变质交代作用成矿。含矿层位上墅组分布范围广泛,有一定的找矿远景。在已知叶蜡石矿床南侧和北侧沿北东走向,可进一步进行变质型叶蜡石矿矿产勘查。注重矿床外围、深部（探边摸底）及其他有利地段寻找叶蜡石矿。

5. 上虞梁岙叶蜡石 A 级找矿远景区

成矿环境：位于东南沿海大陆边缘火山活动带中,为浙东火山喷发区遂昌-上虞火山喷发带东北部,沿江山-绍兴断裂带东侧呈北东向带状分布。基底为会稽山火山构造隆起,基底之上为上侏罗统至下白垩统火山岩系。

构造特征：受梁岙塌陷型破火山、曹娥沉陷型破火山构造控制,火山构造中发育北东—北北东向压性断裂。沿断裂普遍有叶蜡石矿、高岭土化蚀变。

矿床特征：矿床主要受下白垩统磨石山群控制。目前发现有上虞梁岙大型叶蜡石矿床。

找矿远景区评述：该区成矿地层为磨石山群,主要控矿构造为火山机构和断裂联合控矿。目前已经发现大型叶蜡石矿床,应注重矿床外围（沿矿化带北东向方向）及深部找矿,具有一定的找矿潜力。

6. 松阳峰洞岩-龙泉小岩叶蜡石高岭土 A 级找矿远景区

成矿环境：位于浙东火山喷发区遂昌-上虞火山喷发带南西部,基底由震旦系—下古生界的浅变质岩系组成,基底盖层岩系出露侏罗系—白垩系火山碎屑沉积岩,为一套以流纹质为主,英安质次之的火山碎屑岩、熔结凝灰岩及部分沉凝灰岩。区域性断裂构造发育,伴有多期次的岩浆、火山活动。

构造特征：住龙火山穹隆、高亭火山穹隆、蛤湖火山穹隆等火山构造发育,北西向、北东向断裂构造发育。

矿床特征：上侏罗统和下白垩统火山岩系成矿作用明显。主要含矿层位为大爽组。已发现龙泉小岩叶蜡石、松阳松玉叶蜡石等大中型叶蜡石矿床。

找矿远景区评述：该区成矿地层为大爽组,岩性主要为火山碎屑沉积岩,岩性特征富含长石类矿物,偏酸性或中酸性。已发现多处叶蜡石矿床（点）,具有较大的找矿潜力,应注重寻找火山热液型叶蜡石矿。

7. 云和寨下-龙泉兰头叶蜡石 B 级找矿远景区

成矿环境：位于丽水-余姚深断裂西侧,浙东火山喷发区遂昌-上虞火山喷发带中。基底由震旦系—下古生界的浅变质岩系龙泉群组成,基底盖层岩系出露侏罗系—白垩系火山碎屑沉积岩,为一套以流纹质为主,英安质次之的火山碎屑岩、熔结凝灰岩及部分沉凝灰岩。区域性断裂构造发育,伴有多期次的岩浆、火山活动。

构造特征：区内断裂构造发育,以北北东向、北东向的张扭性断裂为主,沿断裂普遍有次生石英岩化、硅化、叶蜡石化、高岭石化和黄铁矿化等。

矿床特征：区内已发现云和寨下叶蜡石矿、云和土岩岗头庵叶蜡石矿、龙泉兰头等多个中小型叶蜡石矿床。

第七章　浙江叶蜡石矿成矿模式和找矿方向

找矿远景区评述：该区地层主要为侏罗系—白垩系火山碎屑沉积岩-毛弄组、大爽组、高坞组等，此套岩性特征富含长石类矿物，偏酸性或中酸性。为成矿有利地层，已发现有数个叶蜡石矿床，具有较大的找矿潜力，应注重寻找火山热液交代型叶蜡石矿。

8. 宁海茶山叶蜡石 B 级找矿远景区

成矿环境：位于东南沿海陆源火山岩浆弧，浙东火山喷发区温州-舟山火山喷发带中，平阳-普陀断裂带通过该区，区内火山活动、构造活动强烈，中生代时期形成了大量中酸性火山岩、火山碎屑岩，在火山热液的影响下，含硅铝质火山岩发生蚀变、熔融、富集，形成热液交代型叶蜡石矿床。

构造特征：火山构造发育宁海 S 型火山构造洼地、茶山沉陷型破火山，火山构造中发育北东—北北东向压性断裂。

矿床特征：下白垩统磨石山群火山岩系成矿作用明显。已发现宁海茶山、宁海深甽等叶蜡石矿床。

找矿远景区评述：该区成矿地层为磨石山群西山头组、茶湾组和永康群馆头组，为火山热液交代型成矿和火山热液充填型成矿。含矿地层分布面积大，火山构造发育，成矿地质条件好，具有较大的成矿潜力，应注重在已知矿床外围，以及其他有利地段继续寻找叶蜡石矿。

9. 天台盆地叶蜡石高岭土 C 级找矿远景区

地理位置：118°32′00″—118°41′00″E，28°58′00″—29°04′40″N；面积 570km²。

成矿环境：为温州-镇海断裂带与平阳-普陀大断裂间，位于东南沿海陆源火山岩浆弧，浙东火山喷发区温州-舟山火山喷发带景宁-天台喷发亚带中，区内火山活动强烈，形成了一系列火山构造，中生代时期形成了大量的中酸性火山岩、火山碎屑岩，在火山热液的影响下，含硅铝质火山岩发生蚀变、熔融、富集，形成热液交代型或热液充填型叶蜡石矿床。

构造特征：宝华山沉陷型破火山、珠岙沉陷型破火山等火山机构发育，北西向、北北东向断裂构造发育。

矿床特征：下白垩统火山岩系成矿作用明显，成矿地层为磨石山群西山头组、永康群馆头组。已发现三门珠岙、天台宝华山等叶蜡石、地开石矿床。

找矿远景区评述：该区成矿地层为西山头组、馆头组，为火山热液交代型成矿和火山热液充填型成矿。成矿地层分布面积大，成矿地质条件较好，沉陷型破火山发育，已发现数个叶蜡石、地开石、明矾石矿床点，具有较好的成矿潜力，应注重在已知矿床外围以及其他有利地段继续寻找叶蜡石矿。

10. 仙居盆地叶蜡石高岭土 C 级找矿远景区

地理位置：118°32′00″—118°41′00″E，28°58′00″—29°04′40″N；面积 460km²。

成矿环境：为温州-镇海断裂带与平阳-普陀大断裂间，位于东南沿海陆源火山岩浆弧，浙东火山喷发区温州-舟山火山喷发带景宁-天台喷发亚带中，区内火山活动、构造活动强烈，形成了一系列火山构造，中生代时期形成了大量中酸性火山岩、火山碎屑岩，在火山热液的影响下，含硅铝质火山岩发生蚀变、熔融、富集，形成热液交代型或热液充填型叶蜡石矿床。

构造特征：中生代火山构造发育，北西向、北北东向断裂构造发育。

矿床特征：下白垩统火山岩系成矿作用明显。主要含矿层位为磨石山群西山头组。已发现仙居许山、仙居石门坑、仙居大洪等叶蜡石矿床（点）。

找矿远景区评述：该区成矿地层为下白垩统磨石山群，控矿构造为北东向断裂构造，多为火山热液充填型成矿，次为火山热液交代型成矿。区内火山构造、断裂构造发育，成矿地层分布面积较大，成矿地质条件较好，已发现有叶蜡石、地开石等矿床（点），具有较好的成矿潜力，应注重在已知矿床外围、深部（探边摸底）及其他有利地段（火山构造边缘与断裂构造交会地段）继续寻找叶蜡石、地开石矿。

11. 永嘉岩头叶蜡石 A 级找矿远景区

地理位置：120°33′00″—120°48′00″E，28°13′50″—28°27′00″N；面积 596km²。

成矿环境：浙东火山喷发区遂昌-上虞火山喷发带，中生代火山喷发强烈，形成了北东向展布的一系列的火山构造。同时早期的东西向和南北向构造与区域性的北东向和北西向构造复合叠加，组成多方向的断裂构造系统。该区中生代时期形成了大量中酸性火山岩、火山碎屑岩，在火山热液的影响下，含硅铝质火山岩发生蚀变、熔融、富集，形成热液交代型和热液充填型叶蜡石矿床。

构造特征：大箬岩沉陷型破火山、岩头沉陷型破火山等火山构造，北东向、近东西向断裂构造发育。

矿床特征：下白垩统火山岩系成矿作用明显。成矿地层为西山头组、九里坪组、馆头组、朝川组。已发现永嘉白沙亭、永嘉陈山坪等叶蜡石矿点。

找矿远景区评述：该区成矿地层为磨石山群，以火山热液交代充填型成矿为主。成矿地层分布面积较大，火山构造发育，围岩蚀变强烈，成矿地质条件较为优越，已发现多个叶蜡石矿点呈环状分布在火山构造边部，多数受近东西向和北东东向断裂构造控制，具有巨大的成矿潜力。在岩头镇以北地带即大箬岩破火山北部可进一步开展地质调查，并在岩坦以南选择新点进行矿产勘查。注重在已知矿床外围、深部（探边摸底）及其他有利地段（围岩硅化蚀变强烈、火山构造与北东东向断裂构造交会部位）继续寻找叶蜡石矿。

12. 青田北山-山口叶蜡石 A 级找矿远景区

地理位置：118°32′00″—118°41′00″E，28°58′00″—29°04′40″N；面积 1053km²。

成矿环境：为丽水-余姚深断裂东侧，浙东火山喷发区温州-舟山火山喷发带南部，属景宁-天台火山喷发亚带，区内早白垩世火山沉积地层出露较全，组成的岩相岩性复杂而多变，构造运动强烈，火山构造与区域构造复合叠加，组成多方向的近环形断裂构造系统。多期次的火山热液上侵运移过程中交代围岩，含硅铝质火山岩发生蚀变（硅化、绢云母化、叶蜡石化、伊利石化、高岭石化、地开石化）、熔融、富集，形成热液交代型或热液充填型叶蜡石类矿床。

构造特征：北山-山口沉陷型破火山，北西向、北东向、北北东向断裂构造发育。

矿床特征：上侏罗统和下白垩统火山岩系成矿作用明显。成矿地层为诸暨组、磨石山组、馆头组、朝川组。已发现青田山口、青田岭头、青田北山等一批大中型叶蜡石矿床。

找矿远景区评述：该区成矿地层为下白垩统磨石山群，为火山热液交代型成矿和火山热液充填型成矿。成矿地层分布面积大，火山构造与断裂构造发育，成矿地质条件优越，已发现一批大中型叶蜡石矿床以及数十个叶蜡石类矿点，具有巨大的成矿潜力，应注重在已知矿床外围、深部（探边摸底）及其他有利地段继续寻找叶蜡石矿。

该区是我国"四大名石"之一青田石的产地。

13. 景宁浮亭叶蜡石 C 级找矿远景区

地理位置：119°22′20″—119°46′00″E，27°29′40″—27°49′00″N；面积 538km²。

成矿环境：为丽水-余姚断裂带东侧，浙东火山喷发区温州至舟山火山喷发带南端，属景宁-天台火山喷发亚带南部。火山活动和构造运动，多期次的火山热液运移过程中交代围岩，含硅铝质火山岩发生蚀变、熔融、富集，形成热液交代型叶蜡石矿床。

构造特征：浮亭沉陷型破火山，北西向、北北东向断裂构造发育。

矿床特征：下白垩统火山岩系成矿作用明显。主要成矿地层为西山头组。已发现景宁缪坑中型叶蜡石矿床。

第七章　浙江叶蜡石矿成矿模式和找矿方向

找矿远景区评述：该区成矿地层西山头组，为火山热液交代型成矿。成矿地层分布面积较广，成矿地质条件较好，具有较好的成矿背景，应注重在已知矿床外围、深部（探边摸底）及其他有利地段继续寻找叶蜡石矿。

14. 平阳-瑞安叶蜡石高岭土 A 级找矿远景区

地理位置：120°04′45″—120°34′30″E，27°27′00″—27°51′00″N；面积 933 km^2。

成矿环境：为平阳-普陀断裂带西侧，呈北东向分布，位于东南沿海陆源火山岩浆弧，浙东火山喷发区温州-舟山火山喷发带景宁-天台火山喷发亚带内。区内火山构造活动强烈，形成了一系列的火山构造。同时与区域性断裂（松阳-平阳、温州-镇海断裂带）复合叠加组成多方向的断裂构造系统。该区中生代时期形成了大量中酸性火山岩、火山碎屑岩，在火山热液的影响下，含硅铝质火山岩发生蚀变、熔融、富集，形成叶蜡石-地开石-伊利石-明矾石组合的热液交代型或热液充填型叶蜡石矿床。

构造特征：文成-泰顺-三门街 V 型火山构造洼地、山门街沉陷型破火山、大南塌陷型破火山发育，北西向、北东向断裂构造发育。受火山构造洼地、复活破火山控制。

矿床特征：下白垩统火山岩系成矿作用明显。成矿地层为九里坪组、馆头组、西山头组、小平田组。已发现瑞安后坑（玻纤用叶蜡石）、瑞安东源、平阳雁山等叶蜡石矿床。

找矿远景区评述：本区次生石英岩"硅帽"十分发育，叶蜡石（含高岭石、伊利石、地开石）矿成矿条件较好，可在山门街南部等重点地段开展地质调查；在瑞安市后坑—平阳县蔡垟一带叶蜡石矿探矿权外围进行地质调查与矿产勘查。

15. 泰顺龟湖叶蜡石 A 级找矿远景区

地理位置：119°45′00″—119°55′00″E，27°18′00″—27°30′00″N；面积 365 km^2。

成矿环境：为平阳-普陀断裂带西侧，位于东南沿海陆源火山岩浆弧，浙东火山喷发区温州-舟山火山喷发带景宁-天台火山喷发亚带内。在中生代由于受板块构造运动的影响，东南沿海发生了强烈的火山喷发，形成火山构造，与区域构造组成多方向的断裂构造系统。该区中生代时期形成了大量中酸性火山岩、火山碎屑岩，在火山热液的影响下，含硅铝质火山岩发生蚀变、熔融、富集，形成热液交代型叶蜡石矿床。

构造特征：白海顶火山穹隆，北西向、北东向断裂构造发育。

矿床特征：下白垩统火山岩系成矿作用明显。主要含矿层位为西山头组。已发现泰顺龟湖大型叶蜡石矿床。

找矿远景区评述：该区成矿地层为西山头组，为火山热液交代型成矿。成矿地层分布面积大，成矿地质条件优越，已发现一批大型叶蜡石矿床及数个叶蜡石矿点，具有巨大的成矿潜力。矿产地多分布于白海顶火山穹隆南侧和东侧。下一步可围绕白海顶火山穹隆开展地质调查。

本区是浙江省工业用叶蜡石的主产区，也是泰顺石主产区。

二、找矿标志

找矿标志是指能够直接或间接地指示矿床的存在或可能存在的一切现象和线索。

（一）火山热液型

地层标志：晚侏罗世—早白垩世中酸性火山岩与凝灰岩地层。
构造标志：与火山岩、次火山岩带交会的区域断裂带、挤压破碎带或层间破碎带。

火山构造标志：火山洼地或火山机构的环状、放射状断裂构造是叶蜡石成矿的有利位置。

围岩蚀变标志：叶蜡石矿常伴随有围岩的硅化、叶蜡石化、地开石-高岭土化、绢云母-伊利石化、硬水铝石化和刚玉化等。此外，还见有明矾石化、黄铁矿化等，而火山热液交代型叶蜡石矿床具有明显的垂直蚀变分带。

地形地貌标志：成矿过程中热液蚀变而成的高硅、抗风化能力强的次生石英岩构成的悬崖峭壁和陡峭山峰，顶部的"硅帽"（次生石英岩）是寻找热液型叶蜡石矿床的重要地貌标志。

露头标志：叶蜡石一般为白色，微带浅黄色或淡绿色，条痕白色，具有玻璃光泽，有滑腻感，易于辨认，是找矿的直接标志。

（二）区域变质型

地层标志：新元古界青白口系双溪坞群岩山组陆相中酸性火山-沉积岩建造、河上镇群上墅组陆相火山岩建造。

岩石标志：富铝的黏土质岩石或中酸性火山岩受不同程度变质，且具有千枚岩化，岩石大多数保留原岩结构构造，原岩相当于岛弧-弧后盆地沉积-火山岩建造。

构造标志：受北东向区域褶皱-断裂构造控制。

三、找矿方向

（一）火山热液型

浙江省东南部地处环太平洋板块陆缘岩浆弧构造环境，陆缘火山岩浆弧构造环境是中国叶蜡石矿最主要的成矿环境。太平洋板块向欧亚板块俯冲导致了大规模岩浆喷发侵入活动，形成一系列火山喷发盆地、火山构造洼地、破火山口、火山机构环状构造，在火山喷发期后或间歇性的气液活动作用下，一些富硫质的酸性气体交代火山岩中的硅铝质，在火山喷发盆地、火山构造洼地等火山机构中形成叶蜡石矿床，同时热水作用可形成明矾石、黄铁矿、高岭石、绢云母和硅化等蚀变。

主要找矿方向（图7-8）：

（1）浙东沿海地区，主要有泰顺白海顶火山穹隆外围、马屿火山西缘、山门街破火山东缘、大箬岩破火山北缘、上张火山构造洼地东缘、宝华山破火山与珠岙破火山交界地段、茶山破火山与宁海火山构造洼地交界地段。

（2）浙中遂昌—上虞一带，主要有高亭火山穹隆与何山头破火山、蛤湖火山穹隆交界地段；庆元-安仁火山构造隆起北东缘；芙蓉山破火山、东白山破火山及竹田头破火山附近；梁岙破火山与曹娥破火山交界地段。

（3）浙北顺溪—湖州一带，主要有清凉峰-白牛桥火山构造隆起西缘。

（二）区域变质型

浙江省西部地区区域性的褶皱、断裂构造为成矿提供了热动力条件，地层一般由元古宇、古生界各类正副变质岩组成。在区域构造运动中，富铝的黏土质岩石或中酸性火山岩遭受不同程度变质作用，成矿有用组分进行了富集、重结晶等作用。

第七章 浙江叶蜡石矿成矿模式和找矿方向

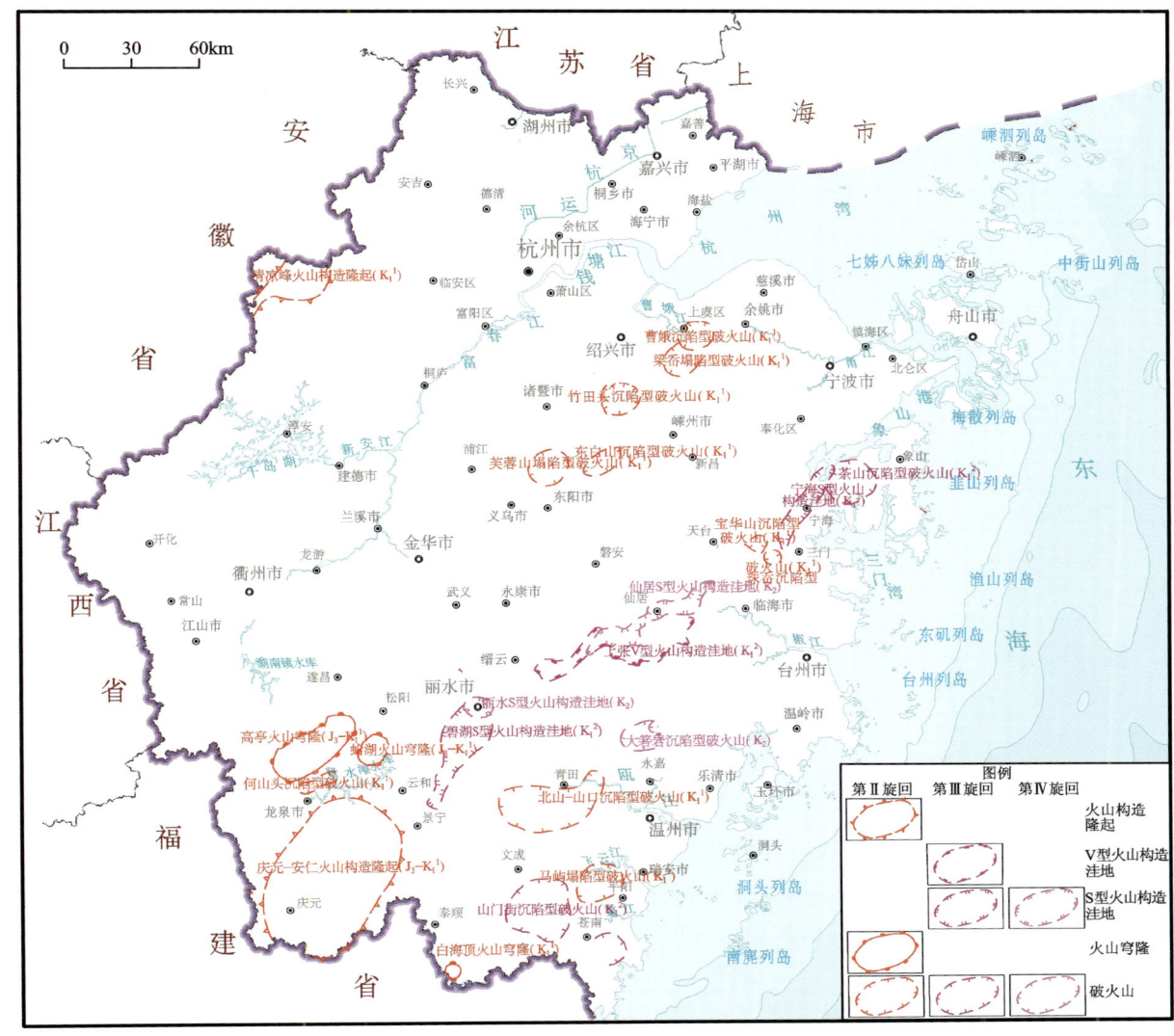

图 7-8 火山热液型叶蜡石有利成矿位置图

该类型叶蜡石矿方向集中在浙西常山—桐庐一带(图7-9),主要有白菊花尖-九华山火山穹隆南缘常山芳村,华家塘-马剑火山穹隆与夏履桥破火山之间。成矿地层为青白系变质岩系,该区上墅组地层分布较广,已发现叶蜡石矿床,应注重在矿床外围及其他有利地段寻找叶蜡石矿。

(三)其他有利地段

此外,也有学者(何英才,1986)指出,在某些相对稳定地区的沉降带中,富铝质的泥岩(或黏土岩),在埋深条件下,受上覆岩层层压作用使温度和压力增高,某些富铝矿物能转化成叶蜡石,称之为"埋藏变质型叶蜡石矿床",并在浙西建德田畈煤矿、长岗垅矿区已发现以叶蜡石为主的层位。矿体产出呈层状、似层状,有一定的层位,围岩除局部有硅化外,不具备火山热液型叶蜡石矿床围岩强烈次生石英岩化和分带现象特征。因此,认为在相似的地质条件下,特别是一些砂岩中的泥岩夹层,或一些受层压轻微变质的煤系地层中的黏土岩夹层是寻找此类叶蜡石矿床的有利地段。

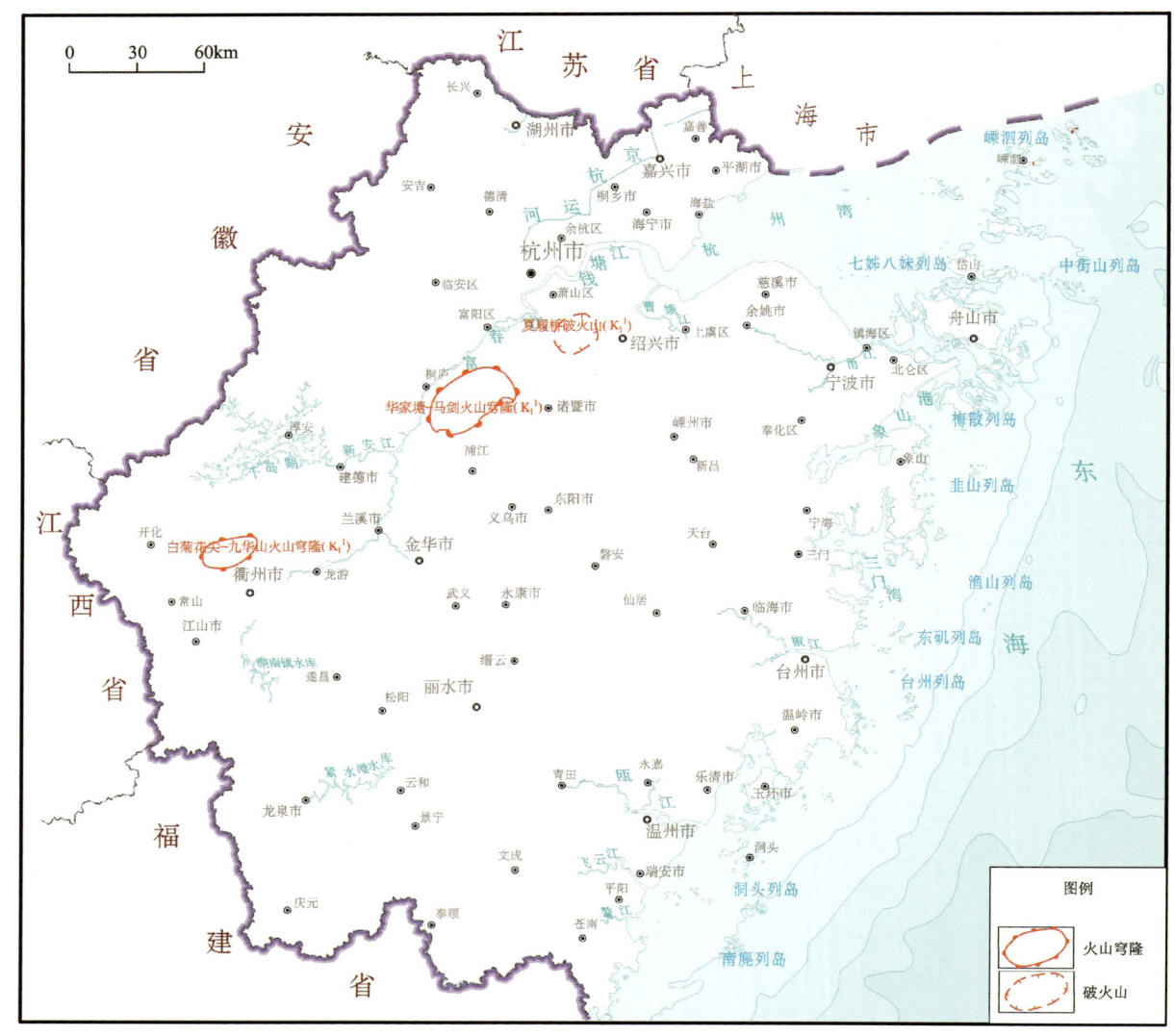

图 7-9 区域变质型叶蜡石成矿有利位置图

主要参考文献

安学超,韩宝富,2019.门头沟地区叶蜡石矿矿体特征及资源/储量核实[J].矿山工程,7(2):107-111.

陈鹤年,巫全淮,贺菊瑞,等,1988.浙闽赣地区中生代火山成因非金属矿床基本特征[M].北京:地质出版社.

陈亨亮,张书煌,陈炳群,等,1976.福州峨嵋叶蜡石矿区围岩蚀变特征及成矿作用初步探讨[J].地球化学(4):257-272,311.

陈军元,刘艳飞,颜玲亚,等,2021.石墨、萤石等战略非金属矿产发展趋势研究[J].地球学报,42(2):287-296.

陈墨,2021.今生丽水 石出青田——青田石的鉴别与评价[J].文艺生活(艺术中国)(1):78-83.

陈天虎,王道轩,方啸虎,等,2001.合成金刚石生产中叶蜡石传压密封材料矿物学研究[J].矿物学报(3):547-550.

陈延芳,2013.青田石、昌化石的岩石学特征与成因分析[D].北京:中国地质大学(北京).

陈永瑞,阮玉忠,曾景旭,等,2010.TiO_2对用铝厂污泥和叶蜡石制备莫来石材料的影响[J].硅酸盐通报,29(3):666-669.

程飞,陈军宁,2019.浙江秦望山火山机构控矿特征及找矿方向[J].地质论评,65(S1):253-256.

程伟,2011.应用层状硅酸盐矿物制备多孔材料及其吸附性能研究[D].长沙:中南大学.

崔玉荣,2011.浙东晚中生代玄武岩Sr-Nd-Pb同位素组成的演化时序[D].合肥:中国科学技术大学.

代立东,李和平,刘丛强,等,2005.高温高压下叶蜡石脱水电导率实验[J].地质科技情报(3):35-37.

邓福铭,赵国强,陈为芳,等,2011.金刚石合成叶蜡石腔体不同区域相结构计算分析[J].超硬材料工程,23(2):15-18.

东方汛,赵国军,2015.昌化石以中国"四大"名石之一使其地名名誉东西[J].中国地名(4):12.

杜鹏,2019.我国叶蜡石资源特征及其开发利用前景[J].中国非金属矿工业导刊(3):45-48.

范良明,杨永富,1984.浙江青田石及其颜色成因研究[J].硅酸盐通报(5):1-5.

高丽,杨祝良,余明刚,2020.浙东晚白垩世酸性岩浆的自混合作用及其意义[J].岩石学报,36(4):1015-1029.

高天钧,张智亮,刘志逊,1997.寿山石成矿地质条件及找矿前景[J].福建地质(3):110-131.

顾幸勇,姜文炜,史继霞,2000.叶蜡石在低温制备钙长石质陶瓷基片中的应用研究[J].陶瓷学报(3):141-146.

郭桦,李蘅,韦家新,等,2003.叶蜡石传压介质内衬材料的研究[J].矿产与地质(6):721-722.

韩瑶,2014.江南造山带东段构造古地理格局及演化[D].北京:中国地质大学(北京).

郝兆印,贾攀,卢灿华,等,2003.高温高压条件下叶蜡石的相变[J].金刚石与磨料磨具工程(3):59-63.

何英才,1986.值得重视的埋藏变质型叶蜡石矿床[J].中国地质(1):23-25.

何英才,王国武,1987.江高岭土(瓷土)矿床成因类型及其应用途径探讨[J].浙江国土资源(2):53-64.

黄荣南,1999.福州峨嵋山叶蜡石矿床开发和利用[J].福建建材(4):45-47.

黄山,2013.浅析叶蜡石绢云母矿床地质特征及成因条件:以广西防城港区黄关为例[J].能源与节能(2):12-14.

解叔明,周定,2001.低铝叶蜡石生产无碱玻璃球探讨[J].玻璃纤维(1):26-27.

乐振卿,王祝宜,1990.浙江宁海深甽叶蜡石矿区蚀变带地质特征及其成因初探[J].浙江国土资源(1):44-51.

李广有,1985.试论钠长石化花岗岩与优质高岭土的关系[J].浙江国土资源(2):1-7,103-104.

李广有,2005.陆相火山沉积岩系非金属矿床的地质特征及控矿条件[J].现代地质(3):361-368.

李广有,2006.火山沉积型非金属矿床成矿机理与成矿模式探讨[J].安徽地质(2):88-93.

李欢,魏俊浩,李艳军,等,2012.浙东南山门地区早白垩世同源岩浆活动的稀土元素制约[J].中国稀土学报,30(4):495-507.

李鹏,2009.叶蜡石热相变与摩擦性能研究[D].北京:中国地质大学(北京).

李瑞,马红安,尹斌华,等,2008.基于 ANSYS/LS-DYNA 的叶蜡石传压性能的有限元分析[J].吉林大学学报(工学版)(2):292-297.

李迎春,1987.福州峨嵋叶蜡石矿床地质特征及成矿机制探讨[J].福建地质(2):108-127.

李玉娟,陈润生,杨仲,等,2021.寿山石成矿地质条件及成因研究的若干问题讨论[J].宝石和宝石学杂志(中英文),23(1):1-11.

梁鹏,刘钦甫,何广武,2015.京西潭柘寺地区红庙岭组叶蜡石矿物学特征及成因[J].矿物岩石地球化学通报,34(6):1223-1230.

廖圣兵,陈荣,褚平利,等,2019.浙东地区晚中生代火山岩地球化学特征、岩石成因及构造环境[J].地质科学(2):504-528.

廖宗廷,周征宇,腾英,2004.昌化鸡血石"地"的矿物成分及其对质量的影响[J].同济大学学报(自然科学版),32(7):897-900.

林新香,顾云龙,1997.福州峨嵋矿与玻纤用叶蜡石的选用[J].玻璃纤维(6):22-25.

刘海徽,2010.青田石山炮绿品种的颜色及结构成因分析[D].北京:中国地质大学(北京).

刘秋平,唐菊兴,胡古月,等,2020.浙东南后坑酸性蚀变岩帽地质及矿物学特征[J].地质学报,94(2):599-614.

楼家毅,吴琳梅,童东绅,等,2012.叶蜡石的改性加工与利用[J].中国非金属矿工业导刊(2):63-66.

卢林,2018.福建建瓯井后叶蜡石矿床地质特征剖析[J].福建地质,37(1):21-30.

罗炎水,周洲强,1999.浙东南地区蜡石矿及其成矿远景[J].浙江地质(1):16-24.

马东元,1993.黑龙江东宁县神洞叶蜡石矿地质特征[J].建材地质(6):9-14.

潘建强,1992.叶蜡石矿床与板块构造[J].浙江国土资源(1):69-80.

潘建强,虞振声,1991.浙江泰顺龟湖叶蜡石矿物学特征及其应用研究[J].建材地质(1):6-11.

彭秀文,李广有.1991.浙东南区叶蜡石矿床的叶蜡石矿物特征及矿床成因的初步探讨[J].浙江地质,7(1):68-74.

蒲心诚,2010.碱矿渣水泥与混凝土[M].北京:科学出版社.

沈崇辉,白峰,杨晓燕,等,2020.浙江多色青田石岩石地球化学特征及成因[J].现代地质,34(1):13-26.

史斌,刘鑫,辛蜜蜜,等,2017.京西门头沟叶蜡石泥岩矿物学特征[J].煤田地质与勘探,45(3):25-31.

宋祥铨,毕东,1988.中国叶蜡石矿产资源[J].中国地质(8):12-14.

孙洪巍,刘仲毅,钟香崇,2004.叶蜡石在碳热还原氮化过程中的相变[J].耐火材料(5):331-333.

孙乙庭,2009.叶蜡石制备介电陶瓷及其性能研究[D].长春:吉林大学.

唐增才,陈忠大,胡开明,等,2018.浙西开化地区新元古代(~828 Ma)弧后盆地扩张:来自类复理石和辉绿岩墙的年代学和地球化学证据[J].地球科学,43(S2):5-19.

汪灵,1994.中国叶蜡石矿矿石类型研究[J].建材地质,76(6):8-13.

汪灵,1997.中国东南沿海叶蜡石矿床成因类型及其地质特征[J].建材地质(5):9-12.

汪灵,柳东升,1996.中国东南沿海叶蜡石含矿火山岩建造及其成矿作用[J].建材地质(4):14-18.

汪灵,张振禹,1996.叶蜡石高温物相及其演化特征[J].科学通报(13):1201-1204.

王成辉,王登红,刘善宝,等,2022.战略新兴矿产调查工程进展与主要成果[J].中国地质调查,9(5):1-14.

王非,杨列坤,王磊,等,2010.中国东南晚中生代火山沉积地层界线时代:$^{40}Ar/^{39}Ar$年代学及磁性地层研究[J].中国科学:地球科学,40(11):1552-1570,1617-1630.

王改民,胡余沛,马秋花,2007.叶蜡石、白云石对陶瓷结合剂磨具微观结构和性能的影响[J].金刚石与磨料磨具工程(2):63-65.

王加恩,刘远栋,王振,等,2015.浙江磨石山群祝村组岩石SHRIMP锆石U-Pb定年[J].地层学杂志,39(3):267-273.

王晓兰,刘纯,贾军,2009.叶蜡石在建筑卫生陶瓷中应用[J].陶瓷(10):10-12.

王新锋,阮玉忠,陈永瑞,等,2010.煅烧温度与保温时间对合成莫来石材料结构与性能的影响[J].硅酸盐通报,29(4):984-987,991.

韦家新,林峰,何绪林,等,2006.粉压叶蜡石及其焙烧工艺对合成立方氮化硼单晶的影响[J].超硬材料工程(6):13-15.

魏存弟,赵峰,马鸿文,等,2005.叶蜡石加热相变及其演化特征[J].吉林大学学报(地球科学版)(2):150-154.

吴凯,王立豪,2021 浙江省仙居县许山叶蜡石矿地质特征与应用研究[J].西部探矿工程(2):176-178.

徐步台,邵益生,1986.浙江高岭土矿床中氢氧同位素的研究[J].地质科学(1):90-96.

徐文湜,郭陀珠,杨林,等,2000.叶蜡石矿物材料开发研究前景[J].矿产与地质(5):303-306.

徐艳晓,王朝文,刘明军,等,2021."泰顺石"的矿物学特征及其对成因的指示[J].矿物学报,41(2):213-223.

徐有浪,龚展国,游省易,等,2004.浙江省玻纤用叶蜡石资源评价[J].浙江国土资源(7):47-49.

徐跃,陈晓东,郝兆印,2007.高温高压后叶蜡石相变的研究[J].金刚石与磨料磨具工程(6):76-79.

徐志刚,陈毓川,王登红,等.2008.中国成矿区带划分方案[M].北京:地质出版社.

许凤林,徐传云,2007.浙江省叶蜡石开发利用发展方向[J].中国非金属矿工业导刊(5):15-17,28.

薛群虎,刘民生,徐维忠,1999.叶蜡石合成堇青石工艺研究[J].耐火材料(5):265-267.

杨晓燕,2018.浙江黄色系列青田石的矿物学研究[D].北京:中国地质大学(北京).

姚文君,张培萍,李书法,等,2007.叶蜡石矿产资源及其应用开发研究现状[J].世界地质(1):124-129.

叶孔凯,2019.福建省叶蜡石矿床分布及其类型[J].冶金与材料,39(6):181-183.

叶天竺,吕志成,庞振山,等,2014.勘查区找矿预测理论与方法(总论)[M].北京:地质出版社.

叶泽富,秦志军,欧邦国,等,2009.浙江青田石勘查与评价方法探讨[J].中国非金属矿工业导刊(1):59-62.

叶泽富,叶帆,缪仁谷,等,2022. 浙闽地区叶蜡石矿床成矿规律研究[J]. 矿床地质,41(6):1258-1273.

叶泽富,周立冰,袁静,2017. 浙江青田周村雕刻石-叶蜡石矿床特征及工作方法[J]. 矿产与地质,31(4):706-711.

尤少波,2000. 叶蜡石在高档日用细瓷生产中的应用[J]. 河北陶瓷(2):46-47.

于景坤,刘承军,姜茂发,2002. 原位合成莫来石碳化硅系复合材料[J]. 东北大学学报(11):1070-1072.

于阳辉,安卫东,张洁,等,2023. 高铁含量叶蜡石用作玻璃纤维原料制备试验研究[J]. 非金属矿,46(4):81-82,87.

翟裕生,姚书振,蔡克勤,2011. 矿床学(总论)[M]. 3版. 北京:地质出版社.

詹玉坤,2021. 福建寿山石矿产地质特征及成矿模式分析[J]. 福建地质(2):98-109.

张惠芬,杨振国,马钟玮,1990. 叶蜡石、高岭石和迪开石的吸收光谱研究[J]. 矿物学报,10(1):6.

张培萍,孙乙庭,于德利,等,2010. 低温低介电陶瓷的制备及其性能影响因素[J]. 吉林大学学报(地球科学版),40(6):1446-1449.

张少颖,2017. 山西五台叶蜡石矿的矿物组合、元素地球化学及Nd-Hf-O同位素研究[D]. 北京:中国地质大学(北京).

张巍,2016. 我国叶蜡石的应用进展[J]. 矿物岩石,36(3):15-28.

浙江省地质矿产志编纂委员会,2003. 浙江省地质矿产志[M]. 北京:方志出版社.

浙江省水文地质工程地质大队,2002. 浙东南沿海中生代火山-侵入作用活动、构造演化及成矿规律[M]. 福州:福建省地图出版社.

《浙江通志》编撰委员会,2019. 浙江通志·地质勘查志[M]. 杭州:浙江人民出版社.

郑承锋,1993. 常山中元古界上墅组叶蜡石矿地质特征[J]. 建材地质(1):1-5.

郑淑蕙,邵益生,徐步台,1985. 中国高岭土矿物的氢氧稳定同位素研究[M]. 北京:地质出版社.

郑兴泉,李健明,章几岩,等,1986. 浙江常山芳村叶蜡石矿的地质特征及找矿方向[J]. 浙江国土资源(1):54-62,90.

郑永飞,徐宝龙,周根陶,2000. 矿物稳定同位素地球化学研究[J]. 地学前缘,7(2):299-320.

朱安庆,张永山,陆祖达,等,2009. 浙江省金属非金属矿床成矿系列和成矿区带研究[M]. 北京:地质出版社.

朱茂旭,谢鸿森,郭捷,等,1999. 高温高压下蛇纹石电导率实验研究[J]. 科学通报(11):1198-1202.

朱选民,严俊,夏立伟,等,2014. 浙江泰顺石暨叶蜡石型印章石的宝石学特征及分类探讨[J]. 宝石和宝石学杂志,16(4):39-48.

朱自尊,范良明,梁婉雪,1986. 我国几种石棉矿物研究[J]. 矿物岩石(4):1-192.

ABDRAHIMOV E C,2003. The influence of pyrophylite on the pore structure and physico-mechanical properties of acid resistant material[J]. Materials Science,9:40-44.

ABDRAKHIMOVA E S,ABDRAKHIMOV V Z,2007. Synthesis of mullite from technogenic materials and pyrophyllite[J]. Russian Journal of Inorganic Chemistry,52(3):345-350.

BRYNDZIA L T,1988. The origin of diaspore and pyrophyllite in the Foxtrap pyrophyllite deposit, Avalon Peninsula,Newfoundland; a reinterpretation[J]. Economic Geology,83(2):450-453.

CASSEDANNE J,1989. Pyrophyllite from Ibitiara,Brazil[J]. Mineral Record,20:465-467.

CORNISH B E,1981. Australian pyrophyllite and its growing influence in world markets[C]// Proceedings of the 4th Industrial Minerals International Congress,Atlanta:179-183.

DAS M,MONALISA S M,PAUL A K,et al.,2012. Geochemistry and petrogenesis of pyrophyllite deposit of Madrangjodi,Keonjhar District,Orissa[J]. Journal of the Geological Society of India,79(5):460-466.

DE JONG K, KURIMOTO C, RUFFET G, 2009. Triassic $^{40}Ar/^{39}Ar$ ages from the Sakaigawa unit, Kii Peninsula, Japan: Implications for possible merger of the Central Asian Orogenic Belt with large-scale tectonic systems of the East Asian margin[J]. International Journal of Earth Sciences, 98: 1529-1556.

FUJII N, 1983. The present position of Japanese pyrophyllite[J]. Industrial Mineral (Great Britain), 194: 21-27.

GAIDOUMI E A, DOÑA-RODRÍGUEZ M J, MELIÁN P E, et al., 2019. Mesoporous pyrophyllite-titania nanocomposites: Synthesis and activity in phenol photocatalytic degradation[J]. Research on Chemical Intermediates, 45(2): 333-353.

HEMLEY J J, MONTOYA J W, MARINENKO J W, et al., 1980. Equilibria in the system Al_2O_3-SiO_2-H_2O and some general implications for alteration/mineralization processes[J]. Economic Geology, 75(2): 210-228.

HICKS T L, SECCO R A, 1997. Dehydration and decomposition of pyrophyllite at high pressures: Electrical conductivity and X-ray diffraction studies to 5GPa[J]. Canadian Journal of Earth Sciences, 34(6): 875-882.

KAZARINOVA V, 1972. Some peculiarities of Kamensk clay deposit as raw material for production of facade ceramic[J]. Publications of Altai Polytechnic Institute, 21: 80-84.

LI Z L, ZHOU J, MAO J R, M, et al., 2013. Zircon U-Pb geochronology and geochemistry of two episodes of granitoids from the northwestern Zhejiang Province, SE China: Implication for magmatic evolution and tectonic transition[J]. Lithos, 179: 334-352.

LIU L, XU X S, ZOU H B, 2012. Episodic eruptions of the Late Mesozoic volcanic sequences in southeastern Zhejiang, SE China: Petrogenesis and implications for the geodynamics of paleo-Pacific subduction[J]. Lithos, 154: 166-180.

LOPEZ J G, POREZ I S, FERNÁNDEZ-NIETO C, 1993. Lithium-bearing hydrothermal alteration phyllosilicates related to Portalet fluorite ore (Pyrenees, Huesca, Spain)[J]. Clay Minerals, 28: 275-283.

MIHALIK A, KONECHY V, VALACH J, 1976. The occurrence of pyrophyllite in hydrothermal volcanic rocks of Javoria (Middle Slovenia)[J]. Mineral Slov, 7: 105-112.

MUKHOPADHYAY T K, GHATAK S, MAITI H S, 2010. Pyrophyllite as raw material for ceramic applications in the perspective of its pyrochemical properties[J]. Ceramics International, 36(3): 909-916.

OMURA K, KURITA K, KUMAZAWA M, 1989. Experimental study of pressure dependence of electrical conductivity of olivine at high temperatures[J]. Physics of the Earth and Planetary Interiors, 57(3-4): 291-303.

ONER F, TAS A, 2013. Geochemistry, mineralogy and genesis of pyrophyllite deposits in the Pötürge Region (Malatya, eastern Turkey)[J]. Geochemistry International, 51(2): 140-154.

PHIN'KO V, 1984. Age of diaspore-pyrophyllite deposits of Central India[J]. Geology and Economic Minerals of Ancient Platforms: 138-143.

PIMENTA M, 1988. Agalmatolite: A Brazilian white extender[J]. Proc. 8th Ind. Mineral. Intern. Congr., Boston: 117-126.

SANCHEZ-CAMAZANO M,FORTEZA J,LORENZO L,1988. Occurrence of pyrophyllite in soils from Sierra de San Pedro (Caceres,Spain)[J]. Clay Minerals,23:339-345.

SHIKAZONO N,2003. Developments in geochemistry[M]. Amsterdam:Elsevier.

SINYAKOVSKAYA I,ZAYKOV V,KITAGAWA R,2005. Types of Pyrophyllite Deposits in Foldbelts[J]. Resource Geology,55(4):405-418.

SON Y S,KANG M K,YOON W J,2014. Pyrophyllite mapping in the Nohwa deposit,Korea, using ASTER remote sensing data[J]. Geosciences Journal,18(3):295-305.

UDACHIN V,1991. Pyrophyllite-containing metasomatites of Dombarovore area (South Ural) [J]. Geology,Mineralogy and Technology of Pyrophyllite Raw Material. 97-104.

WILL P,LÜDERS V,WEMMER K,et al. ,2016. Pyrophyllite formation in the thermal aureole of a hydrothermal system in the Lower Saxony Basin,Germany[J]. Geofluids,16:349-363.

XU Y S,POE,BRENT T,et al. ,1998. Ectrical conductivity of olivine,wadsleyite,and ringwoodite under upper-mantle conditions[J]. Science. 280(5368):1415-1418.

YU J,UENO S,HIRAGUSHI K,et al. ,1997. Synthesis of β-Sialon Whiskers from Pyrophyllite [J]. Journal of the Ceramic Society of Japan,105(1225):821-823.

ZALBA P E,1979. Clay deposits of Las Aguilas Formation,Barker,Buenos Aires Province,Argentina [J]. Clays and Clay Minerals,27(6):433-439.

ZAYKOV V V,UDACHIN V N,SINYAKOVSKAYA I V,1988. Pyrophyllite deposits[J]. Intern Geol Rev,30:90-103.

ZAYKOV V,UDACHIN V,1994. Pyrophyllite and pyrophyllite raw materials in the sulfide-bearing areas of the Urals[J]. Applied clay science,8:417-435.

ZHANG S Y,ZHANG H F,2020. Genesis of the Baiyun pyrophyllite deposit in the central Taihang Mountain,China:Implications for gold mineralization in wall rocks[J]. Ore Geology Reviews,120:103313.

内部资料

鲍庆志,刘勇,欧邦国,2007.浙江省青田县岭头矿区后曹-石桃尖矿段后曹叶蜡石矿资源量核实报告[R].温州:浙江省第十一地质大队.

鲍庆志,管建强,2002.浙江省永嘉县白沙亭叶蜡石矿普查地质报告[R].温州:浙江省第十一地质大队.

鲍庆志,管建强,1999.浙江省永嘉县岩头地区伊利石叶蜡石矿产资源调查评价报告[R].温州:浙江省第十一地质大队.

鲍庆志,欧邦国,程甲森,等,2009.浙江省青田县茶园矿区叶蜡石矿普查地质报告[R].温州:浙江省第十一地质大队.

鲍庆志,赵祖能,欧邦国,等,2010.浙江省泰顺县白岩矿区叶蜡石矿详查地质报告[R].温州:浙江省第十一地质大队.

鲍庆志,赵祖能,徐厚佣,等,2010.浙江省青田县金降寨矿区叶蜡石矿详查地质报告[R].温州:浙江省第十一地质大队.

陈朝永,甘受荣,傅正园,等,1988.浙江省青田县山口叶蜡石矿丰门—白垟矿段详查地质报告[R].温州:浙江省第十一地质大队.

陈龙,郝立,2011.浙江省上虞市梁岙叶蜡石矿区资源储量核查报告[R].杭州:中国建筑材料地质勘查中心浙江总队.

陈龙,郝立,2012.浙江省云和县石塘镇寨下矿区叶蜡石矿资源储量调查说明书[R].杭州:中国建筑材料工业地质勘查中心浙江总队.

陈龙,郝立,2011.浙江省苍南县东山下矿区叶蜡石矿资源储量调查说明书[R].杭州:中国建筑材料工业地质勘查中心浙江总队.

陈贤坤,冯金明,张卫水,1992.浙江省绍兴县秦望山叶蜡石矿区普查地质报告[R].绍兴:浙江省第四地质大队.

程祖礼,戴华兰,蔡雄翔,等,2008.浙江省龙泉市兰头矿区叶蜡石矿详查地质报告[R].杭州:浙江省第一地质大队.

邓新根,骆光荣,2007.浙江省常山县芳村镇邵家叶腊石矿详查地质报告[R].金华:浙江省核工业二六九大队.

胡斌,于春,杨仲可,等,2022.浙江省青田县山口矿区外围叶蜡石矿普查[R].温州:浙江省第十一地质大队.

郝立,2011.浙江省嵊州市松明培矿区叶蜡石矿资源储量调查说明书[R].杭州:中国建筑材料工业地质勘查中心浙江总队.

郝立,2011.浙江省台州市黄岩区宁溪矿区叶蜡石矿资源储量调查说明书[R].杭州:中国建筑材料工业地质勘查中心浙江总队.

郝立,2011.浙江省嵊州市松明培矿区叶蜡石矿资源储量调查说明书[R].杭州:中国建筑材料工业地质勘查中心浙江总队.

郝立,2012.浙江省龙泉市小岩叶腊石矿区资源储量核查报告[R].杭州:中国建筑材料工业地质勘查中心浙江总队.

郝立,2012.浙江省云和县岗头庵矿区叶蜡石矿资源储量调查说明书[R].杭州:中国建筑材料工业地质勘查中心浙江总队.

郝立,2012.浙江省云和县石塘镇寨下矿区叶蜡石矿资源储量调查说明书[R].杭州:中国建筑材料工业地质勘查中心浙江总队.

黄建军,陈剑勇,马明,等,2016.浙江省仙居县大洪矿区叶蜡石(地开石)矿详查报告[R].杭州:浙江省地质矿产研究所.

黄建军,陈剑勇,朱鲁生,等,2016.浙江省仙居县石门坑矿区叶蜡石(地开石)矿详查报告[R].杭州:浙江省地质矿产研究所.

黄建军,王海棠,吴建勇,等,2009.浙江省临安市上溪矿区叶蜡石(地开石)矿资源储量核实报告[R].杭州:浙江省地质矿产研究所.

乐振卿,王皆,施峰,等,1987.浙江省宁海县深圳叶蜡石矿普查评价地质报告[R].宁波:浙江省第五地质大队.

雷永坚,姚洪烈,白世强,等,1988.浙江省区域矿产总结[R].杭州:浙江省地质调查院.

李仁明,温积远,钱纪初,等,1991.浙江省瑞安市岙口叶蜡石矿普查地质报告[R].温州:浙江省第十一地质大队.

楼望平,2006.龙泉市小岩——松安叶蜡石矿普查地质报告[R].丽水:浙江省第七地质大队.

刘伯根,刘荣,2012.浙江省龙泉市八宝山矿区叶蜡石矿资源储量调查说明书[R].金华:浙江省第三地质大队.

刘伯根,钟南翀,2012.浙江省松阳县宏远矿区叶腊石矿资源储量调查说明书[R].金华:浙江省第三地质大队.

刘伯根,钟南翀,2012.浙江省松阳县松玉矿区叶腊石矿资源储量调查说明书[R].金华:浙江省第三地质大队.

林云沛,叶朝华,2012.浙江省青田县章旦乡双垟矿区叶蜡石矿详查地质报告[R].丽水:浙江省第七地质大队.

吕明华,陆浩,2011.浙江省永嘉县白沙亭矿区叶蜡石矿资源储量调查说明书[R].杭州:中国建筑材料工业地质勘查中心浙江总队.

缪仁谷,王磊,李伟,等,2021.浙江省瑞安市后坑矿区叶蜡石高岭石矿详查报告[R].温州:浙江省第十一地质大队.

潘锦勃,等,2011.浙江省瑞安市东源矿区叶蜡石矿详查地质报告[R].温州:浙江省第十一地质大队.

裘建国,汪庆华,戴小英,2011.浙江省常山县芳村邵家叶蜡石矿区资源储量核查报告[R].杭州:浙江省地质调查院.

裘建国,汪庆华,韩优红,2012a.浙江省宁海县深圳叶蜡石矿区资源储量核查报告[R].杭州:浙江省地质调查院.

裘建国,汪庆华,饶硕,2012b.浙江省青田县周村雕刻叶蜡石矿区资源储量核查报告[R].杭州:浙江省地质调查院.

裘建国,汪庆华,饶硕,2012c.浙江省青田县山口叶蜡石矿区尧士矿段资源储量核查报告[R].杭州:浙江省地质调查院.

裘建国,汪庆华,饶硕,2012c.浙江省宁海县史家矿区叶蜡石矿资源储量调查说明书[R].杭州:浙江省地质调查院.

裘建国,汪庆华,韩优红,2012c.浙江省宁海县深圳叶蜡石矿区资源储量核查报告[R].杭州:浙江省地质调查院.

裘建国,汪庆华,饶硕,2012.浙江省青田县小岭矿区叶蜡石矿资源储量调查说明书[R].杭州:浙江省地质调查院.

裘建国,汪庆华,饶硕,等,2012d.浙江省常山县芳村叶蜡石矿区资源储量核查报告[R].杭州:浙江省地质调查院.

裘建国,汪庆华,饶硕,等,2012.浙江省龙泉市兰头叶蜡石矿区资源储量核查报告[R].杭州:浙江省地质调查院.

苏三俊,2007.浙江省泰顺县龟湖矿区6线以西矿段叶蜡石矿普查地质报告[R].温州:浙江省第十一地质大队.

陶家林,蔡天保,朱和平,等,1982.浙江省上虞县梁岙叶蜡石矿区地质详查报告[R].衢州:浙江省冶金地质勘探公司.

唐伯宁,吕正良,2006.浙江省临海市杜岐矿区叶腊石-高岭石矿资源储量核算报告[R].宁波:浙江省水文地质工程地质大队.

王美华,刘道荣,宋元青,2014.浙江省临安市纤岭矿区核桃岭矿段高岭土矿详查报告[R].杭州:中化地质矿山总局浙江地质勘查院.

王美华,宋元青,陈豪生,等,2011.浙江省临安市纤岭矿区纤岭矿段高岭土矿详查报告[R].杭州:中化地质矿山总局浙江地质勘查院.

王宏伟,厉一元,祝有军,2009.浙江省云和县石塘镇寨下矿区叶蜡石矿详查报告[R].杭州:中国建筑材料工业地质勘查中心浙江总队.

汪庆华,2012.浙江省青田县洪府前矿区叶蜡石矿资源储量调查说明书[R].杭州:浙江省地质调查院.

汪庆华,裘建国,2012.浙江省青田县南木宕矿区叶蜡石(地开石)矿资源储量调查说明书[R].杭州:浙江省地质调查院.

温积远,黄韬,谢杭明,等,1988.浙江省泰顺县龟湖叶蜡石矿(5—6线)详查地质报告[R].温州:浙江省第十一地质大队.

主要参考文献

温积远,李仁明,钱纪初,等,1993.浙江省青田县岭头叶蜡石矿际头山矿段详查及外围普查地质报告.[R].温州:浙江省第十一地质大队.

温积远,谢杭明,1989.浙江省苍南县矾山盆地叶蜡石、石英岩、高岭土综合普查地质报告[R].温州:浙江省第十一地质大队.

吴小勇,黄建平,王仕彬,2002.东南沿海非金属矿产资源区域潜力评价报告[R].杭州:浙江省地质调查院、江苏省地质调查研究院、福建省地质调查研究院.

吴亚平,1994.浙江省上虞市梁岙叶蜡石矿区南矿段中部详查地质报告[R].杭州:中国建筑材料地质勘查中心浙江总队.

夏青,叶松源,余国春,等,2010.浙江省泰顺县龟湖叶蜡石矿区资源储量核查报告[R].杭州:浙江省地质调查院.

徐传云,2001.叶蜡石开发利用[R].杭州:浙江省地质矿产研究所.

杨文宗,彭秀文,杨双喜,等,1990.浙东南主要非金属矿产成矿规律预测研究准则[R].杭州:浙江省地质矿产研究所.

杨文宗,彭秀文,杨双喜,等,1990.浙东南主要非金属矿产成矿规律预测研究准则及开发应用前景研究[R].杭州:浙江省地质矿产研究所.

杨晓春,李国杨,等,2008.浙江省青田县盖此山矿区塘古叶蜡石矿段详查地质报告[R].丽水:浙江省第七地质大队.

叶松源,黄钰龙,章娟娟,等,2010.浙江省景宁县缪坑叶蜡石矿区资源储量核查报告[R].杭州:浙江省地质调查院.

叶泽富,王长江,葛鸿志,2008.浙江省文成县朱雅乡南坑矿区叶蜡石矿地质普查工作总结报告[R].温州:浙江省第十一地质大队.

叶泽富,周立冰,汪雄烈,等,2006.浙江省青田县阜山镇周村矿区雕刻叶蜡石矿普查地质报告[R].温州:浙江省第十一地质大队.

浙江省地质调查院,2023.中国区域地质志·浙江志[R].杭州:浙江省地质调查院.

郑兴泉,章几岩,章林钧,等,1984.浙江省常山县芳村叶蜡石矿区赤山矿块段详查报告[R].金华:浙江省第三地质大队.

周海防,胡世辅,赵神租,等.2020.浙江省诸暨市自居坪矿区自居坪矿段高岭土矿详查报告[R].绍兴:浙江省有色金属地质勘查局.

周洲强,鲍庆志,等,1995.浙江省青田县北山—山口一带叶蜡石矿普查-预测地质报告[R].温州:浙江省第十一地质大队.

周洲强,1999.浙江省山门—平阳坑地区叶蜡石矿概查地质报告[R].温州:浙江省第十一地质大队.

周洲强,1996.浙江省泰顺县叶蜡石矿概查地质报告[R].温州:浙江省第十一地质大队.

周洲强,叶泽富,等,1997.浙江省青田县洪府前叶蜡石矿区普查地质报告[R].温州:浙江省第一一地质大队.

朱益麟,1994.浙江省宁海县茶山叶蜡石矿区普查评价地质报告[R].宁波:浙江省第五地质大队.